Deep Generative Modeling

深度生成模型

[波兰] Jakub M. Tomczak◎著
王冠◎译

電子工業出版社
Publishing House of Electronics Industry
北京·BEIJING

内 容 简 介

构建通用人工智能的关键就是无监督学习，而不需要标签来训练模型，最简单的方法就是使用深度生成模型。本书主要讲述如何将概率建模和深度学习结合起来去构建可以量化周边环境不确定性的强大的 AI 系统。这种 AI 系统可以从生成的角度来理解周边世界。本书涵盖了深度生成模型的多种类型，包括自回归模型、流模型、隐变量模型、基于能量的模型等。这些模型构成了以 ChatGPT 为代表的大语言模型，以及以 Stable Diffusion 为代表的扩散模型等深度生成模型背后的技术基石。

本书适合具备微积分、线性代数、概率论等大学本科水平，并且了解机器学习、Python 及 PyTorch 等深度学习框架的学生、工程师和研究人员阅读。无论读者的背景如何，只要对深度生成模型有兴趣，都能从本书中获益。

版权贸易合同登记号 图字：01-2023-0546

图书在版编目（CIP）数据

深度生成模型/（波）杰克布 · M. 汤姆扎克著；王冠译. – 北京：电子工业出版社，2023.9

书名原文：Deep Generative Modeling

ISBN 978-7-121-46018-0

Ⅰ. ①深… Ⅱ. ①杰… ②王… Ⅲ. ①人工智能 Ⅳ. ①TP18

中国国家版本馆 CIP 数据核字 (2023) 第 135620 号

责任编辑：孙学瑛
印　　刷：天津善印科技有限公司
装　　订：天津善印科技有限公司
出版发行：电子工业出版社
　　　　　北京市海淀区万寿路 173 信箱　　邮编：100036
开　　本：720×1000　1/16　印张：13.5　字数：256.8 千字
版　　次：2023 年 9 月第 1 版
印　　次：2024 年 6 月第 3 次印刷
定　　价：108.00 元

凡所购买电子工业出版社图书有缺损问题，请向购买书店调换。若书店售缺，请与本社发行部联系，联系及邮购电话：（010）88254888，88258888。

质量投诉请发邮件至 zlts@phei.com.cn，盗版侵权举报请发邮件至 dbqq@phei.com.cn。

本书咨询联系方式：sxy@phei.com.cn。

译者序

Translator Preface

作为一名在对话机器人领域有 10 余年工作经验的人工智能从业者，我能深切地感受到 ChatGPT 的出现带来的炙热。每天涌现出各种博客、新闻、产品，以及背后的论文、代码和模型，让人眼花缭乱。大语言模型等新技术一下子颠覆了很多以前的技术定势。我和许多人一样感到焦虑，新知识太多，无所适从。

然而，翻译这本书，给了我一次可以冷静思考的机会。对于新技术，只有了解其背后原理才能让人泰然处之。对于大语言模型等新技术，虽然我们也许无法全部掌握，但其背后的大部分基础内容在本书中都有所体现，只要认真阅读本书，推导公式，运行代码，学习各种生成模型的发展及其应用，就会让我们更加从容地了解和面对新技术。

ChatGPT 背后的 Tranformer 架构及其从 GPT-1、GPT-2 到 BERT、GPT-3 等相关模型，都基于本书第 4 章所述的自动编码器和第 2 章所述的自回归模型发展而来。ChatGPT 及其他相关大语言模型主要集中在数据采集、数据规模和质量及模型参数扩展上，但其生成模型基础架构仍然基于本书所述，只是对语言模型进行了优化。

在图像生成领域，扩散模型（Diffusion Model）是隐变量模型的一种，是自动编码器的一种特殊实例，在本书第 4 章隐变量模型中有所涉及。扩散模型广泛应用于 DALL-E 2、Stable Diffusion、Imagen、Muse 和 Midjourney 等相关模型和产品中。

除了上述的文本生成图像或文本生成文本的生成模型，更多多模态应用正在如火如荼地发展，例如从文本到 3D 模型（Dreamfusion、Magic3D）、视频（Phenaki、Soundify）、语音（AudioLM、Whisper、Jukebox）、代码（CodeX、Alphacode），以及从图像生成文本的模型（Flamingo、VisualGPT）等。这些应用的技术基石都可以在本书中找到。

希望本书能为对人工智能生成领域感兴趣的学生、工程师和研究人员等读者提供帮助和指导。

我要感谢本书原作者 Jakub 创作的优秀内容，在翻译过程收获颇多。还要感谢我的妻子和我两个可爱的孩子对我的支持，以及电子工业出版社的孙学瑛老师在翻译、审校和出版工作中的全力支持。最后，我要感谢所有在 AI 生成模型领域的研究者、分享者和实践者，是你们推动了这个领域的不断进步和发展。

王冠

2023 年 5 月 10 日

推荐序

FOREWORD

过去十年，随着深度学习技术的进步，整个机器学习领域向前迈进了一大步。很多人工智能的细分领域，如计算机视觉、语音识别和自然语言处理等，都彻底改头换面，同时，机器人、无线通信、自然科学研究等领域也正在被深刻地影响着。

大部分的技术进步是在监督学习领域，即训练过程中有输入数据（比如一张图片）和与之对应的标注数据（比如一只猫）。在视觉场景中识别物体，或者在不同语言中互相翻译，深度神经网络已经展现出了强大的威力。然而，最大的困难是如何获取训练这些模型需要的标注，这个获取过程往往既耗时又昂贵，甚至可能是不道德乃至不可能实现的。这就是为什么我们越来越意识到无监督学习（或者自监督学习）方法的重要性。

无监督学习和人类学习知识的模式是一样的：一个小孩在长大的过程中，接触的关于世界的信息大部分都是未标注的，不会有人一直告诉他们所看到和听到的信息都是什么。人类需要在无监督的状态下学习世界的规律，即自己去从数据中寻找模式和结构。

世界本身给出的信息有很多结构可以学习。比如，在一幅图像中，每个像素都由 RGB 三种颜色的不同值组成，如果随机选择每个像素的 RGB 值，结果很有可能只是一张杂乱无章、毫无意义的“噪声”图，不会是现实世界中有意义的内容。这就意味着世界本身的信息是有结构的，是孩子们可以学习到的。

当然，孩子们不仅会观察世界，也会不断地与世界进行交互。孩子们在玩耍的时候，实际就在检测他们自己对物理定律、社会学和心理学的假设。当他们发现假设错误时，就会极有可能更新自己的模型，从而作出更好的假设或预测。可以相信，这种交互学习正是实现人类智慧的关键。这种学习方式和强化学习很类似：在强化学习中，机器针对象棋比赛等任务作出计划，然后观察胜负，再持续更新环境认知和行为决策的模型。

但是，让机器像孩子们一样自己在世界中游走，测试预测结果并主动获取自己的标注数据是不现实的。更现实的方法是使用大量数据进行无监督学习，这个领域最近愈发受人关注并有新的突破。我们去看看那些算法合成的逼真的人脸图像就可以感受得到。

无监督学习有很多种方法。本书主要介绍概率生成模型。这个子领域的一个目标是给输入数据估计一个概率模型。一旦有了这个模型，我们就可以从中采样出新的样本（比如那些并不存在的人脸图像）。

另一个目标是通过输入来学习抽象的表征。这一领域被称为表征学习。这种更高层次的表征能将输入数据自组织成“解构”的概念群，而这些概念可能是我们所熟悉的物体，比如车、小猫，以及它们之间的关系（小猫坐在车里）。

这种解构具有清晰的直觉上的意义，但也很难被合适地定义。20 世纪 90 年代，人们更多谈论的是统计独立的隐变量。我们大脑的目标就是把那些强关联的像素表征变换为更有效和更少冗余的独立隐变量的表征，这样就可以压缩输入，使得大脑能用更少的能量处理更多的信息。

学习和压缩是紧密相关的。学习的过程需要有损压缩的数据，因为我们感兴趣的是知识的泛化能力而不是数据的存储。在数据集层面，机器学习本身就是把数据中一小部分的信息抽取为模型的参数，而不去考虑数据中与预测目标不相关的其他信息。

类似地，当人类看一幅图像的时候，相比于单一数据点，大脑更感兴趣的是图像中抽象的更高层次的概念，比如不同的物体之间的关系。大脑内部形成的模型使我们可以理解这些物体，想象如何操纵这些物体，以及可能带来的后果。能够从像素级别的信息集中抽象出能够用于预测的信息，并能以合适的方式表达出对实际应用有作用的信息，即表征，这就是智慧。

当然，我们日常生活中熟悉的那些物体并不是完全独立的。一只猫在追一只小鸟，两者就不再是统计性独立的了。因此，人们一直在试图定义解构。解构可以定义为变量的子空间，在变换输入数据时（即相对应的表征）可以有一些简单的变换特性；也可以是不同的变量，每个都可以独立控制，从而可以操纵所处环境；也可以是因果变量，激活一些特定的独立机制来描述周边环境，等等。

不需要标签来训练模型，最简单的方法是学习关于输入数据的概率生成模型（或者密度）。概率生成模型的领域有不少技术可以直接最大化生成模型对应数据的对数概率（或者对数概率的边界）。除了 VAE 和 GAN，本书还讨论了标准化流模型、自回归模型、基于能量的模型，以及最新的深度扩散模型。

不用训练生成模型也可以学习到一些表征，这些表征对很多下游的预测任务都会很有用。具体做法是将表征要完成的任务设计为并不需要标注数据就可以完成的任务。以时序数据为例，我们总可以通过在历史数据中设定时间点来训练模型去预测未来，比如预测一段数据是不是在另一些数据的左侧或右侧，或者一部电影是在正着播放还是倒着播放，或者用句子周围的词来预测中间的词。这种无监督学习方法被称为自监督学习。

很多方法都可以被认为是这种无监督学习的“辅助任务”，如一些概率生成模型。比如，变分自动编码器（VAE）就是用信息瓶颈来返回预测自己本身的模型输入；生成对抗网络（GAN）就是预测输入数据是真实的图像（原数据点）还是假的图像（生成图像）；噪声对比估计就是在隐空间中预测输入数据的隐变量在时间或空间中是否相近。

本书讨论了深度生成模型的最新进展。本书的特别之处在于，像孩子们通过搭积木去学习物理规律一样，本书读者可以通过代码来学习深度生成模型。本书作者在这个领域发表了大量论文，对该领域有深刻的认知。本书可以作为概率生成模型课程的教材。

这个领域的未来是什么？很明显可以看到，构建通用人工智能的关键是无监督学习。科学研究的圈子似乎分为两个阵营：“大模型阵营”认为我们需要更多数据和更强大的算力，将现有技术拓展到更大的模型来实现通用人工智能；另一个阵营认为我们需要新的理论和想法才能作出突破，比如离散符号的处理（推理能力）、因果关系的研究，以及如何将常识性知识嵌入模型中。

另一个重要的问题是，人们应该如何与这些模型交互：我们是否还能理解模型的推导逻辑，还是说我们已经放弃了可解释性？如果模型理解能力比我们自己还强，跟随算法推荐的人们比拒绝跟随的人们更成功，那么我们的生活会如何改变？如果像深度伪造（Deepfake）这样的技术产生出我们自己也无法辨别真假的信息，那么还有哪些信息是值得我们信任的？人类的社会体制还能在虚假信息中正常运作吗？我们能确定的是，这个领域现在很火爆，而本书可以作为一个非常好的敲门砖。但也要知道，我们掌握了这些技术，拥有了模型带来的强大能力，也需要承担更多新的社会责任。这个领域的一切进展和应用都要谨慎推进。

Max Welling

前 言

PREFACE

人工智能（Artificial Intelligence，AI）在我们的世界里无处不在：很多关于AI 的电影、新闻总是在关注 AI，CEO 们也一直在谈论 AI。最重要的是，我们日常生活也已经离不开 AI，我们的手机、电视、冰箱乃至吸尘器都已经演化为智能手机、智能电视、智能冰箱和扫地机器人。尽管从 20 世纪 50 年代开始，AI 就已经是一个单独学科，但直到现在，我们仍一边使用和依赖着 AI，一边却并不能完全理解或准确构建 AI。

长期以来，研究者们一直在试图创造出可以通过数据和知识的处理来模仿、理解和帮助人类的 AI 系统。在很多特定的情况和任务下，AI 无论在速度还是在准确度方面都已经大大超过人类。现在的 AI 系统不仅仅是从生物学或者认知学意义上模仿人类行为，而是又快又准地作出决策，比如打扫房间时的导航过程或者提升影片图像的质量。

在这些任务中，概率论起到了关键性作用，因为有限的或者低质量的数据或是系统本身的限制让我们必须对不确定性作出量化。此外，深度学习在学习具有层次结构的数据表征方面已经崭露头角。深度学习的灵感来自生物学中的神经网络，但深度学习的设定和生物学意义上的神经元组织依然相差甚远。

无论如何，深度学习已将 AI 带到了一个全新的水平，在许多决策任务中表现出前所未有的优势。我们的下一步应该结合深度学习和概率论这两个范畴，去构建可以量化周边环境不确定性的强大 AI 系统。

本书是在讲什么

本书主要讲述如何将概率建模和深度学习结合起来去构建 AI 系统。这已经不只是传统意义上的预测建模，而是将监督学习与无监督学习结合在一起。这样构建的 AI 系统被称作深度生成模型，从生成的角度来理解周边世界。深度生成模型认为每一种现象都是由其背后的生成过程驱动发生的，该生成过程定义了随机变量及其随机过程的联合分布，来描述不同事件是如何和以什么顺序发生的。称其为“深度”，是因为我们使用深度神经网络来参数化这个分布。深度生成模型有两个显著的特点：

首先，应用深度神经网络可以丰富而灵活地进行不同分布的参数化；

其次，使用概率论来对随机依赖进行正式化的建模，可以确保推导过程的严格性，防止可能的逻辑漏洞。

概率论还提供了一个统一的框架，使得似然函数在量化不确定性和定义目标函数中起着核心作用。

本书适合哪些读者

本书适合具备大学本科水平的微积分、线性代数、概率论知识，以及机器学习、深度学习、Python 和 PyTorch 或者其他深度学习框架基础知识的学生、工程师和研究人员阅读。

对深度生成模型感兴趣的不同背景的读者都会从本书受益，如有计算机科学、工程学、数据科学、物理学及生物信息学等相关背景的读者。

本书通过一些实际例子和代码来让读者了解基本概念，书中内容对应的完整代码开源在 GitHub 网站上面：

https://github.com/jmtomczak/intro_dgm.

本书的终极目标是希望勾画出深度生成模型的几种最重要的技术，最终让读者可以自己构建和实现新的模型。

本书结构

本书一共有 8 章，每一章都可以独立阅读，读者也可以根据自己的需求调整不同章节之间的阅读顺序。

第 1 章介绍了深度生成模型的基本概念和重要分类。

第 2 章、第 3 章和第 4 章讨论了对于边缘分布的建模。

第 5 章和第 6 章介绍了对于联合分布的建模。

第 7 章介绍了一类不能通过基于似然的目标函数学习的隐变量模型。

第 8 章指出深度生成模型还可以被应用于高速发展的神经压缩领域。

所有章节都附有帮助读者理解如何具体实现建模方法的代码。

参考文献中包含了本书内容的原始论文，为感兴趣的读者提供更多的阅读资料。

深度生成模型是一个宽泛的研究方向，本书不可能包含所有相关的奇思妙想。如果不慎漏掉了一些研究文献，欢迎读者指正。

最后，我想要感谢我的太太 Ewelina，她在我写作本书的过程中给了我莫大的力量和帮助。我也感谢我父母对我一如既往的支持，以及帮我审校本书第一版本和代码的兄弟们。

Jakub M. Tomczak

目 录

CONTENTS

代码清单

LSTLISTING

第 1 章

CHAPTER 1

为什么要用深度生成模型

1.1 AI 不只是做决策

在探讨深度生成模型之前，让我们先想一个简单的例子。假设我们已经训练好了一个深度神经网络，用来将图片分类 ($\boldsymbol{x} \in \mathbb{Z}^D$)，并识别成动物 ($y \in \mathcal{Y}$, 且 $\mathcal{Y} = \{\text{cat}, \text{dog}, \text{horse}\}$)。如果这个深度神经网络训练效果非常好，对动物正确分类的概率 $p(y|\boldsymbol{x})$ 很高，这看起来不错，但是正如文献 [1] 中所指出的，一旦往图片中加入了数据噪声，则有可能导致模型作出完全错误的分类。如图 1.1 所示，加入的数据噪声将完全改变预测概率，然而图片在人眼中几乎没有任何变化。

图 1.1　这是一个例子，为一个算法基本可以完美分类的图片加入一些数据噪声，算法的预测标签就被彻底改变了

这个例子说明了经过条件概率 $p(y|\boldsymbol{x})$ 调参后的神经网络似乎缺乏对图片语境的理解。仅仅一个判别模型是不足以作出正确的决策，甚至实现人工智能的，因为机器学习系统在不了解现实情况，不知道如何表示不确定性时无法真正学会做决策。如果一点点数据噪声就会改变模型的认知和最终决策，这样的系统让我们

如何相信？如果系统无法正确表示它所处环境是否真的改变，我们如何与它沟通？

为了说明决策系统中重要的概念，例如不确定性和学习理解，让我们看一个例子。假设有一个系统，用来识别物体并将其分成两种颜色——橙色和蓝色，如图 1.2 所示。这里有一些二维的数据 [图 1.2 （a）] 和一个需要分类的新数据点 [图 1.2 （a）中的黑叉]。图 1.2 展示了两种决策方式：第一种是直接学习条件概率 $p(y|\boldsymbol{x})$ [图 1.2 （b）]；第二种是考虑联合分布概率 $p(\boldsymbol{x}, y)$，可以分解为 $p(\boldsymbol{x}, y) = p(y|\boldsymbol{x})p(\boldsymbol{x})$ [图 1.2 （c）]。

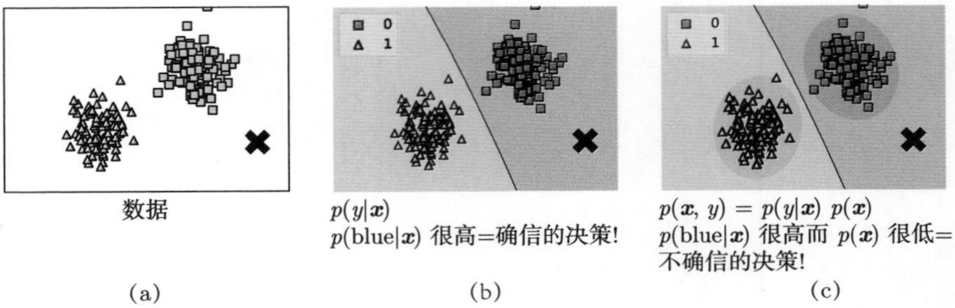

图 1.2　一个例子：数据（a）和两种决策方式：（b）判别模型；（c）生成模型

用判别模型训练系统，也就是条件概率 $p(y|\boldsymbol{x})$，训练系统决策很清楚：黑叉距离橙色区域很远，所以分类器会对黑叉是蓝色这个决策赋予很高的概率值。

另外，如果我们再多学习一个分布 $p(\boldsymbol{x})$，我们可以看到黑叉不止离决策边界更加远了，离蓝色数据点的区域也远了。换句话说，黑叉距离高概率聚集的区域更远了。结果就是，黑叉的（边界）概率 $p(\boldsymbol{x} = \text{black cross})$ 很低，而联合分布概率 $p(\boldsymbol{x} = \text{black cross}, y = \text{blue})$ 也很低，所以决策就很不确定了。

这个简单的例子清楚地告诉我们，如果想要创造出可以做出可信决策同时又可以和我们人类沟通的 AI 系统，那么这个系统一定要首先理解它所处的环境。因此 AI 系统不仅能学习如何做决策，也能使用概率来量化其对周遭环境的认知 [2,3]。因此，预估对象的分布，即 $p(\boldsymbol{x})$，是**非常关键**的。

从生成的角度来看，分布 $p(\boldsymbol{x})$ 的作用很关键：

- 用来评估所给的对象在过去是否被观测到；
- 帮助我们合理权衡决策结果；
- 用来评估环境的不确定性；
- 通过与环境交互来实现主动学习，比如，通过查看那些低 $p(\boldsymbol{x})$ 的标注对象；

- 最终可以用来产生（合成）新的对象。

一般来讲，在深度学习的文献中，生成模型是指那些新数据的生成器。然而，我们在这里试图传达一个新的视角，那就是 $p(\boldsymbol{x})$ 有更广泛的应用场景，且是创造一个成功 AI 系统的关键。我们要注意机器学习中的生成建模，其关键在于为了理解目标现象 [3,4] 而建立一个合理的生成流程。然而很多时候，$p(\boldsymbol{x},y)=p(\boldsymbol{x}|y)\,p(y)$ 可能更容易实现一些。像之前谈到的，$p(\boldsymbol{x},y)=p(y|\boldsymbol{x})\,p(\boldsymbol{x})$ 更有其明显的优势。

1.2 在哪里使用（深度）生成模型

随着神经网络的发展和算力的提高，深度生成模型已经成为 AI 研究中的一个重要方向，广泛应用于如从文本分析（如文献 [5]）、图像分析（如文献 [6]）、语音分析（如文献 [7]），到主动学习（如文献 [8]）、强化学习（如文献 [9]）、图分析（如文献 [10]），乃至医学图像分析（如文献 [11]）等领域。图 1.3 展示了深度生成模型的典型应用。

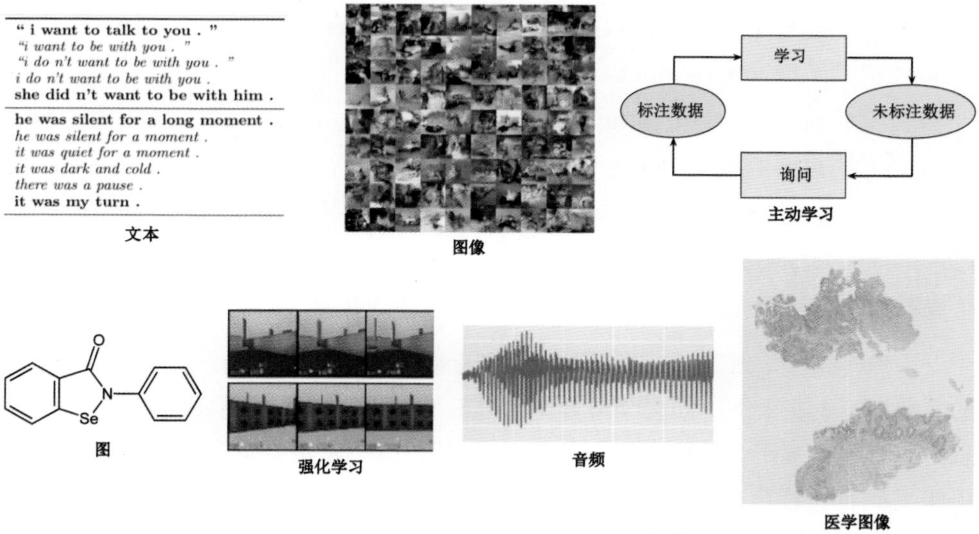

图 1.3 深度生成模型的典型应用

在一些应用中，生成（合成）对象或者改变对象的特征来生成新对象（比如一些 App 可以通过你的照片生成你老年的样子）是很重要的。然而，对于主动学习这样的应用，研究不确定的对象是最重要的，也就是 $p(\boldsymbol{x})$ 很低的对象。在强化学习中，生成下一个最可能的情形（状态）来让智能体（agent）作出对应行动才是最重要的。对于医学应用来讲，解释每一个决策，比如用概率来描述标签 (以及) 对象，绝对要比简单给出一个诊疗标签对人类医生的帮助大得多。如果一个 AI 系统有能力表述自己的确信度，同时量化对象是否可疑（也就是很低的 $p(\boldsymbol{x})$），那么它才有可能被当作独立的专家系统来表述其看法。

这些例子清楚表明了（深度）生成模型可以在很多场合发挥作用。当然 AI 系统需要搭配多种不同的机制来运作，从上面的例子中可以看出，生成建模能力绝对是最重要的机制之一。

1.3 如何定义（深度）生成模型

前面已经阐明了（深度）生成模型的重要性及其广泛应用，现在来探究如何来定义（深度）生成模型。换句话说，我们应该如何表达 $p(\boldsymbol{x})$。

我们将（深度）生成模型分为四大类（参见图 1.4）:

- 自回归模型（Autoregressive Model，ARM）;
- 流模型（flow-based model）;
- 隐变量模型（latent variable model）;
- 基于能量的模型（energy-based model）。

我们把深度放在括号中，是因为到目前为止，大部分我们所讨论的内容都可以不用神经网络来建模。但是神经网络既灵活又强大，因此被广泛应用在参数化生成模型中。从现在开始，我们会聚焦在深度生成模型上。

当然，图 1.4 所示的分类只是用来帮助我们学习这本书的，并不是完全固定的。我们不想花太多时间去争辩分类的准确性，因为很多时候会带来不同的反对意见。有一些基于分数配对原则的模型 [12–14]，也不一定会契合这样简单的分类。正如文献 [14] 指出，这些模型和隐变量模型有很多相似之处（如果我们将随机过程中的连续步骤当作隐变量的话），所以有了如图 1.4 所示的分类。

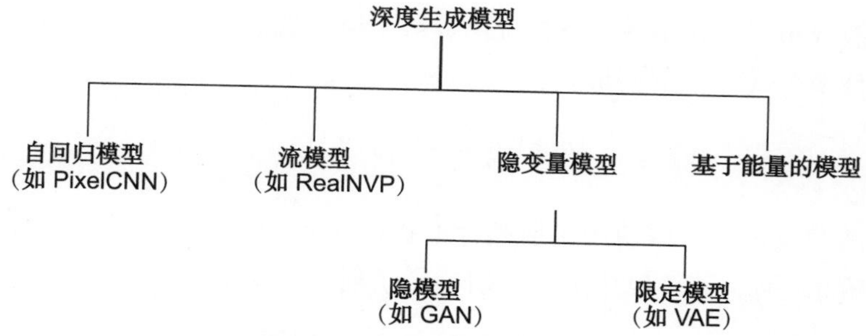

图 1.4 深度生成模型的分类

1.3.1 自回归模型

在第一种深度生成模型——**自回归模型**中，$\boldsymbol{x}$ 的分布使用自回归的方式来表达：

$$p(\boldsymbol{x}) = p(x_0)\prod_{i=1}^{D} p(x_i|\boldsymbol{x}_{<i}), \tag{1.1}$$

式中，$\boldsymbol{x}_{<i}$ 表示所有的 $\boldsymbol{x}$ 直到 index i。

为所有条件分布 $p(x_i|\boldsymbol{x}_{<i})$ 建模在计算上很低效。我们可以利用因果卷积，如同文献 [7] 中处理音频，文献 [15,16] 中处理图像一样。我们会在第 2 章中详细讨论自回归模型。

1.3.2 流模型

变量替换公式通过使用一个可逆变换 f [17] 来严谨地表达随机变量的密度：

$$p(\boldsymbol{x}) = p(\boldsymbol{z} = f(\boldsymbol{x}))|\boldsymbol{J}_{f(\boldsymbol{x})}|, \tag{1.2}$$

式中，$\boldsymbol{J}_{f(\boldsymbol{x})}$ 表示雅可比矩阵。

我们可以使用深度神经网络来参数化 f，但不适用于任一神经网络，因为必须能计算出雅可比矩阵。变量替换公式最早用在线性、保量的变换中得到 $|\boldsymbol{J}_{f(\boldsymbol{x})}| = 1$ [18,19]；之后用在矩阵行列式中产生一些非线性的变换，比如平面流 [20] 和西尔维斯特流 [21,22] 等；还用于定义可逆变换中，这样可以很容易计算出雅可比行列式，比如针对 RealNVP 中耦合层的计算 [23]。在最新的进展中，研究者们发现任意一个神经网络都是可以被约束为可逆的，且其雅可比行列式也是可以被近似计算的 [24–26]。

在离散分布（比如整数）的情况下，对于概率质量函数，由于数量是不变的，所以变量替换公式是如下的形式：

$$p(\boldsymbol{x}) = p(\boldsymbol{z} = f(\boldsymbol{x})). \tag{1.3}$$

整数离散流提出可以使用仿射耦合（affine coupling）层和舍入运算符来确保整数值的输出 [27]。文献 [28] 进一步研究了仿射耦合层的应用。

所有用到变量替换公式的生成模型都被叫作**流模型**或者简称为*流*。我们会在第 3 章中详细介绍流模型。

1.3.3 隐变量模型

隐变量模型假设一个低维度的隐空间和如下的生成步骤：

$$\boldsymbol{z} \sim p(\boldsymbol{z})$$
$$\boldsymbol{x} \sim p(\boldsymbol{x}|\boldsymbol{z}).$$

也就是说，隐变量代表了数据中隐藏的因素，而条件分布 $p(\boldsymbol{x}|\boldsymbol{z})$ 被当作一个*生成器*。

最广为人知的隐变量模型是**概率主成分分析**（probabilistic Principal Component Analysis，pPCA）[29]，其中 $p(\boldsymbol{z})$ 和 $p(\boldsymbol{x}|\boldsymbol{z})$ 是高斯分布，且 $\boldsymbol{z}$ 和 $\boldsymbol{x}$ 之间为线性依赖关系。

pPCA 有一个非线性的扩展，可以用在任意分布上，即**变分自动编码器**（Variational Auto-Encoder，VAE）框架 [30,31]。为了更容易做模型推理，变分推理被用来近似后验概率 $p(\boldsymbol{z}|\boldsymbol{x})$，而神经网络用来参数化分布。自从论文 [30,31] 发表之后，这个框架又有了多种拓展，包括更强大的变分后验 [19,21,22,32]、前验 [33,34]，以及解码器 [35]。一些有意思的方向考虑到隐空间中的不同拓扑结构，比如超球体隐空间 [36]。在变分自动编码器（VAE）和概率主成分分析（pPCA）中，我们都需要提前定义好所有的分布，因此这些模型被叫作*限定模型*。我们会在第 4 章中特别讨论这一类别的深度生成模型。

到现在为止，自回归模型（ARM）、流模型（flow）、概率主成分分析（pPCA）和变分自动编码器（VAE）都属于这一类的概率模型，其目标函数是*对数似然函数*，数据分布与模型分布之间的 KL 散度（Kullback-Leibler divergence）与此紧

密相关。另一种不同的方法使用对抗损失（adversarial loss），让一个判别器 $D(\cdot)$ 来检测真实数据与生成器生成的模拟数据之间的区别，生成器隐形式为 $p(\boldsymbol{x}|\boldsymbol{z}) = \delta(\boldsymbol{x} - G(\boldsymbol{z}))$，其中 $\delta(\cdot)$ 是狄拉克 delta 函数。这一组模型被叫作隐式模型，而生成对抗网络（Generative Adversarial Networks，GAN）[6] 是首次成功合成真实物体（比如图像）的深度生成模型之一，在第 7 章中我们会详细介绍。

1.3.4 基于能量的模型

物理学为深度生成模型的分类带来了非常有趣的视角，如引入能量方程 $E(\boldsymbol{x})$，以及后面的玻尔兹曼分布（Boltzmann distribution）：

$$p(\boldsymbol{x}) = \frac{\exp\{-E(\boldsymbol{x})\}}{Z}, \tag{1.4}$$

式中，$Z = \sum_{\boldsymbol{x}} \exp\{-E(\boldsymbol{x})\}$ 是配分函数。

目标分布被取幂的能量函数所定义，并进一步归一化，得到 0 和 1 之间的值（如概率）。物理学在其中的意义会更为深远，我们在这里不深究。感兴趣的读者可以参考文献 [37]。

由能量函数定义的模型称为基于能量的模型（Energy-Based Models，EBMs）[38]。基于能量的模型的主要想法是定义合适的能量方程，然后计算（或是近似）其配分函数。基于能量的模型中最大的一类是玻尔兹曼机（Boltzmann Machine），通过双线性形态嵌套了 $\boldsymbol{x}$，即 $E(\boldsymbol{x}) = \boldsymbol{x}^\top \boldsymbol{W} \boldsymbol{x}$ [39,40]，为受限玻尔兹曼机（Restricted Boltzmann Machine）引入隐变量和 $E(\boldsymbol{x}, \boldsymbol{z}) = \boldsymbol{x}^\top \boldsymbol{W} \boldsymbol{z}$ [41]。玻尔兹曼机的方法可以进一步扩展到 $\boldsymbol{x}$ 和 y 的联合分布上，比如分类受限玻尔兹曼机 [42]。近期的一些工作也证明了任意一个神经网络都可以被用来定义这个联合分布 [43]。我们会在第 6 章中详细介绍其原理。

1.3.5 概论

在表 1.1 中，我们从四个方面对比了深度生成模型，其中，隐变量模型又分为隐模型和限定模型：

- 训练过程是否稳定；
- 是否可能计算出似然值；
- 是否可以使用有损压缩或无损压缩；

- 模型是否可以用作表征学习（Representation Learning）。

表 1.1 深度生成模型对比

生成模型	训练过程	似然值	取样	压缩	表征
自回归模型	稳定	精确解	慢	无损	无
流模型	稳定	精确解	可快可慢	无损	有
隐模型	不稳定	无解	快	没有压缩	无
限定模型	稳定	近似解	快	有损	有
基于能量的模型	稳定	未归一化解	慢	最好没有压缩	有

所有基于似然函数的模型（比如自回归模型 ARM、流模型 flow、玻尔兹曼机，以及限定模型如变分自动编码器）的训练过程都比较稳定，而隐模型如生成对抗网络（GAN）的训练过程很不稳定。对于非线性的限定模型如变分自动编码器（VAE），要注意其似然函数是不能够精确计算的，只能给出一个下限。类似地，玻尔兹曼机 EBM 也需要计算配分函数，而这也通常是难以得到解析解的。所以我们得到的往往是未归一化的概率或者一个近似解。

自回归模型 ARM 包含了最优的基于似然函数的模型，然而因为其生成新内容的自回归机制导致抽样过程极其缓慢。玻尔兹曼机 EBM 需要运行蒙特卡罗方法来获取样本；因为我们处理的对象往往是高维度的，蒙特卡罗方法就成了玻尔兹曼机在实际应用中的一大障碍。其他所有方法都相对较快。对压缩来讲，变分自动编码器 VAE 模型允许利用隐空间，这个空间的维度远低于输入数据的维度，却能存储到输入数据的重要信息，类似水流过瓶颈一样。自回归模型 ARM 和流模型 flow 可以被用来进行无损压缩，因为它们都可以估算密度，然后提供精确的似然值。隐模型不可以直接用来压缩，近期的一些工作使用了生成对抗网络 GAN 来改进图像压缩 [44]。流模型 flow、限定模型和玻尔兹曼机 EBM（如果使用隐变量的话）可以被用作表征学习，也就是用一组随机变量来梳理出原本数据的结构。对于表征质量的好坏，感兴趣的读者可以参考一些文献，如文献 [45]。

1.4 本书的目的和内容

本书向读者展示的是深度生成模型的相关知识。深度生成模型是概率论、统计学、概率机器学习及深度学习的集合体。要完全掌握本书的内容，我们建议读者提前学习关于代数、微积分、概率论、统计学、机器学习与深度学习，以及 Python 编程的基本知识。本书的所有代码都是用 PyTorch 编写的，如果读者掌握其他深度学习框架如 Keras、TensorFlow 或者 JAX，阅读本书的代码也不会有什么障碍。

在本书中，除非有某个知识点非常关键，我们基本不会重复介绍机器学习和深度学习的基本概念。我们会直接代入深度生成模型的训练和模型中。我们会讨论几个投影模型，如自回归模型（第 2 章）、流模型（第 3 章，包含了 RealNVP，整型离散流，以及残差和密集卷积网络流）、隐变量模型（第 4 章，包含了变分自动编码器 VAE 和其组件、分层 VAE 和基于扩散的深度生成模型），以及用来建模联合分布的框架如混合建模（第 5 章），还有基于能量的模型（第 6 章）。此外，我们会介绍深度生成模型作为神经压缩框架的一部分在数据压缩中的应用（第 8 章）。总体来讲，这本书的每个章节都可以独立学习，读者可以自行选择最适合自己的学习顺序和进度。

谁适合阅读本书？我们希望是所有对人工智能有兴趣的人。有一些特定群体可能会从本书中特别受益。首先是那些希望在机器学习和深度学习的一般课程以外进一步深造的大学生们。其次是那些希望拓展人工智能知识，迈出职业下一步，希望了解下一代人工智能系统的研发工程师们。本书希望对人工智能好奇的读者们，不只能学到理论知识，也能了解到在实际应用中如何去实现它们。为了达到这个目的，本书中每一个讨论和介绍过的话题都会附带其正式定义和 PyTorch 实现代码。本书目的是让读者真正了解深度生成模型，这意味着既能够用数学推导一个模型，也可以写代码实现这个模型。本书附带了下面的代码仓库供读者参考，在 GitHub 中搜索“`jmtomczak/intro_dgm`”项目。

1.5 参考文献

[1] SZEGEDY C, ZAREMBA W, SUTSKEVER I, et al. Intriguing properties of neural networks[C]//2nd International Conference on Learning Representations, ICLR 2014. [S.l.: s.n.], 2014.

[2] BISHOP C M. Model-based machine learning[J]. Philosophical Transactions of the Royal Society A: Mathematical, Physical and Engineering Sciences, 2013, 371(1984): 20120222.

[3] GHAHRAMANI Z. Probabilistic machine learning and artificial intelligence[J]. Nature, 2015, 521(7553): 452-459.

[4] LASSERRE J A, BISHOP C M, MINKA T P. Principled hybrids of generative and

discriminative models[C]//2006 IEEE Computer Society Conference on Computer Vision and Pattern Recognition (CVPR '06): volume 1. [S.l.]: IEEE, 2006: 87-94.

[5] BOWMAN S, VILNIS L, VINYALS O, et al. Generating sentences from a continuous space[C]//Proceedings of The 20th SIGNLL Conference on Computational Natural Language Learning. [S.l.: s.n.], 2016: 10-21.

[6] GOODFELLOW I J, POUGET-ABADIE J, MIRZA M, et al. Generative adversarial networks[J]. arXiv preprint arXiv:1406.2661, 2014.

[7] OORD A V D, DIELEMAN S, ZEN H, et al. Wavenet: A generative model for raw audio[J]. arXiv preprint arXiv:1609.03499, 2016a.

[8] SINHA S, EBRAHIMI S, DARRELL T. Variational adversarial active learning[C]//Proceedings of the IEEE/CVF International Conference on Computer Vision. [S.l.: s.n.], 2019: 5972-5981.

[9] HA D, SCHMIDHUBER J. World models[J]. arXiv preprint arXiv:1803.10122, 2018.

[10] GraphVAE: Towards generation of small graphs using variational autoencoders, author=Simonovsky, Martin and Komodakis, Nikos, booktitle=International Conference on Artificial Neural Networks, pages=412-422, year=2018, organization=Springer[C]//[S.l.: s.n.].

[11] ILSE M, TOMCZAK J M, LOUIZOS C, et al. DIVA: Domain invariant variational autoencoders[C]//Medical Imaging with Deep Learning. [S.l.]: PMLR, 2020: 322-348.

[12] HYVÄRINEN A, DAYAN P. Estimation of non-normalized statistical models by score matching.[J]. Journal of Machine Learning Research, 2005, 6(4).

[13] SONG Y, ERMON S. Generative modeling by estimating gradients of the data distribution[J]. arXiv preprint arXiv:1907.05600, 2019.

[14] SONG Y, SOHL-DICKSTEIN J, KINGMA D P, et al. Score-based generative modeling through stochastic differential equations[C]//International Conference on Learning Representations. [S.l.: s.n.], 2020.

[15] VAN OORD A, KALCHBRENNER N, KAVUKCUOGLU K. Pixel recurrent neural networks[C]//International Conference on Machine Learning. [S.l.]: PMLR, 2016: 1747-1756.

[16] OORD A V D, KALCHBRENNER N, VINYALS O, et al. Conditional image generation with pixelcnn decoders[C]//Proceedings of the 30th International Conference on Neural Information Processing Systems. [S.l.: s.n.], 2016b: 4797-4805.

[17] RIPPEL O, ADAMS R P. High-dimensional probability estimation with deep density models[J]. arXiv preprint arXiv:1302.5125, 2013.

[18] DINH L, KRUEGER D, BENGIO Y. NICE: Non-linear independent components estimation[J]. arXiv preprint arXiv:1410.8516, 2014.

[19] TOMCZAK J M, WELLING M. Improving variational auto-encoders using householder flow[J]. arXiv preprint arXiv:1611.09630, 2016.

[20] REZENDE D, MOHAMED S. Variational inference with normalizing flows[C]// International Conference on Machine Learning. [S.l.]: PMLR, 2015: 1530-1538.

[21] VAN DEN BERG R, HASENCLEVER L, TOMCZAK J M, et al. Sylvester normalizing flows for variational inference[C]//34th Conference on Uncertainty in Artificial Intelligence 2018, UAI 2018. [S.l.]: Association For Uncertainty in Artificial Intelligence (AUAI), 2018: 393-402.

[22] HOOGEBOOM E, SATORRAS V G, TOMCZAK J M, et al. The convolution exponential and generalized sylvester flows[J]. arXiv preprint arXiv:2006.01910, 2020.

[23] DINH L, SOHL-DICKSTEIN J, BENGIO S. Density estimation using Real NVP[J]. arXiv preprint arXiv:1605.08803, 2016.

[24] BEHRMANN J, GRATHWOHL W, CHEN R T, et al. Invertible residual networks[C]// International Conference on Machine Learning. [S.l.]: PMLR, 2019: 573-582.

[25] CHEN R T, BEHRMANN J, DUVENAUD D, et al. Residual flows for invertible generative modeling[J]. arXiv preprint arXiv:1906.02735, 2019.

[26] PERUGACHI-DIAZ Y, TOMCZAK J M, BHULAI S. Invertible densenets with concatenated lipswish[J]. Advances in Neural Information Processing Systems, 2021.

[27] HOOGEBOOM E, PETERS J W, BERG R V D, et al. Integer discrete flows and lossless compression[J]. arXiv preprint arXiv:1905.07376, 2019.

[28] TOMCZAK J M. General invertible transformations for flow-based generative modeling[J]. INNF+, 2021.

[29] TIPPING M E, BISHOP C M. Probabilistic principal component analysis[J]. Journal of the Royal Statistical Society: Series B (Statistical Methodology), 1999, 61(3): 611-622.

[30] KINGMA D P, WELLING M. Auto-encoding variational bayes[J]. arXiv preprint arXiv:1312.6114, 2013.

[31] REZENDE D J, MOHAMED S, WIERSTRA D. Stochastic backpropagation and approximate inference in deep generative models[C]//International conference on machine learning. [S.l.]: PMLR, 2014: 1278-1286.

[32] KINGMA D P, SALIMANS T, JOZEFOWICZ R, et al. Improved variational inference with inverse autoregressive flow[J]. Advances in Neural Information Processing Systems, 2016, 29: 4743-4751.

[33] CHEN X, KINGMA D P, SALIMANS T, et al. Variational lossy autoencoder[J]. arXiv preprint arXiv:1611.02731, 2016.

[34] TOMCZAK J, WELLING M. VAE with a VampPrior[C]//International Conference on Artificial Intelligence and Statistics. [S.l.]: PMLR, 2018: 1214-1223.

[35] GULRAJANI I, KUMAR K, AHMED F, et al. PixelVAE: A latent variable model for natural images[J]. arXiv preprint arXiv:1611.05013, 2016.

[36] DAVIDSON T R, FALORSI L, DE CAO N, et al. Hyperspherical variational autoencoders[C]//34th Conference on Uncertainty in Artificial Intelligence 2018, UAI 2018. [S.l.]: Association For Uncertainty in Artificial Intelligence (AUAI), 2018: 856-865.

[37] JAYNES E T. Probability theory: The logic of science[M]. [S.l.]: Cambridge university press, 2003.

[38] LECUN Y, CHOPRA S, HADSELL R, et al. A tutorial on energy-based learning[J]. Predicting structured data, 2006, 1(0).

[39] ACKLEY D H, HINTON G E, SEJNOWSKI T J. A learning algorithm for boltzmann machines[J]. Cognitive science, 1985, 9(1): 147-169.

[40] HINTON G E, SEJNOWSKI T J, et al. Learning and relearning in boltzmann machines[M]//RUMELHART D E, MCCLELLAND J L. Parallel distributed processing: Explorations in the microstructure of cognition: Foundations London, England: MIT Press, 1986, 1: 282-317.

[41] HINTON G E. A practical guide to training restricted boltzmann machines[M]//Neural networks: Tricks of the trade. [S.l.]: Springer, 2012: 599-619.

[42] LAROCHELLE H, BENGIO Y. Classification using discriminative restricted boltzmann machines[C]//Proceedings of the 25th international conference on Machine learning. [S.l.: s.n.], 2008: 536-543.

[43] GRATHWOHL W, WANG K C, JACOBSEN J H, et al. Your classifier is secretly an energy based model and you should treat it like one[C]//International Conference on Learning Representations. [S.l.: s.n.], 2019.

[44] MENTZER F, TODERICI G D, TSCHANNEN M, et al. High-fidelity generative image compression[J]. Advances in Neural Information Processing Systems, 2020, 33.

[45] BENGIO Y, COURVILLE A, VINCENT P. Representation learning: A review and new perspectives[J]. IEEE transactions on pattern analysis and machine intelligence, 2013, 35 (8): 1798-1828.

第 2 章

CHAPTER 2

自回归模型

2.1 简介

在介绍分布 $p(\boldsymbol{x})$ 的建模之前，我们先回顾一下概率论中的核心法则，也就是**加法法则**和**乘积法则**。引入两个随机变量 $\boldsymbol{x}$ 和 $\boldsymbol{y}$，其联合分布是 $p(\boldsymbol{x}, \boldsymbol{y})$。**乘积法则**让我们可以有两种方式来分解这个联合分布：

$$p(\boldsymbol{x}, \boldsymbol{y}) = p(\boldsymbol{x}|\boldsymbol{y})p(\boldsymbol{y}) \tag{2.1}$$

$$= p(\boldsymbol{y}|\boldsymbol{x})p(\boldsymbol{x}). \tag{2.2}$$

也就是说，联合分布可以表述为一个边缘分布和一个条件分布的乘积。**加法法则**告诉我们，如果计算关于其中一个变量的边缘分布，就必须要对另一个变量进行积分（或求和），即：

$$p(\boldsymbol{x}) = \sum_{\boldsymbol{y}} p(\boldsymbol{x}, \boldsymbol{y}). \tag{2.3}$$

这两个法则在概率论和统计学中有极其重要的作用，也对我们定义深度生成模型非常关键。

现在考虑一个高维度的随机变量 $\boldsymbol{x} \in \mathcal{X}^D$，其中 $\mathcal{X} = \{0, 1, \cdots, 255\}$（即像素值）或者 $\mathcal{X} = \mathbb{R}$。我们的目标是对 $p(\boldsymbol{x})$ 建模。在思考如何进行特定的参数化之前，我们首先使用乘积法则将这个联合分布表述为另一种形式：

$$p(\boldsymbol{x}) = p(x_1) \prod_{d=2}^{D} p(x_d|\boldsymbol{x}_{<d}), \tag{2.4}$$

式中，$\boldsymbol{x}_{<d} = [x_1, x_2, \cdots, x_{d-1}]^\top$。举个例子，对于 $\boldsymbol{x} = [x_1, x_2, x_3]^\top$，我们有 $p(\boldsymbol{x}) = p(x_1)p(x_2|x_1)p(x_3|x_1, x_2)$。

可以看到，乘积法则被多次用在联合分布上面，用来将联合分布分解为多个条件分布。但是要为所有的条件分布 $p(x_d|\boldsymbol{x}_{<d})$ 单独建模是不可行的，否则会获得 D 个单独的模型，每一个模型的复杂度都会随着条件的变化而增加。有没有更好的方法？答案是肯定的。

2.2 由神经网络参数化的自回归模型

之前提到过，我们的目标是用条件分布来为联合分布 $p(\boldsymbol{x})$ 建模。一个针对使用 D 个模型的解决方案是为条件分布引入一个单独的、共享的模型。要去使用这样的共享模型，就得用到**自回归模型**（ARM），当然得在一定的假设之下。下面会介绍使用不同神经网络参数化的自回归模型。深度生成模型与神经网络是分不开的。

2.2.1 有限记忆

我们的第一个试图降低条件模型复杂度的尝试是假定一个有限记忆。举个例子，我们可以假设每个变量最多只能依赖于不超过两个的其他变量，也就是：

$$p(\boldsymbol{x}) = p(x_1)p(x_2|x_1) \prod_{d=3}^{D} p(x_d|x_{d-1}, x_{d-2}). \tag{2.5}$$

这样就可以使用一个小的神经网络，比如一个多层感知器（Multi-layered Perceptrons，MLP），来预测 x_d 的分布。如果 $\mathcal{X} = \{0, 1, \cdots, 255\}$，多层感知器就会读取 x_{d-1}, x_{d-2} 然后输出 x_d, θ_d 的类别分布的概率值。MLP 可以有以下的形式

$$[x_{d-1}, x_{d-2}] \rightarrow \text{Linear}(2, M) \rightarrow \text{ReLU} \rightarrow \text{Linear}(M, 256) \rightarrow \text{Softmax} \rightarrow \theta_d, \tag{2.6}$$

式中，M 表示隐藏单位的数量，如 $M = 300$。图 2.1 中展示了这个方法的一个

例子。

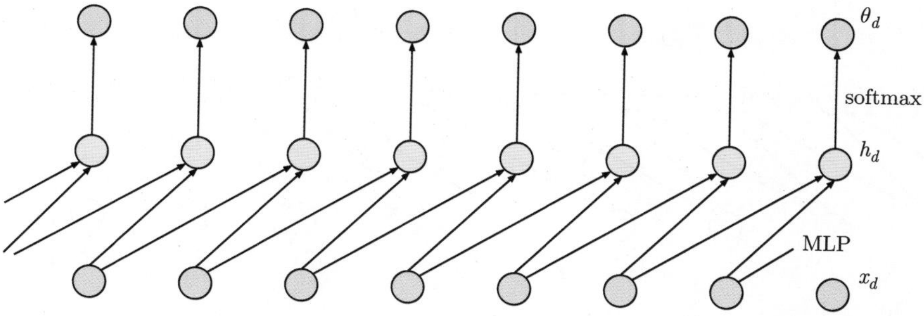

图 2.1 使用基于最后两个输入的共享 MLP。蓝色节点（下方）代表了输入，橙色节点（中间）代表了中间的表征，而绿色节点（上方）代表了输出的概率。注意，概率 θ_d 不依赖于 x_d

这里要重点注意，我们使用了一个单独的、共享的 MLP 来预测 x_d 的概率。这样的模型不只是非线性的，因为需要被训练的权重相对较少，其参数化过程也变得容易很多。但该方法最明显的不足之处在于其**有限的记忆**（在这个例子中仅限制于最后的两个变量）。更进一步地，我们并不清楚在**先验**中条件概率应该使用多少个变量。在很多问题中，比如图像处理，要理解数据中的复杂模式，其关键在于学习到**长距的统计信息**，因此拥有长距记忆是必要的。

2.2.2 基于循环神经网络的长距记忆

要解决多层感知机（MLP）建模的短距记忆问题，一种方案是使用循环神经网络（Recurrent Neural Network，RNN）[1,2]。我们可以用以下的方式建模条件分布[3]：

$$p(x_d|\boldsymbol{x}_{<d}) = p(x_d|\text{RNN}(x_{d-1}, h_{d-1})), \tag{2.7}$$

式中，$h_d = \text{RNN}(x_{d-1}, h_{d-1})$，而 h_d 是一个隐藏语境，起到了记忆的作用，以实现学习长距的依赖关系。图 2.2 中展示了一个使用 RNN 的例子。

这个方法给出单一的参数化方式，所以是高效的，且解决了有限记忆的问题。到目前为止，该方法一直表现不错。然而 RNN 也有问题，比如：

- RNN 是序列化的，所以很慢；
- 如果 RNN 的设置不合适，比如，其权重矩阵的特征值大于或小于 1，那么 RNN 就会分别产生梯度爆炸或者梯度消失的问题，从而无法学习到长距的依赖关系。

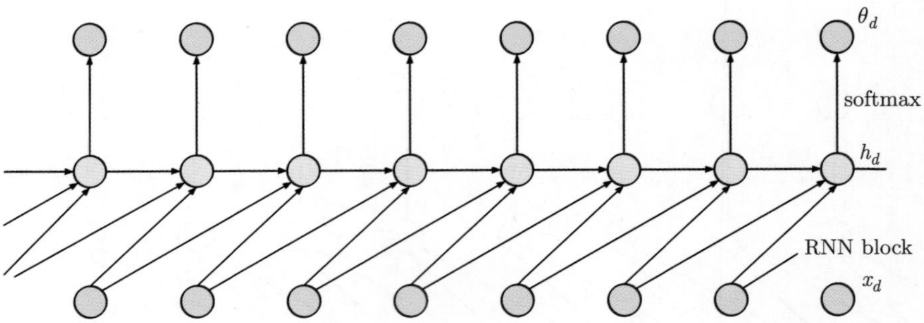

图 2.2 使用了基于最近两个输入的 RNN。蓝色节点（下方）代表了输入，橙色节点（中间）代表了中间的表征，而绿色节点（上方）代表了输出的概率。注意，这个方法与使用共享多层感知机的区别，中间层的节点 h_d 之间有了额外的依赖关系

有一些方法可以用来帮助训练 RNN，比如梯度裁剪（Gradient Clipping），从更广义来讲，还有梯度正则（gradient regularization）[4] 或者是正交权重（orthogonal weight）[5]。我们不详细展开训练 RNN 的特定方法。我们仍然希望能找到一个不同的参数化方法可以解决最初的问题：在自回归模型中为长距依赖关系建模。

2.2.3 基于卷积神经网络的长距记忆

在文献 [6,7] 中，我们注意到卷积神经网络（Convolutional Neural Network，CNN）可以代替循环神经网络（RNN）来为长距依赖关系建模。具体来讲，我们把一维的卷积层（Conv1D）叠加在一起来处理序列数据。这样做的优势如下：

- 卷积内核是共享的，所以参数化过程很高效；
- 处理过程是并行的，极大地提高了计算速度；
- 通过叠加更多的卷积层，有效卷积核的大小可以随网络深度而增大。

这三点优势让一维卷积层 Conv1D 神经网络成为解决问题的完美方案。但是在实际使用时是否真的如此？

一维卷积层 Conv1D 可以被用来计算嵌入向量 [7]，但却不可以直接为自回归模型所用。因为我们需要卷积层是符合**因果** [8] 的。在这里，因果意味着 Conv1D 只可以依赖最后的 k 个输入，可以不含有当下的输入（A 型），也可以含有当下的输入（B 型）。换句话说，我们必须要把卷积核“切开”，来防止其用到下一个变量（提前看到未来）。重点是，对于第一层我们必须使用 A 型，因为最终的输出（也就是那些概率值 θ_d）是不可以依赖于 x_d 的。另外，如果担心实际内核过于庞

大，我们可以使用空洞卷积（dilated convolution），将空洞设置为大于 1 的值。

在图 2.3 中，我们展示了一个有着三层因果一维卷积层（Causal Conv1D）的神经网络示例。第一层 CausalConv1D 是 A 型的，即其只可以考虑最近的 k 个输入而不含有当下的输入。在接下来的两层中，我们使用 B 型的 CausalConv1D，其空洞值分别为 2 和 3。空洞值一般会被设置为 1, 2, 4, 8（v.d. Oord et al., 2016a），只是图中不太好展示空洞值为 2 和 4 的情况。我们用红色高亮表示所有从输入层到输出层的连接。可以看到，把多层 CausalConv1D 叠加起来，同时设置一个大于 1 的空洞值，我们就能学到长距依赖关系（在这个例子中模型可以看到 7 个最近的输入）。

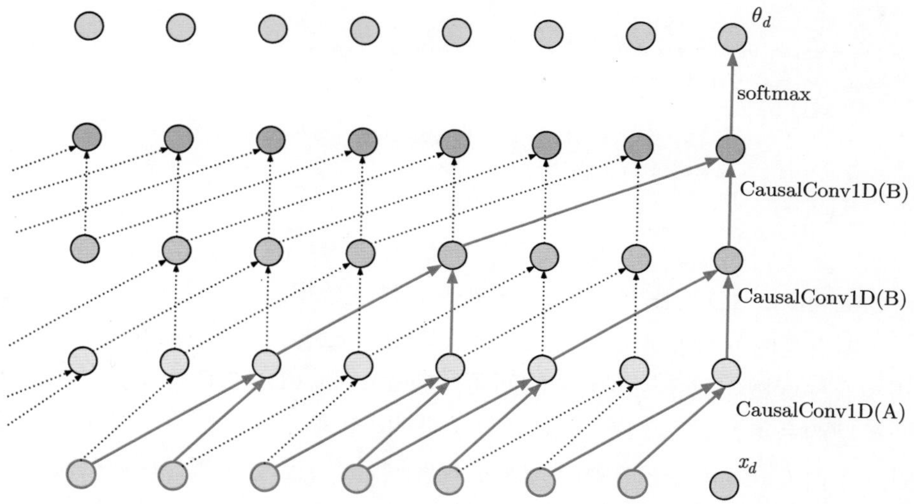

图 2.3　一个使用因果一维卷积层的示例。卷积核大小为 2，但是因为我们在更高的卷积层使用了空洞，所以可以处理更大的输入（高亮为红色），就能利用更长的记忆。注意，第一层一定要是 A 型才能保证处理正确进行

下面给出了一个实现因果一维卷积层的代码例子。代码的具体实现可以解释对 A 型和 B 型的分类细节。

代码清单 2.1　因果一维卷积

```
class CausalConv1d(nn.Module):
    def __init__(self, in_channels, out_channels, kernel_size, dilation, A=False, **kwargs):
        super(CausalConv1d, self).__init__()

        # 大体想法如下：我们使用PyTorch自带的Conv1D。要选择合适的padding以确保卷积是因果的。最后还要删除一些最终输出的并不需要的部分。因为CausalConv1D仍然是个卷积，所以必须定义卷积核的大小、空洞值，以及是A型(A=True)还是B型(A=False)。注意，通过增加空洞值我们可以扩大记忆
```

```

        # 参数设置：
        self.kernel_size = kernel_size
        self.dilation = dilation
        self.A = A # whether option A (A=True) or B (A=False)
        self.padding = (kernel_size - 1) * dilation + A * 1

        # 在前向传导中我们加入padding
        self.conv1d = torch.nn.Conv1d(in_channels, out_channels,
                                      kernel_size, stride=1,
                                      padding=0,
                                      dilation=dilation,**kwargs)

    def forward(self, x):
        # 我们只从左侧做padding，这样的实现会更为高效
        x = torch.nn.functional.pad(x, (self.padding, 0))
        conv1d_out = self.conv1d(x)
        if self.A:
            # 注意，不可以依赖于当前部分，因此要删除最后一个元素
            return conv1d_out[:, :, : -1]
        else:
            return conv1d_out
```

CausalConv1D 层比 RNN 更适合用来对序列数据建模，不仅可以给出更好的结果（即更高的分类准确度），也比 RNN 能更有效地学习长距依赖关系 [8]，同时不用担心梯度爆炸或者梯度消失的问题。CausalConv1D 被广泛认为是参数化自回归模型的完美方案，在很多领域得到了证明，包括用来做音频处理的 WaveNet 就是一个由 CausalConv1D 构建起来的神经网络 [9]，还有用来做图像处理的 PixelCNN 也含有 CausalConv2D 的组件 [10]。

因果卷积网络参数化的自回归模型也有缺点，这些缺点和抽样有关。当我们想要计算给定输入的概率时，需要对整个前向传导进行计算，这是一个并行的过程。但是，如果我们想要对新的目标进行抽样，就需要对所有位置进行迭代（想象一个巨大的 for 循环从第一个变量到最后一个变量），并迭代地预测概率和计算样本值。因为模型是用卷积网络参数化的，所以我们必须完成 D 个前向传导来得到最终结果，这显然很浪费，但这也是我们需要为基于卷积网络的自回归模型付出的代价，以换取前面提到的优点。有一些正在进行的研究工作正试图加速这些计算，例如文献 [11]。

2.3 深度生成自回归模型实践

现在我们具体探讨如何实现一个自回归模型 ARM。本书整体上更多聚焦于图像应用，也就是 $\boldsymbol{x} \in \{0,1,\cdots,15\}^{64}$。因为表达图像的像素值是整数，我们会用类别分布来表达（下一章中我们会具体讲到表达图像分布的几种不同方式）。我们使用 CausalConv1D 参数化的自回归模型 ARM 来为 $p(\boldsymbol{x})$ 建模。所得结果的条件概率表达为如下的形式：

$$p(x_d|\boldsymbol{x}_{<d}) = \text{Categorical}(x_d|\theta_d(\boldsymbol{x}_{<d})) \tag{2.8}$$

$$= \prod_{l=1}^{L}(\theta_{d,l})^{[x_d=l]}, \tag{2.9}$$

式中，$[a=b]$ 是艾佛森括号（Iverson bracket，即 $[a=b]=1$ 若 $a=b$，且 $[a=b]=0$ 若 $a \neq b$）；$\theta_d(\boldsymbol{x}_{<d}) \in [0,1]^{16}$ 是基于 CausalConv1D 的神经网络使用 Softmax 作为最后一层所得到的输出结果，所以有 $\sum_{l=1}^{L}\theta_{d,l}=1$。我们要很清楚地知道，最后一层必须有 16 个输出管道（因为每一个像素有 16 个可能的值），所以 Softmax 要取在这 16 个值上面。我们把多个 CausalConv1D 层叠加在一起，中间使用非线性的激活函数（比如 LeakyReLU），还要把第一层设置为 A 型的 CausalConv1D 层，不然就会违背我们用 x_d 来预测 θ_d 的前提假设。

至于如何选择目标函数，自回归模型 ARM 都是基于似然的模型，所以对于给定的 N 个独立同分布的数据点 $\mathcal{D}=\{\boldsymbol{x}_1,\cdots,\boldsymbol{x}_N\}$，我们的目标是要取最大化的对数，即（我们再一次用到了乘法法则和加法法则）：

$$\ln p(\mathcal{D}) = \ln\prod_n p(\boldsymbol{x}_n) \tag{2.10}$$

$$= \sum_n \ln p(\boldsymbol{x}_n) \tag{2.11}$$

$$= \sum_n \ln\prod_d p(x_{n,d}|\boldsymbol{x}_{n,<d}) \tag{2.12}$$

$$= \sum_n\left(\sum_d \ln p(x_{n,d}|\boldsymbol{x}_{n,<d})\right) \tag{2.13}$$

$$= \sum_n\left(\sum_d \ln \text{Categorical}\left(x_d|\theta_d\left(\boldsymbol{x}_{<d}\right)\right)\right) \tag{2.14}$$

$$= \sum_{n} \left(\sum_{d} \left(\sum_{l=1}^{L} [x_d = l] \ln \theta_d \left(\boldsymbol{x}_{<d} \right) \right) \right). \tag{2.15}$$

为了简洁起见，我们假设 $\boldsymbol{x}_{<1} = \emptyset$，也就是说没有条件概率，这样就可以看到目标函数变成了一个很优雅的形式。首先，独立同分布的数据 $\mathcal{D}$ 取对数之后变成了对每一个独立分布 $p(\boldsymbol{x}_n)$ 取对数之后的求和。其次，利用乘法法则和对数，我们再一次得到一个在维度上面的求和。最终只要用 CausalConv1D 来参数化条件概率，就可以在一个前向传导中计算出所有的 θ_d，再去检查像素值（$\ln p(\mathcal{D})$ 的最后一行）。最佳情况是：当 $x_d = l$ 时，我们希望 $\theta_{d,l}$ 可以尽可能地接近 1。

代码

好了，现在我们来看看代码实现。此处我们只关注模型的代码，一些细节写在代码注释里面。

代码清单 2.2 使用因果一维卷积参数化的自回归模型

```
class ARM(nn.Module):
    def __init__(self, net, D=2, num_vals=256):
        super(ARM, self).__init__()

        # 写明代码的作者是个好习惯
        print('ARM by JT.')

        # 这是网络的定义，具体在下一段代码中
        self.net = net
        # 这是每一个像素所能容纳的值的数量
        self.num_vals = num_vals
        # 这是问题的维度（像素数量）
        self.D = D

    # 这个方法计算出自回归模型的输出
    def f(self, x):
        # 首先我们使用因果卷积
        h = self.net(x.unsqueeze(1))
        # 我们在渠道中已经有了值的数量，因此改变维度的顺序
        h = h.permute(0, 2, 1)
        # 使用Softmax来计算概率
        p = torch.Softmax(h, 2)
        return p

    # 用前向传导来计算图像的对数概率
```

```
    def forward(self, x, reduction='avg'):
        if reduction == 'avg':
            return -(self.log_prob(x).mean())
        elif reduction == 'sum':
            return -(self.log_prob(x).sum())
        else:
            raise ValueError('reduction could be either `avg` or `sum`.')

    # 这个方法计算对数概率（对数类别）
    # 具体完整细节在对应的单独文件中
    def log_prob(self, x):
        mu_d = self.f(x)
        log_p = log_categorical(x, mu_d, num_classes=self.num_vals, reduction='
sum', dim=-1).sum(-1)

        return log_p

    # 这个方法实现了取样步骤
    def sample(self, batch_size):
        # 先初始化一个全部为0的张量(tensor)
        x_new = torch.zeros((batch_size, self.D))

        # 然后迭代地为像素抽样赋值
        for d in range(self.D):
            p = self.f(x_new)
            x_new_d = torch.multinomial(p[:, d, :], num_samples=1)
            x_new[:, d] = x_new_d[:,0]

        return x_new
```

代码清单 2.3 神经网络示例

```
# 一个神经网络的示例。注意：第一层A=True，其他层A=False。
# 到了这里读者应该已经明白为什么要这么做：
M = 256

net = nn.Sequential(
    CausalConv1d(in_channels=1, out_channels=MM, dilation=1, kernel_size=kernel,
     A=True, bias=True),
    nn.LeakyReLU(),
    CausalConv1d(in_channels=MM, out_channels=MM, dilation=1, kernel_size=kernel,
     A=False, bias=True),
    nn.LeakyReLU(),
    CausalConv1d(in_channels=MM, out_channels=MM, dilation=1, kernel_size=kernel,
     A=False, bias=True),
    nn.LeakyReLU(),
    CausalConv1d(in_channels=MM, out_channels=num_vals, dilation=1, kernel_size=
    kernel, A=False, bias=True))
```

现在我们可以测试全部代码了。训练好自回归模型之后，我们可以得到和图 2.4 类似的结果。

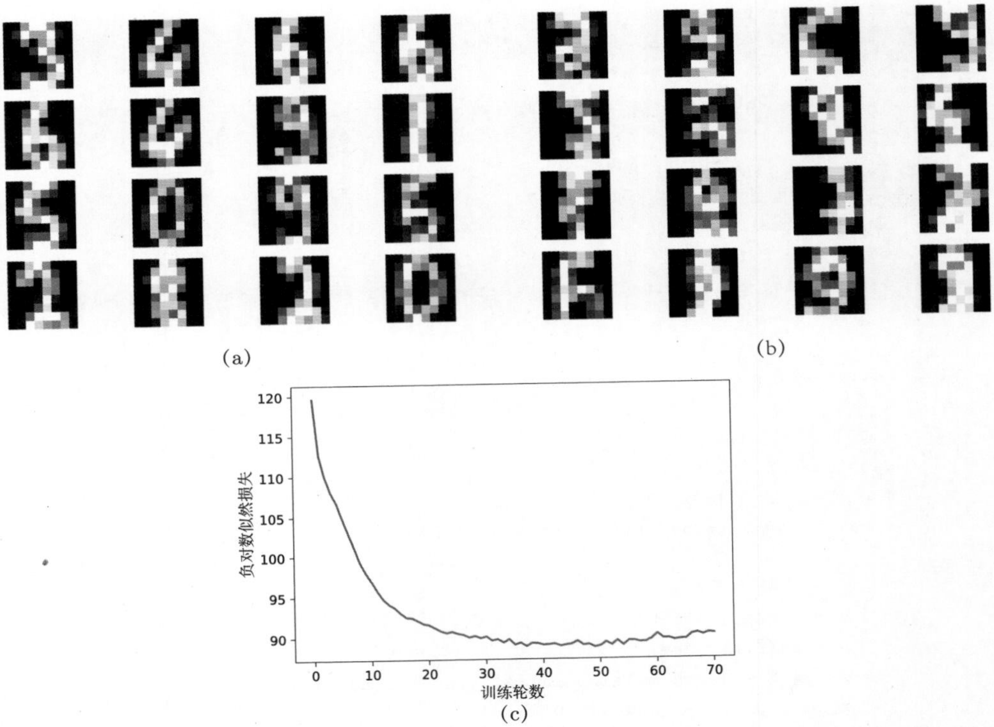

图 2.4　训练之后的结果示例。(a) 随机选择的真实图片。(b) 自回归模型的非条件生成结果。(c) 训练过程中的验证曲线

2.4 还未结束

我们首先讨论了一维因果卷积，并且知道一般来讲它是不足以为图像建模的，因为其在 2D 上有空间的依赖（如果考虑多一个渠道则为 3D，为了简洁起见，这里只关注 2D 的情况）。文献 [10] 提出了 （causal Conv2D，CausalConv2D）的概念。其想法和讨论过的内容类似，只是我们需要保证卷积核在 x 轴和 y 轴都不可以越界，去看到未来的像素值。在图 2.5 中，我们展示了使用全部核权重的标准卷积核与掩盖掉一些权重（即赋为 0 值）的掩码卷积核之间的区别。注意在 CausalConv2D 中，我们必须在第一层卷积层中使用 A 型设置（即忽略掉中间的像素），然后在后面的卷积层中使用 B 型设置。在图 2.6 中，我们用数值展示了

和图 2.5 相同的例子。

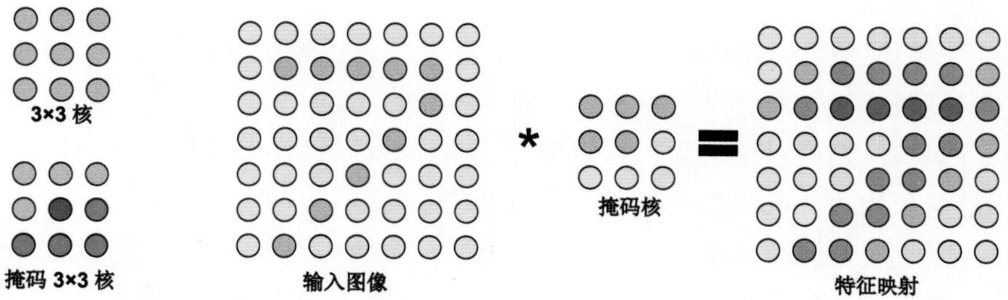

图 2.5 3×3 的掩码卷积核的示例（即一个 2D 因果核）：（左侧）标准卷积核（用了所有权重；显示为绿色）与掩码卷积核（一些权重被掩盖掉没有被使用；显示为红色）的区别。对于掩码卷积核，中间的那些节点（像素）显示为紫色，因为它们要么是被掩盖掉了（A 型），要么没有被掩盖掉（B 型）。（中间）一幅图像（浅粉色为 0，浅蓝色为 1）和一个掩码卷积核（A 型）的示例。（右侧）将掩码卷积核作用在图像上的结果（padding 设置为 1）

$$
\begin{bmatrix}
0&0&0&0&0&0&0\\
0&1&1&1&1&1&0\\
0&0&0&0&0&1&0\\
0&0&0&0&1&0&0\\
0&0&0&1&0&0&0\\
0&0&1&0&0&0&0\\
0&1&0&0&0&0&0
\end{bmatrix}
*
\begin{bmatrix}
1&1&1\\
1&1&0\\
0&0&0
\end{bmatrix}
=
\begin{bmatrix}
0&0&0&0&0&0&0\\
0&1&2&2&2&1&0\\
1&2&3&3&3&3&2\\
0&0&0&0&2&2&1\\
0&0&0&2&2&1&0\\
0&0&2&2&1&0&0\\
0&2&2&1&0&0&0
\end{bmatrix}
$$

图 2.6 与图 2.5 中一样的例子，但此处值为数值型

在文献 [12] 中，作者提出了对于因果卷积的进一步改进。主要的想法是创建一个含有垂直卷积层和水平卷积层的卷积块，并且使用非线性门控方法（gated non-linearity function），即：

$$
\boldsymbol{h} = \tanh(\boldsymbol{W}\boldsymbol{x}) \odot \sigma(\boldsymbol{V}\boldsymbol{x}). \tag{2.16}
$$

感兴趣的读者可以参考文献 [12] 中的图 2 来了解更多信息。

文献 [13] 展示了对图像的自回归模型的进一步改进。作者提出将用来建模像素值的类别分布替换为离散的对数分布，并且建议使用离散对数分布的混合来进一步提高自回归模型的灵活性。

因果卷积的引入为深度生成模型提供了更多可能性，使我们可以获得效果更好的生成结果和密度估计。这里无法介绍所有的相关论文，仅提及几个有趣的值得留意的方向和应用：

- 文献 [14] 中提出了一个不同的像素排序方法。与从左到右像素排序不同，作

者提出了一个之字形的排序方法，使得当前像素所依赖的抽样过的像素点在其左上方。

- 自回归模型可以被用在独立模型中，也可以和其他方法结合使用。比如自回归模型可以用来建模（变分）自动编码器的先验 [15]。
- 自回归模型可以用来为视频建模 [16]。对像视频这样的序列数据做因式分解是很自然的，自回归模型完美适用于这一场景。
- 自回归模型的一个缺点是没有隐式表征，因为所有的条件都已经从数据中显式建模了。为了改进这一点，文献 [17] 提出在变分自动编码器中使用一个基于 PixelCNN 的解码器。
- 一个有趣且重要的研究方向是为自回归模型提出新的架构和组件来为其加速。我们之前提到过，自回归模型的取样过程很慢，但可通过使用预测抽样（predictive sampling）来为其加速 [11,18]。
- 我们也可以将似然函数替换为其他类似的相似度计算方法，比如，在分数位回归（quantile regression）中计算分布之间距离的 Wasserstein 距离。在自回归模型中，文献 [19] 使用了分数位回归，只需要对结构做微小的改变就可以获得更好的结果。
- 一类非常重要的模型是由 Transformer 组成的 [20]，使用基于自注意力的神经网络层代替了因果卷积层。
- 一些工作还提出了使用多尺度的自回归模型，使得高分辨率的图像数据计算复杂度从二次方增长为对数增长。这个想法对局部独立性作出了假设 [21]，或者对空间维度作出划分 [22]。虽然这些想法可以降低对内存的要求，但抽样过程仍然很慢。

2.5 参考文献

[1] CHUNG J, GULCEHRE C, CHO K, et al. Empirical evaluation of gated recurrent neural networks on sequence modeling[J]. arXiv preprint arXiv:1412.3555, 2014.

[2] HOCHREITER S, SCHMIDHUBER J. Long short-term memory[J]. Neural computation, 1997, 9(8): 1735-1780.

[3] SUTSKEVER I, MARTENS J, HINTON G E. Generating text with recurrent neural networks[C]//ICML. [S.l.: s.n.], 2011.

[4] PASCANU R, MIKOLOV T, BENGIO Y. On the difficulty of training recurrent neural networks[C]//International conference on machine learning. [S.l.]: PMLR, 2013: 1310-

1318.

[5] ARJOVSKY M, SHAH A, BENGIO Y. Unitary evolution recurrent neural networks[C]//International Conference on Machine Learning. [S.l.]: PMLR, 2016: 1120-1128.

[6] COLLOBERT R, WESTON J. A unified architecture for natural language processing: Deep neural networks with multitask learning[C]//Proceedings of the 25th international conference on Machine learning. [S.l.: s.n.], 2008: 160-167.

[7] KALCHBRENNER N, GREFENSTETTE E, BLUNSOM P. A convolutional neural network for modelling sentences[C]//Proceedings of the 52nd Annual Meeting of the Association for Computational Linguistics. [S.l.]: Association for Computational Linguistics, 2014: 212-217.

[8] BAI S, KOLTER J Z, KOLTUN V. An empirical evaluation of generic convolutional and recurrent networks for sequence modeling[J]. arXiv preprint arXiv:1803.01271, 2018.

[9] OORD A V D, DIELEMAN S, ZEN H, et al. Wavenet: A generative model for raw audio[J]. arXiv preprint arXiv:1609.03499, 2016a.

[10] VAN OORD A, KALCHBRENNER N, KAVUKCUOGLU K. Pixel recurrent neural networks[C]//International Conference on Machine Learning. [S.l.]: PMLR, 2016: 1747-1756.

[11] WIGGERS A, HOOGEBOOM E. Predictive sampling with forecasting autoregressive models[C]//International Conference on Machine Learning. [S.l.]: PMLR, 2020: 10260-10269.

[12] OORD A V D, KALCHBRENNER N, VINYALS O, et al. Conditional image generation with pixelcnn decoders[C]//Proceedings of the 30th International Conference on Neural Information Processing Systems. [S.l.: s.n.], 2016b: 4797-4805.

[13] SALIMANS T, KARPATHY A, CHEN X, et al. Pixelcnn++: Improving the pixelcnn with discretized logistic mixture likelihood and other modifications[J]. arXiv preprint arXiv:1701.05517, 2017.

[14] CHEN X, MISHRA N, ROHANINEJAD M, et al. Pixelsnail: An improved autoregressive generative model[C]//International Conference on Machine Learning. [S.l.]: PMLR, 2018: 864-872.

[15] HABIBIAN A, ROZENDAAL T V, TOMCZAK J M, et al. Video compression with rate-distortion autoencoders[C]//Proceedings of the IEEE/CVF International Conference on Computer Vision. [S.l.: s.n.], 2019: 7033-7042.

[16] KALCHBRENNER N, OORD A, SIMONYAN K, et al. Video pixel networks[C]//International Conference on Machine Learning. [S.l.]: PMLR, 2017: 1771-1779.

[17] GULRAJANI I, KUMAR K, AHMED F, et al. PixelVAE: A latent variable model for natural images[J]. arXiv preprint arXiv:1611.05013, 2016.

[18] SONG Y, MENG C, LIAO R, et al. Accelerating feedforward computation via parallel nonlinear equation solving[C]//International Conference on Machine Learning. [S.l.]: PMLR, 2021: 9791-9800.

[19] OSTROVSKI G, DABNEY W, MUNOS R. Autoregressive quantile networks for generative modeling[C]//International Conference on Machine Learning. [S.l.]: PMLR, 2018: 3936-3945.

[20] VASWANI A, SHAZEER N, PARMAR N, et al. Attention is all you need[C]//Advances in neural information processing systems. [S.l.: s.n.], 2017: 5998-6008.

[21] REED S, OORD A, KALCHBRENNER N, et al. Parallel multiscale autoregressive density estimation[C]//International Conference on Machine Learning. [S.l.]: PMLR, 2017: 2912-2921.

[22] MENICK J, KALCHBRENNER N. Generating high fidelity images with subscale pixel networks and multidimensional upscaling[C]//International Conference on Learning Representations. [S.l.: s.n.], 2018.

第 3 章

CHAPTER 3

流模型

3.1 连续随机变量的流模型

3.1.1 简介

我们已经介绍了使用自回归方式直接为分布 $p(\boldsymbol{x})$ 建模的一类深度生成模型。自回归模型的主要优势在于可以学习长距的统计信息，从而有很强大的能力来估算密度分布。然而自回归模型的缺点在于其使用自回归进行参数化的方式，导致抽样过程是相对缓慢的，再加上自回归模型也缺少一个隐式的表征层，我们无法了解和利用其内部的数据表征，因此很难用在比如压缩和度量学习这样的应用场景中。本章先用一个简单的例子介绍另一个直接为分布 $p(\boldsymbol{x})$ 建模的方法。

例 3.1 有一个随机变量 $z \in \mathbb{R}$，其中 $\pi(z) = \mathcal{N}(z|0,1)$。考虑一个新的随机变量，是将一些线性变换作用于 z 产生的，比如 $x = 0.75z + 1$。我们有如下的问题：

$$x, p(x) \text{ 的分布是什么？}$$

我们可以使用高斯分布的特性来做猜测，或者使用**变量替换方程**（change of variables formula）来计算这个分布，即：

$$p(x) = \pi(z = f^{-1}(x)) \left| \frac{\partial f^{-1}(x)}{\partial x} \right|, \tag{3.1}$$

这里 f 是一个可逆的方法［一个双射（bijection）］。这意味着该方法可以把一个点映射到另一个唯一的点，并且总可以用反函数得到原始的点。

在图 3.1 中给出了一个双射的例子。注意不同区域的体积可以不一样，还要注意 $\left|\frac{\partial f^{-1}(x)}{\partial x}\right|$。

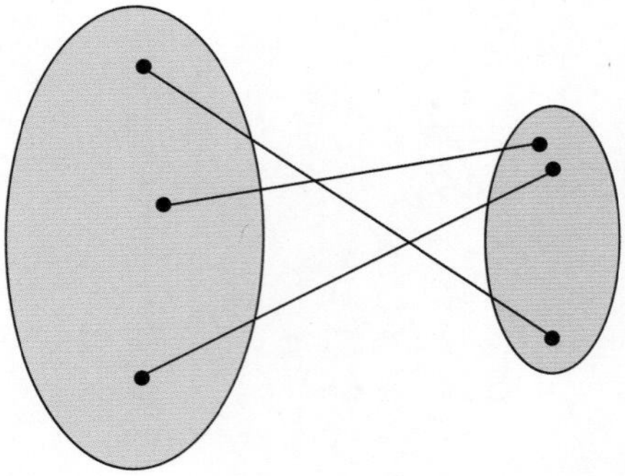

图 3.1　一个双射的例子，蓝色组中的每一个点都精确地对应紫色组中的一个点（反过来一样）

回到上面的例子，我们有：

$$f(z) = 0.75z + 1, \tag{3.2}$$

f 的逆为：

$$f^{-1}(x) = \frac{x-1}{0.75}. \tag{3.3}$$

体积变化的导数为：

$$\left|\frac{\partial f^{-1}(x)}{\partial x}\right| = \frac{4}{3}. \tag{3.4}$$

将上面所有信息放在一起，我们有

$$p(x) = \pi\left(z = \frac{x-1}{0.75}\right)\frac{4}{3} = \frac{1}{\sqrt{2\pi 0.75^2}}\exp\left\{-(x-1)^2/0.75^2\right\}. \tag{3.5}$$

立刻又得到了一个高斯分布：

$$p(x) = \mathcal{N}(x|1, 0.75). \tag{3.6}$$

还可以看到，$\left|\frac{\partial f^{-1}(x)}{\partial x}\right|$ 这一部分负责了在变换 f 之后对分布 $\pi(z)$ 进行**归一**

化。换句话说，$\left|\frac{\partial f^{-1}(x)}{\partial x}\right|$ 抵消了由 f 造成的可能的**体积改变**。■

这个例子首先表明，要计算一个连续随机变量的新分布，就可以应用一个已知的双射变换 f 在一个已知分布的随机变量上，$z \sim p(z)$。对于多个变量 $\boldsymbol{x}, \boldsymbol{z} \in \mathbb{R}^D$ 也是一样的：

$$p(\boldsymbol{x}) = p\left(\boldsymbol{z} = f^{-1}(\boldsymbol{x})\right)\left|\frac{\partial f^{-1}(\boldsymbol{x})}{\partial \boldsymbol{x}}\right|, \tag{3.7}$$

这里：

$$\left|\frac{\partial f^{-1}(\boldsymbol{x})}{\partial \boldsymbol{x}}\right| = |\det \boldsymbol{J}_{f^{-1}}(\boldsymbol{x})| \tag{3.8}$$

是一个 Jacobian 矩阵 $\boldsymbol{J}_{f^{-1}}$，定义如下：

$$\boldsymbol{J}_{f^{-1}} = \begin{bmatrix} \frac{\partial f_1^{-1}}{\partial x_1} & \cdots & \frac{\partial f_1^{-1}}{\partial x_D} \\ \vdots & \ddots & \vdots \\ \frac{\partial f_D^{-1}}{\partial x_1} & \cdots & \frac{\partial f_D^{-1}}{\partial x_D} \end{bmatrix}. \tag{3.9}$$

更进一步，我们可以使用**反函数定理**得到：

$$|\boldsymbol{J}_{f^{-1}}(\boldsymbol{x})| = |\boldsymbol{J}_f(\boldsymbol{x})|^{-1}. \tag{3.10}$$

因为 f 是可逆的，我们可以重写反函数定理 (3.7)，如下：

$$p(\boldsymbol{x}) = p(\boldsymbol{z} = f^{-1}(\boldsymbol{x}))|\boldsymbol{J}_f(\boldsymbol{x})|^{-1}. \tag{3.11}$$

图 3.2 展示三种关于雅可比行列式（Jacobian-determinant）可逆变换的情况，分别作用于定义在正方形上的均匀分布。

在最上面的例子中，施加的变换将一个正方形变为一个菱形而不改变其面积。结果就是这个变换的雅可比行列式为 1。这样的变换被叫作**体积不变**。注意，最终得到的分布依然是均匀的，因为体积不变，这个分布是和原始分布定义在同样的体积上面，所以颜色是一样的。

中间的例子中，施加的变换缩小了面积，因此得到的均匀分布变得更“稠密”了（图 3.2 中更深的颜色）。这里的雅可比行列式是小于 1 的。

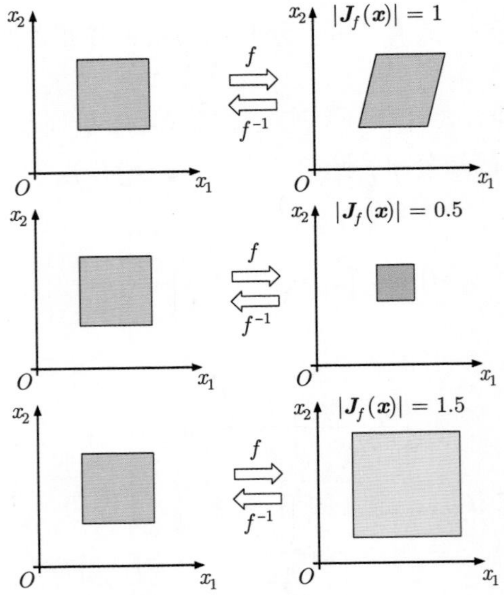

图 3.2　三个可逆变换的例子：(上方) 一个面积不变的双射，(中间) 一个缩小了原来面积的双射，(下方) 一个扩大了原来面积的双射

在最下面的例子中，扩大了面积，因此均匀分布被定义在一个更大的面积上（图 3.2 中更浅的颜色）。因为面积更大，所以雅可比行列式是大于 1 的。

注意移位运算符是面积不变的。我们可以想象给正方形中所有的点加上任意的值（比如 5）。这只会改变正方形的位置而并不会改变其面积，因此雅可比行列式等于 1。

3.1.2　深度生成网络中的变量替换

一个很自然的问题是，我们是否可以利用变量替换来为一个复杂而高维度的图像、音频或其他数据源的分布建模。我们考虑一个分层模型，或者相同的，一系列可逆的变换，$f_k : \mathbb{R}^D \to \mathbb{R}^D$。我们从一个已知的分布 $\pi(\boldsymbol{z}_0) = \mathcal{N}(\boldsymbol{z}_0|0, \boldsymbol{I})$ 开始，应用一系列可逆的变换来获得一个灵活的分布 [1,2]：

$$p(\boldsymbol{x}) = \pi(\boldsymbol{z}_0 = f^{-1}(\boldsymbol{x})) \prod_{i=1}^{K} \left| \det \frac{\partial f_i(\boldsymbol{z}_{i-1})}{\partial \boldsymbol{z}_{i-1}} \right|^{-1}, \tag{3.12}$$

或者对第 i 个变换使用雅可比符号的表示法：

$$p(\boldsymbol{x}) = \pi(\boldsymbol{z}_0 = f^{-1}(\boldsymbol{x})) \prod_{i=1}^{K} |\boldsymbol{J}_{f_i}(\boldsymbol{z}_{i-1})|^{-1} . \tag{3.13}$$

通过可逆变换将单峰分布（如高斯分布）转换为多峰分布，示例如图 3.3 所示。原则上，我们能够得到任何任意复杂的分布并还原到一个简单的分布。

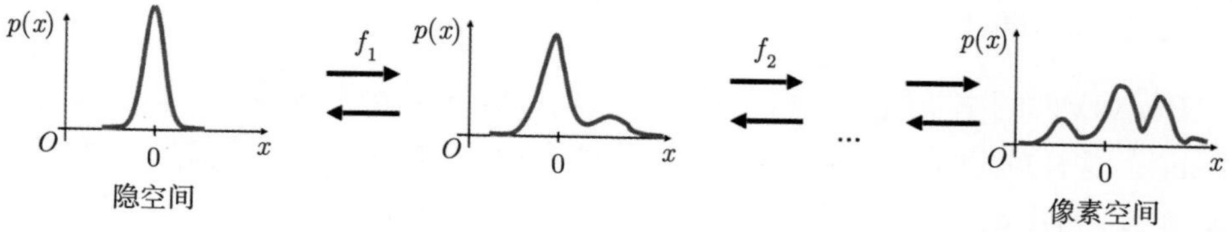

图 3.3 通过一系列可逆变换 f_i 将单峰分布（隐空间）转换为多峰分布（数据空间，如像素空间）的示例

取 $\pi(\boldsymbol{z}_0)$ 为 $\mathcal{N}(\boldsymbol{z}_0|0,\boldsymbol{I})$。$p(\boldsymbol{x})$ 的对数如下：

$$\ln p(\boldsymbol{x}) = \ln \mathcal{N}(\boldsymbol{z}_0 = f^{-1}(\boldsymbol{x})|0,\boldsymbol{I}) - \sum_{i=1}^{K} \ln |\boldsymbol{J}_{f_i}(\boldsymbol{z}_{i-1})|. \tag{3.14}$$

有趣的是，我们看到式 (3.14) 的第一部分，即 $\ln \mathcal{N}(\boldsymbol{z}_0 = f^{-1}(\boldsymbol{x})|0,\boldsymbol{I})$ 对应于 0 和 $f^{-1}(\boldsymbol{x})$ 之间的平均平方误差的损失函数加一个常数。第二部分，$\sum_{i=1}^{K} \ln |\boldsymbol{J}_{f_i}(\boldsymbol{z}_{i-1})|$，在这个例子中用于确保分布被正确地归一化。由于这一项惩罚了体积变化（可参见上面的例子），我们可以把它看作可逆变换 $\{f_i\}$ 的一种正则。

到这里为止，我们已经搭建好了表达密度函数的变量变化的基础，现在有两个问题：

- 如何为可逆变换建模？
- 困难点在哪里？

第一个问题的答案可以是神经网络，因为它们灵活且易于训练。但是有两个原因致使我们不能采用**任意**神经网络。首先，变换必须是**可逆的**，因此我们必须选择**可逆的神经网络**。其次，即使神经网络是可逆的，我们也面临计算式 (3.14) 的第二部分的问题，即 $\sum_{i=1}^{K} \ln |\boldsymbol{J}_{f_i}(\boldsymbol{z}_{i-1})|$，对于任意可逆变换序列而言，这不是一个简单的问题，而且在计算上也是难以处理的。我们要寻找这样的神经网络，它们既可逆，而且其雅可比行列式的对数又（相对）容易计算。由具有易处理的雅可比行列式的可逆变换（神经网络）构建的模型称为归一化流模型或流模型。

有多种可逆神经网络具有易处理的雅可比行列式，比如，平面归一化流 [1]、Sylvester 归一化流 [3]、残差流 [4,5]、可逆的 DenseNets [6] 等。这里我们关注一类非常重要的模型：RealNVP，即实值非体积不变（real-valued non-volume preserving）流 [7]，可作为探究许多其他流模型的起点（如 GLOW [8]）。

3.1.3 构建 RealNVP 的组件

3.1.3.1 耦合层

RealNVP 的主要组件是*耦合层*。让我们考虑一个分为两部分的输入层：$\boldsymbol{x} = [\boldsymbol{x}_a, \boldsymbol{x}_b]$。这样的分割可以通过将向量 $\boldsymbol{x}$ 分为 $\boldsymbol{x}_{1:d}$ 和 $\boldsymbol{x}_{d+1:D}$，或更复杂的方式，如棋盘模式 [7] 来实现。变换定义如下：

$$\boldsymbol{y}_a = \boldsymbol{x}_a \tag{3.15}$$

$$\boldsymbol{y}_b = \exp(s(\boldsymbol{x}_a)) \odot \boldsymbol{x}_b + t(\boldsymbol{x}_a), \tag{3.16}$$

这里 $s(\cdot)$ 和 $t(\cdot)$ 是**任意神经网络**，分别称为*缩放*（scaling）和*转移*（transition）。

这个变换从设计上就是可逆的，即：

$$\boldsymbol{x}_b = (\boldsymbol{y}_b - t(\boldsymbol{y}_a)) \odot \exp(-s(\boldsymbol{y}_a)) \tag{3.17}$$

$$\boldsymbol{x}_a = \boldsymbol{y}_a. \tag{3.18}$$

注意，雅可比行列式的对数形式很容易计算，因为：

$$\boldsymbol{J} = \begin{bmatrix} \boldsymbol{I}_{d\times d} & \mathbf{0}_{d\times(D-d)} \\ \dfrac{\partial \boldsymbol{y}_b}{\partial \boldsymbol{x}_a} & \mathrm{diag}(\exp(s(\boldsymbol{x}_a))) \end{bmatrix} \tag{3.19}$$

从而得到：

$$\det(\boldsymbol{J}) = \prod_{j=1}^{D-d} \exp(s(\boldsymbol{x}_a))_j = \exp\left(\sum_{j=1}^{D-d} s(\boldsymbol{x}_a)_j\right). \tag{3.20}$$

我们看到耦合层是灵活且强大的转换，而且具有易于处理的雅可比行列式。但是我们只处理了一半的输入，因此，必须考虑加一个适当的附加转换与耦合层一起使用。

3.1.3.2 置换层

可以与耦合层结合的一个简单而有效的转换是**置换层**（Permutation Layer）。由于置换是*体积不变的*，即它的雅可比行列式等于 1，所以我们可以在耦合层之后均应用置换层，例如颠倒变量的顺序。

图 3.4 中展示了一个可逆块的示例，即耦合层与置换层的组合。

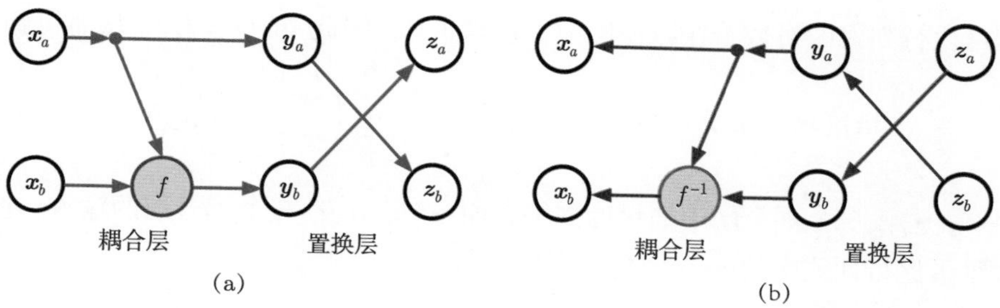

图 3.4 耦合层和置换层的组合，将 $[x_a, x_b]$ 转换为 $[z_a, z_b]$。（a）前向传导经过组合块。（b）反向通过组合块

3.1.3.3 解量化

如前所述，流模型假设 $\boldsymbol{x}$ 是实值随机变量的向量。然而在实际中，许多对象是离散的。例如，图像通常表示为取值在 $\{0, 1, \cdots, 255\}^D$ 中的整数。在文献 [9] 中，作者在原始数据 $\boldsymbol{y} \in \{0, 1, \cdots, 255\}^D$ 中添加均匀噪声 $\boldsymbol{u} \in [-0.5, 0.5]^D$，使得我们可以将密度估计应用于 $\boldsymbol{x} = \boldsymbol{y} + \boldsymbol{u}$ 上。这个过程被称为均匀解量化（Uniform Dequantization）。一些近期的工作提出了不同的解量化方法，读者可以在文献 [10] 中了解更多信息。

图 3.5 中展示了两个二进制随机变量的均匀解量化的过程。在将 $\boldsymbol{u} \in [-0.5, 0.5]^2$ 加到每个离散值之后，我们获得了一个连续空间，那些本来与没有体积的点相关的概率现在“散布”在正方形区域中。

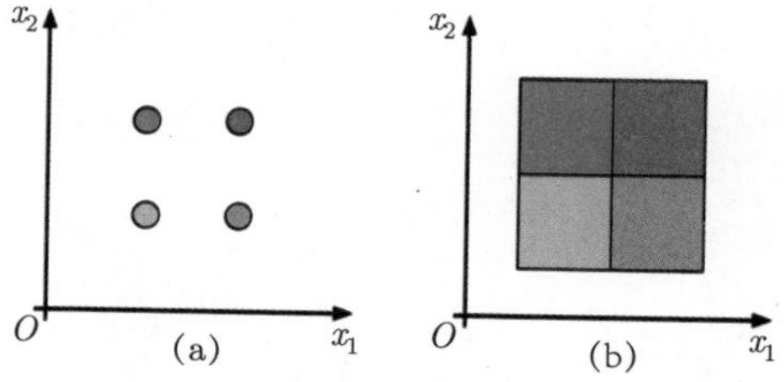

图 3.5 两个二进制随机变量的均匀解量化示意图：（a）概率被分配给所有点，（b）在均匀解量化之后，概率被分配给了正方形区域。不同颜色对应于不同概率值

3.1.4 流模型实践

现在将理论实现为代码。我们首先讨论对数似然函数（即模型学习目标），以及数学公式如何与代码对应。注意，我们的模型学习目标是对数似然函数。在示例中，我们使用前面介绍过的耦合层和置换层。可以在式 (3.14) 中，插入耦合层

的雅可比行列式的对数［在置换层中，这等于 1，因此 $\ln(1)=0$］，从而得到：

$$\ln p(\boldsymbol{x}) = \ln \mathcal{N}(\boldsymbol{z}_0 = f^{-1}(\boldsymbol{x})|0,\boldsymbol{I}) - \sum_{i=1}^{K}\left(\sum_{j=1}^{D-d} s_k(\boldsymbol{x}_a^k)_j\right), \tag{3.21}$$

这里 s_k 是第 k 个耦合层中的尺度网络，而 $\boldsymbol{x}_a^k$ 表示第 k 个耦合层的输入。注意对数雅可比行列式中的 exp 因为使用了对数而被消掉了。

现在从实现的角度重新考虑模型学习目标。首先需要通过计算 $f^{-1}(\boldsymbol{x})$ 来得到 $\boldsymbol{z}$，然后可以计算出 $\ln \mathcal{N}(\boldsymbol{z}_0 = f^{-1}(\boldsymbol{x})|0,\boldsymbol{I})$。这实际上不难，我们有：

$$\ln \mathcal{N}(\boldsymbol{z}_0 = f^{-1}(\boldsymbol{x})|0,\boldsymbol{I}) = -\text{const} - \frac{1}{2}\|f^{-1}(\boldsymbol{x})\|^2, \tag{3.22}$$

这里 $\text{const} = \frac{D}{2}\ln(2\pi)$ 是标准高斯函数的归一化常量，且有 $\frac{1}{2}\|f^{-1}(\boldsymbol{x})\|^2 = \text{MSE}(0, f^{-1}(\boldsymbol{x}))$.

现在再来看研究目标的第二部分，即对数雅可比行列式（log-Jacobian-determinants）。我们有一个对所有转换的求和，而对于每个耦合层只考虑尺度网络的输出。因此，在实现耦合层时，我们不仅要返回输出，还要返回缩放层的结果。

3.1.5　代码

现在有了实现 RealNVP 的所有需要的组件。下面是一个包含很多注释的代码，可以帮助读者理解逻辑。

代码清单 3.1　示例：实现一个 RealNLP

```
class RealNVP(nn.Module):
    def __init__(self, nets, nett, num_flows, prior, D=2, dequantization=True):
        super(RealNVP, self).__init__()

        # 作者申明
        print('RealNVP by JT.')

        # 我们需要解量化离散数据。该属性在训练时用于对整数数据做解量化
        self.dequantization = dequantization

        # 先验概率的对象（这里是多变量正态分布的torch.distribution）
        self.prior = prior
        # 转移(transition)网络的模块列表
        self.t = torch.nn.ModuleList([nett() for _ in range(num_flows)])
```

```
        # 缩放(scale)网络的模块列表
        self.s = torch.nn.ModuleList([nets() for _ in range(num_flows)])
        # 变换数量，在我们的公式中用K表示
        self.num_flows = num_flows

        # 输入的维度，用来做样本抽样
        self.D = D

    # 这是耦合层，RealNVP模型的核心
    def coupling(self, x, index, forward=True):
        # x是输入，可以是图像（输入给第一个变换）或者是之前变换的输出
        # indenx决定了转换的索引
        # forward代表是从x传递去y（forward=True），还是从y传递去x（forward=False）

        # 我们把输入分成两部分：x_a、x_b
        (xa, xb) = torch.chunk(x, 2, 1)

        # 我们计算没有exp的s(xa)
        s = self.s[index](xa)
        # We calculate t(xa)
        t = self.t[index](xa)

        # 计算前向传导（x -> z）或者反向传导（z -> x）
        # 注意这里我们使用了exp
        if forward:
            #yb = f^{-1}(x)
            yb = (xb - t) * torch.exp(-s)
        else:
            #xb = f(y)
            yb = torch.exp(s) * xb + t

        # 我们返回输出y = [ya, yb]，以及用来计算对数雅可比行列式的s
        return torch.cat((xa, yb), 1), s

    # 置换层的实现
    def permute(self, x):
        # 改变其顺序
        return x.flip(1)

    def f(self, x):
        # 这个方法计算通过耦合层+置换层的前向传导
        # 初始化对数雅可比行列式log-Jacobian-det
        log_det_J, z = x.new_zeros(x.shape[0]), x
        # 对所有层做迭代
        for i in range(self.num_flows):
            # 首先是耦合层
            z, s = self.coupling(z, i, forward=True)
```

```
            # 然后是置换层
            z = self.permute(z)
            # 要计算这一系列转换的对数雅可比行列式，我们对其求和
            # 结果即是我们简单积累单个的对数雅可比行列式
            log_det_J = log_det_J - s.sum(dim=1)
        # 我们返回z和对数雅可比行列式，因为我们需要z来作为归一化对数的输入
        return z, log_det_J

    def f_inv(self, z):
        # 反向路径：从z到x
        # 所有的转换都被反向应用
        x = z
        for i in reversed(range(self.num_flows)):
            x = self.permute(x)
            x, _ = self.coupling(x, i, forward=False)
        # 这个方法是用来做抽样的，所以我们只需要返回x
        return x

    def forward(self, x, reduction='avg'):
        # 这是PyTorch的一个必要方法
        # 首先我们计算前向传导的部分：从x到z，同时也需要对数雅可比行列式
        z, log_det_J = self.f(x)
        # 对于输出，我们可以做求和，也可以取平均
        # 无论哪种方法，我们都计算出了模型学习目标：self.prior.log_prob(z) +
    log_det_J.
        # 要留意这里的负号!这是因为默认我们是在考虑一个最小化的问题
        # 然后通常要做最大似然的估算，因此有：
        # max F(x) <=> min -F(x)
        if reduction == 'sum':
            return -(self.prior.log_prob(z) + log_det_J).sum()
        else:
            return -(self.prior.log_prob(z) + log_det_J).mean()

    def sample(self, batchSize):
        # 首先在先验 z ~ p(z) = Normal(z|0,1) 上做抽样
        z = self.prior.sample((batchSize, self.D))
        z = z[:, 0, :]
        # 然后从z算去x
        x = self.f_inv(z)
        return x.view(-1, self.D)
```

代码清单 3.2　神经网络示例

```
# 流的数量
num_flows = 8

# 单一变换的神经网络（单一流）
```

```
nets = lambda: nn.Sequential(nn.Linear(D//2, M), nn.LeakyReLU(),
                             nn.Linear(M, M), nn.LeakyReLU(),
                             nn.Linear(M, D//2), nn.Tanh())

nett = lambda: nn.Sequential(nn.Linear(D//2, M), nn.LeakyReLU(),
                             nn.Linear(M, M), nn.LeakyReLU(),
                             nn.Linear(M, D//2))

# 对于先验，我们使用PyTorch自带的分布方法
prior = torch.distributions.MultivariateNormal(torch.zeros(D), torch.eye(D))

# RealNVP的初始化，注意我们需要对数据做解量化（比如均匀解量化）
model = RealNVP(nets, nett, num_flows, prior, D=D, dequantization=True)
```

我们现在可以准备好跑全部代码了。训练好 RealNVP 模型之后，我们应该获得与图 3.6 中类似的结果。

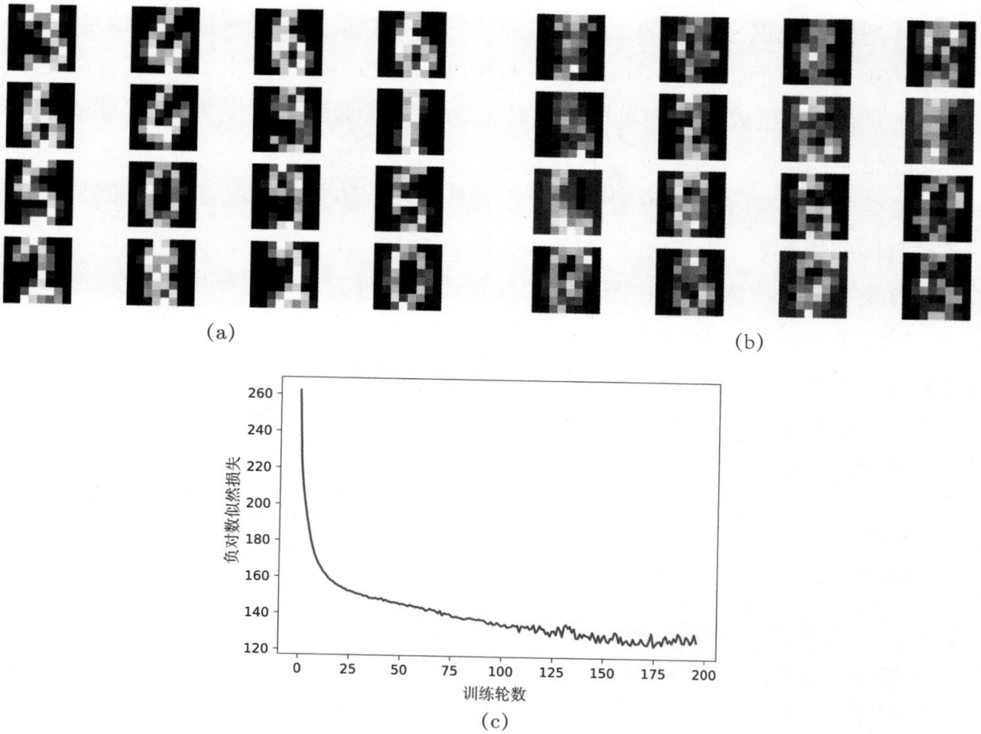

图 3.6 训练之后的结果示例。(a) 随机选择的真实图片。(b) 使用 RealNVP 非条件化生成的图片。(c) 训练过程中的验证曲线

3.1.6　还未结束

这是 RealNVP 实现的最简单的示例。但这还远未完结，因为这里介绍的 RealNVP 实例还有很多可以改进的地方，比如：

- 分解抵消（factoring out）[7]：在前向传导期间（从 $\boldsymbol{x}$ 到 $\boldsymbol{z}$），我们可以拆分变量并继续处理它们的子集。这可以通过使用中间层的输出来帮助参数化基础分布。换句话说，我们可以获得一个自回归的基础分布。
- 重新归零技巧（rezero trick）[11]：将附加参数引入耦合层，比如用 0 初始化 $\boldsymbol{y}_b = \exp(\alpha s(\boldsymbol{x}_a)) \odot \boldsymbol{x}_b + \beta t(\boldsymbol{x}_a)$ 和 α, β。文献 [12] 中显示这有助于确保转换在开始时充当恒等映射，这个技巧在训练过程开始时通过所有层维护有关输入的信息，从而帮助模型学习更好的转换。
- 掩码或者棋盘模式 [7]：我们可以使用棋盘模式，而非像 $[\boldsymbol{x}_{1:D/2}, \boldsymbol{x}_{D/2+1:D}]$ 一样把输入数据分成两部分。这可以让模型更好地学习局域的统计信息。
- 挤压 [7]：我们也可以“挤压”一些维度。比如一张图像由 C 通道、宽度 W 和高度 H 组成，我们可以将其转换为 $4C$ 个通道、宽度为 $W/2$ 和高度为 $H/2$。
- 可学习的基础分布：我们可以考虑其他模型而不是标准的高斯基础分布，如自回归模型。
- 可逆的 1×1 卷积 [8]：固定的置换可以由（通过学习得到的）可逆的 1×1 的卷积来代替，例如 GLOW 模型 [8]。
- 变分解量化 [13]：我们还可以选择不同的解量化方案，例如变分解量化。这可以获得更好的分数。然而也要付出代价，因为这会导致对数似然函数有一个更低的下限。

此外，还有许多新的引人入胜的研究方向！以下简单介绍一些，并给出一些相关论文。

- 基于流模型的数据压缩 [14]：流模型是数据压缩的好方法，因为我们可以严格计算出似然。文献 [14] 提出了一种方案，允许在 bit-back-like 压缩方案中使用流。
- 条件流模型 [15–17]：之前讲到了无条件的 RealNVP，我们还可以将流模型用于条件分布。比如，使用条件分布作为尺度网络和转移网络的输入。
- 基于流模型的变分推断 [1,3,18–21]：条件流模型可用于形成一个灵活的变分后验族。这样一来对数似然函数的下限可能会要求更严格。我们将在 4.4.2 节中详细介绍这一点。

- 整形离散流模型 [12,22,23]：另一个有趣的方向是用于整数值数据的 RealNVP 版本。我们将在 3.2 节中解释这个想法。
- 多支流（manifold）的流模型 [24]：通常我们在欧几里得空间中考虑流模型。这种流模型可以用在非欧几里得空间中，从而产生（部分）可逆变换的新属性。
- 近似贝叶斯计算的流模型 [25]：近似贝叶斯计算（Approximate Bayesian Computation，ABC）假设我们感兴趣的数量的后验是难以处理的。解决此问题的一种方法是使用流模型来近似它，例如掩码自回归流 [26] 在文献 [25] 中所示。

在 [27] 这篇非常棒的综述文献中我们可以找到许多其他关于流模型的有趣信息。

3.1.7 ResNet 流模型和 DenseNet 流模型

ResNet 流模型 [4,5]

前面讨论的流模型均具有预先设计的架构（即各模块由耦合层和置换层组成），因此可以很容易计算出雅可比行列式。然而我们还要思考如何为任意架构来近似计算雅可比行列式，以及加入什么样的要求才能使得架构可逆。

在文献 [4] 中，作者使用了广泛使用的残差神经网络（ResNet），并构建了一个可逆的 ResNet 层，该层仅受 Lipschitz 连续性的约束。ResNet 的定义为：$F(x) = x + g(x)$，其中 g 由（卷积）神经网络建模，F 表示一个通常不可逆的 ResNet 层。然而 g 通过使用 [28,29] 的谱归一化（Spectral Normalization）来满足严格低于 1 的 Lipschitz 常数，$\mathrm{Lip}(g) < 1$ 构造出来：

$$\mathrm{Lip}(g) < 1, \quad 若 \quad ||W_i||_2 < 1, \tag{3.23}$$

这里 $||\cdot||_2$ 是 ℓ_2 的矩阵范数。这样我们有 $\mathrm{Lip}(g) = \mathrm{K} < 1$ 和 $\mathrm{Lip}(F) < 1 + \mathrm{K}$。只有在这种特定情况下，Banach 不动点定理才成立，并且 ResNet 层 F 具有唯一的逆。逆可以通过定点迭代来近似 [4]。

要估算对数行列式，特别是对于高维空间，计算量很大、计算很困难。由于 ResNet 块有一个受约束的 Lipschitz 常数，雅可比行列式的对数计算成本更低、易于处理，并且其近似计算可以保证收敛 [4]：

$$\ln p(x) = \ln p(f(x)) + \operatorname{tr}\left(\sum_{k=1}^{\infty} \frac{(-1)^{k+1}}{k}[J_g(x)]^k\right), \tag{3.24}$$

这里 $J_g(x)$ 是 g 在 x 处满足 $||J_g|| < 1$ 的雅可比行列式。

Skilling-Hutchinson 迹估计器 [30,31] 用来计算迹，其成本低于完全计算雅可比迹的成本。残差流模型（residual flow）[5] 在此作出改进，使用基于文献 [32] 的“俄罗斯轮盘赌”的无偏估计器，以更低的成本估计幂级数。该方法通过评估有限数量的项来估计幂级数的无限和。这样做的结果是，与可逆残差网络相比，我们需要计算的项更少。为了避免在大区域中二阶导数为零时发生导数饱和，文献 [4] 提出了使用 LipSwish 激活函数。

DenseNet 流模型 [6]

ResNet 架构可以制定一个流模型，自然的问题是，是否也可以为密集连接网络（DensNets）[33] 实现类似的流模型。文献 [6] 证明这是确实可能的。

DenseNet 流模型的主要组件是 DenseBlock，定义为一个函数 $F: \mathbb{R}^d \to \mathbb{R}^d$，其中 $F(x) = x + g(x)$，这里 g 由密集层 $\{h_i\}_{i=1}^n$ 组成。注意使模型可逆的重要修改是输出 $x + g(x)$，而标准 DenseBlock 只会输出 $g(x)$。函数 g 表示如下：

$$g(x) = h_{n+1} \circ h_n \circ \cdots \circ h_1(x), \tag{3.25}$$

这里 h_{n+1} 表示一个 1×1 的卷积以匹配 $\mathbb{R}^d$ 的输出大小。层 h_i 由相互结合的两部分组成。上半部分是输入信号的副本；下半部分由变换后的输入组成，其中变换是（卷积）权重 W_i 与输入信号的乘积，然后是具有 $\mathrm{Lip}(\phi) \leqslant 1$ 的非线性 ϕ，比如 ReLU、ELU、LipSwish 或 tanh。

举个例子，一个密集层 h_2 由以下部分组成：

$$h_1(x) = \begin{bmatrix} x \\ \phi(W_1 x) \end{bmatrix}, \quad h_2(h_1(x)) = \begin{bmatrix} h_1(x) \\ \phi(W_2 h_1(x)) \end{bmatrix}. \tag{3.26}$$

DenseNet 流模型 [6] 依赖与 ResNet 流模型中相同的近似雅可比行列式的方法。DenseNet 流模型和 ResNet 流模型之间的主要区别在于对权重进行归一化，使得变换的 Lipschitz 常数小于 1，从而令变换是可逆的。正式来讲，为了满足 $\mathrm{Lip}(g) < 1$，需要对所有 n 层强制有 $\mathrm{Lip}(h_i) < 1$，因为有 $\mathrm{Lip}(g) \leqslant \mathrm{Lip}(h_{n+1}) \cdot, \cdots, \cdot \mathrm{Lip}(h_1)$。因此，首先需要确定密集层 h_i 的 Lipschitz 常数。函数 f 是 K-Lipschitz

的，对于所有点 v 和 w，有：

$$d_Y(f(v), f(w)) \leqslant \mathrm{K} d_X(v, w), \tag{3.27}$$

这里假设选择的距离度量 $d_X = d_Y = d$ 是 ℓ_2-norm。此外，让两个函数 f_1 和 f_2 在 $\boldsymbol{h}$ 中结合：

$$\boldsymbol{h}_v = \begin{bmatrix} f_1(v) \\ f_2(v) \end{bmatrix}, \quad \boldsymbol{h}_w = \begin{bmatrix} f_1(w) \\ f_2(w) \end{bmatrix}, \tag{3.28}$$

这里函数 f_1 是上面的部分，而函数 f_2 是下面的部分。现在可以找到一个解析形式来表达对密集层的 K 的限制，形式为式 (3.27)：

$$\begin{aligned} d(\boldsymbol{h}_v, \boldsymbol{h}_w)^2 &= d(f_1(v), f_1(w))^2 + d(f_2(v), f_2(w))^2, \\ d(\boldsymbol{h}_v, \boldsymbol{h}_w)^2 &\leqslant (\mathrm{K}_1^2 + \mathrm{K}_2^2) d(v, w)^2, \end{aligned} \tag{3.29}$$

其中 $\boldsymbol{h}$ 的 Lipschitz 常数由两部分组成，即 $\mathrm{Lip}(f_1) = \mathrm{K}_1$ 和 $\mathrm{Lip}(f_2) = \mathrm{K}_2$。因此 $\boldsymbol{h}$ 层的 Lipschitz 常数可以表达为：

$$\mathrm{Lip}(\boldsymbol{h}) = \sqrt{(\mathrm{K}_1^2 + \mathrm{K}_2^2)}. \tag{3.30}$$

通过式 (3.23) 的谱归一化，我们可以强制（卷积）权重 W_i 至多为 1-Lipschitz。对于所有 n 个密集层，在下面部分应用谱归一化，局部强制 $\mathrm{Lip}(f_2) = \mathrm{K}_2 < 1$。此外，由于强制每个层 h_i 至多为 1-Lipschitz，并且从 h_1 开始，其中 $f_1(x) = x$，有 $\mathrm{Lip}(f_1) = 1$。因此整个层的 Lipschitz 常数最多可以是 $\mathrm{Lip}(\boldsymbol{h}) = \sqrt{1^2 + 1^2} = \sqrt{2}$，通过除以这个上限值来强制每个层最多为 1-Lipschitz。如果读者想要了解有关 DenseNet 流及其进一步改进的更多信息，请参阅原始论文 [6]。

3.2 离散随机变量的流模型

3.2.1 简介

在上一节讨论流模型时，我们将其表示为密度估计器，即表示连续随机变量之间的随机依赖关系的模型。我们介绍了变量替换公式，该公式通过使用可逆映射（双射）f 将随机变量转换为具有已知概率密度函数的随机变量来帮助表达该随机变量。正式定义如下：

$$p(\boldsymbol{x}) = p(\boldsymbol{v} = f^{-1}(\boldsymbol{x}))|\boldsymbol{J}_f(x)|^{-1}, \tag{3.31}$$

这里 $\boldsymbol{J}_f(x)$ 是 f 在 $\boldsymbol{x}$ 上的雅可比行列式。

但是这种方法有一些问题。首先，在许多应用（例如图像处理）中，所考虑的随机变量（对象）是离散的。例如图像通常采用 $\{0, 1, \cdots, 255\} \subset \mathbb{Z}$ 中的值。为了应用流模型，我们必须应用解量化 [10]，这会导致原始概率分布的边界更低。

一个连续空间会有各种可能的问题。例如，如果我们的变换是双射的（在流模型中），那么并不是所有连续变形都是可能的。这与拓扑紧密相关，尤其是同胚（Homeomorphism）的概念，即具有连续反函数的拓扑空间之间的连续函数，以及微分同胚（Diffeomorphism）的概念，也就是可逆函数将一个可微流形映射到另一个流形，使得函数及其逆函数都是光滑的。我们并不需要特别了解拓扑学，有兴趣的读者可以去进一步了解相关知识。

现在考虑三个例子。

第一个例子，想象要把一个正方形变成一个圆形［图 3.7（a）］。可以找到将正方形变成圆形又变回正方形的同胚（即双射）。假设我们用一把锤子无限次击打这个正方形，用我们就可以得到一个铁圈。然后，我们可以“反向”进行操作以恢复原先的正方形。这个例子有点夸张，但是我们确实是在谈论数学。

第二个例子，如果考虑一条线段和一个圆［图 3.7（b）］，情况就有点复杂了。我们可以将线段转换为圆形，但却不能反向操作。因为在将圆转换为线段时，我们并不清楚圆的哪个点对应于线段的起点（或终点）。这就是为什么这个转换不能逆向进行。

最后一个例子，与连续流模型的可能问题更接近，就是将一个环变成一个球，如图 3.8 所示。目标是用紫红色球替代掉蓝色环。为了使变换具有双射性，在变换蓝色环来代替紫红色球的同时，我们必须确保新的紫红色“圆环”实际上是“破碎”的，这样新的蓝色“球”才能进到中间。为什么呢？如果紫红色环没有损坏，那么我们并不知道蓝色球是如何进入其内部的，这会破坏双射性。在拓扑语言中，这是不可能的，因为这两个空间是非同胚的。

这与我们的流模型有什么关系？如果我们使用需要解量化的流模型，就可以发现类似于图 3.9 中的情况。在这个简单的例子中，有两个离散随机变量，它们在均匀解量化后有两个概率质量相等的区域，其余两个区域的概率质量为零 [10]。在训练流模型之后，我们有一个密度估计器来分配非零概率质量，其中真实分布

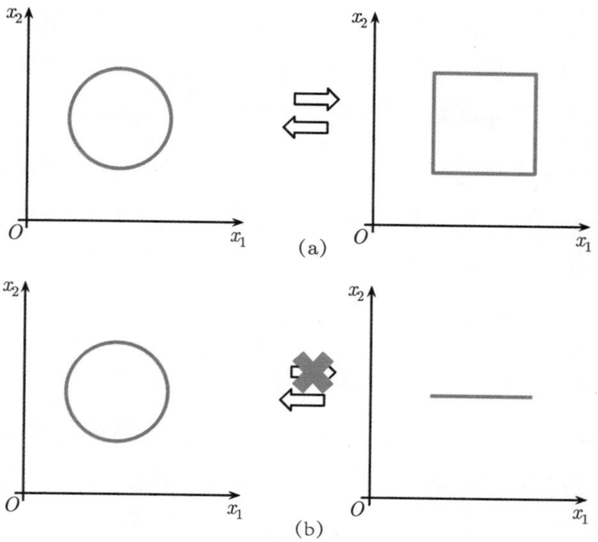

图 3.7 示例：（a）是同胚空间，而（b）是非同胚空间。红叉表示这个转换是不可以逆向的

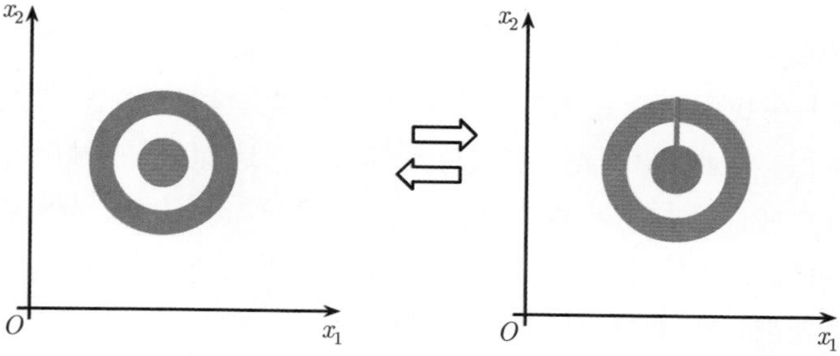

图 3.8 示例：用紫红色球替换掉蓝色环

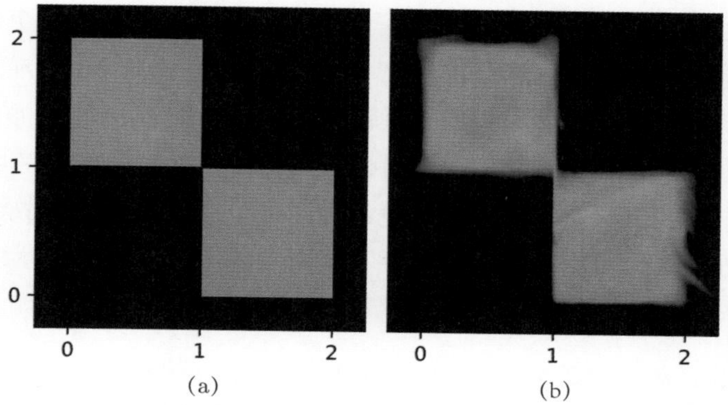

图 3.9 示例：均匀解量化离散随机变量（a）和一个流模型（b）。注意在这些示例中，真实分布将相等的概率质量分配给橙色的两个区域，将零概率质量分配给其余两个区域（黑色）。然而流模型在原来非零概率区域之外也分配了概率质量

的密度为零。此外，流中的变换必须是双射的，因此，两个正方形之间存在连续性［参见图 3.9（b）］，我们在图 3.8 中见到过。我们必须知道如何做逆向的转换，因此必须存在概率质量在区域之间移动的“痕迹”。

这种情况不一定有非常严重的后果，但是如果考虑具有更多随机变量的情况，并且到处总有些小错误，就会导致概率质量泄漏，从而可能会导致训练出非常差的模型，在概率分配上出错。

3.2.2　$\mathbb{R}$ 中还是 $\mathbb{Z}$ 中的流模型

在考虑任何具体情况的离散流模型之前，我们需要首先知道离散随机变量的变量替换公式是否存在。答案是肯定的。考虑 $\boldsymbol{x} \in \mathcal{X}^D$，其中 $\mathcal{X}$ 是一个离散空间，比如 $\mathcal{X} = \{0, 1\}$ 或 $\mathcal{X} = \mathbb{Z}$。变量替换公式有如下形式：

$$p(\boldsymbol{x}) = \pi(\boldsymbol{z}_0 = f^{-1}(\boldsymbol{x})), \tag{3.32}$$

其中 f 是可逆变换，$\pi(\cdot)$ 是基础分布。我们发现“缺失”了雅可比行列式。这并没有错，因为现在我们生活在离散的世界中，概率质量被分配给“无形”的点，双射不能改变体积。因此雅可比行列式总是等于 1。这似乎是个好消息，我们可以进行任何双射变换而无须担心雅可比行列式。然而需要注意，转换的输出必须仍然是离散的，即 $z \in \mathcal{X}^D$。因此我们不能使用任意的可逆神经网络。在讨论这个问题之前，我们先来讨论离散流模型的表达性。

假设有一个可逆变换 $f : \mathcal{X}^D \to \mathcal{X}^D$，还有 $\mathcal{X} = \{0, 1\}$。正如文献 [27] 所指出，离散流模型只能置换概率质量。由于没有雅可比行列式（或者更确切地说，雅可比行列式等于 1），因此没有机会减少或增加特定值的概率。我们在图 3.10 中描述了这种情况。可以很容易想象这种情况，空间是魔方，而我们的手就是流模型。如果录下我们的动作，我们总是可以反向播放视频，因此它是可逆的。但是在反向视频中，我们只会把魔方的颜色越弄越乱。结果是应用离散流模型，没有得到任何好处，而学习离散流模型就相当于学习基本分布 π。① 所以我们又回到最初的方块。

然而，正如文献 [12] 所指出的，如果我们考虑扩展空间（或像 $\mathbb{Z}$ 这样的无限空间），情况会有所不同。离散流模型仍然只能打乱概率，但现在它将被重新组织，使得概率可以被分解。换句话说，它可以帮助基础分布成为边缘分布的乘

① 这并不完全正确，我们仍然可以学习到一些相关性，但是这是非常有限的。

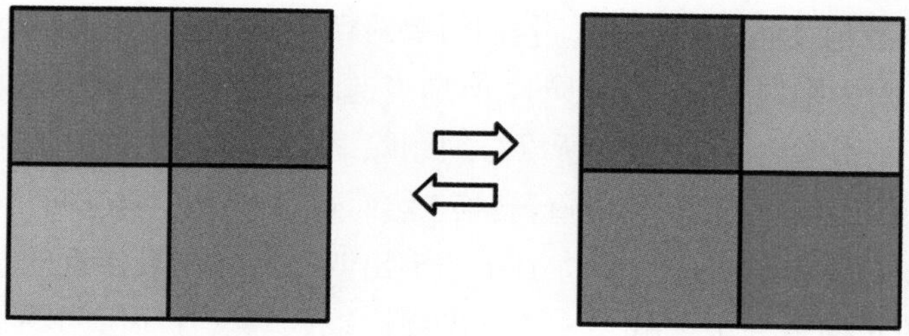

图 3.10 两个二进制随机变量的离散流模型示例。颜色代表各种概率（即所有方块的和为 1）

积，$\pi(\boldsymbol{z}) = \prod_{d=1}^{D} \pi_d(z_d|\theta_d)$，并且变量之间的依赖关系现在被编码在可逆变换中。图 3.11 展示了这种情况的一个例子。文献 [12] 中有更为彻底的讨论和引用。

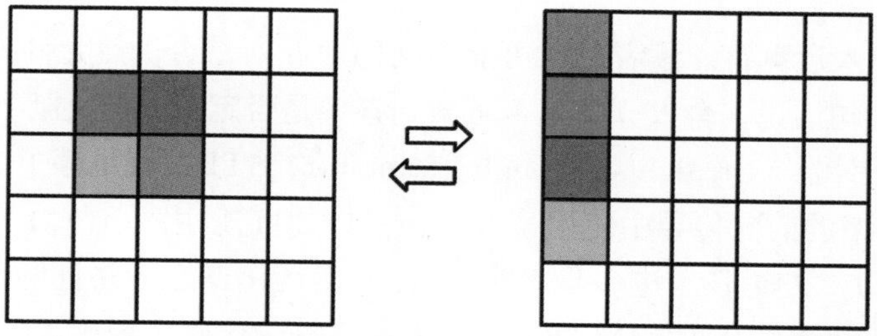

图 3.11 在扩展空间中两个二进制随机变量的离散流模型示例，颜色代表不同的概率（即所有方块的和为 1）

这意味着在离散空间中构建流模型是有意义的。现在我们可以考虑如何在离散空间中构建一个可逆的神经网络。

3.2.3 整形离散流模型

我们现在知道使用离散流模型是有意义的，并且只要使用扩展空间或无限空间，如 $\mathbb{Z}$，这样的模型就很灵活。然而问题是如何制定可以输出离散值的可逆变换（或者更确切地说，可逆神经网络）。

文献 [22] 提出的方法重点关注整数，因为整数可以被视为离散的连续值。这样可以考虑耦合层 [7] 并相应地作出修改。对于 $\boldsymbol{x} \in \mathbb{R}^D$，有二分耦合层的定义：

$$\boldsymbol{y}_a = \boldsymbol{x}_a \tag{3.33}$$

$$\boldsymbol{y}_b = \exp(s(\boldsymbol{x}_a)) \odot \boldsymbol{x}_b + t(\boldsymbol{x}_a), \tag{3.34}$$

这里 $s(\cdot)$ 和 $t(\cdot)$ 是任意的神经网络，分别被称作缩放和转移网络。

考虑到整数值变量，$\boldsymbol{x} \in \mathbb{Z}^D$，我们需要对转换作出修改。首先，使用缩放可能会很麻烦，因为乘以整数是可以的，但是当逆向变换时，会除以这个整数，而整数除以整数不一定会得到整数，所以必须删除缩放，以防止这样的情况出现。其次，我们可以使用任意神经网络进行转换。然而这个网络必须返回整数。文献 [22] 使用了一个相对简单的技巧，即将 $t(\cdot)$ 的输出四舍五入到最接近的整数，这样从整数中添加（正向传导）或减去（逆向传导）整数就没有任何问题了（结果仍然是整数值）。最终我们得到以下二分耦合层：

$$\boldsymbol{y}_a = \boldsymbol{x}_a \tag{3.35}$$

$$\boldsymbol{y}_b = \boldsymbol{x}_b + \lfloor t(\boldsymbol{x}_a) \rceil, \tag{3.36}$$

其中 $\lfloor \cdot \rceil$ 是舍入运算符。读者此时可能会问四舍五入是否仍然允许我们使用逆向传导算法。换句话说，舍入算子是否可微。答案是**否定的**，但文献 [22] 表明使用梯度的直通估计器（Straight-Through Estimator，STE）就足够了。这种情况下的 STE 在网络的前向传导中使用舍入 $\lfloor t(\boldsymbol{x}_a) \rceil$，但它使用了 $t(\boldsymbol{x}_a)$ 在逆向传导中（来计算梯度）。文献 [12] 进一步表明 STE 确实运作良好，并且偏差不会过多地妨碍训练。下面我们介绍使用 STE 的舍入运算符的代码实现。

代码清单 3.3　使用 STE 的舍入运算符的代码实现

```
# 需要将 torch.round (即舍入运算符) 转换为可微函数。为此在前向传导中使用舍入，但
    在逆向传导中使用原始输入。这就是STE
class RoundStraightThrough(torch.autograd.Function):

    def __init__(self):
        super().__init__()

    @staticmethod
    def forward(ctx, input):
        rounded = torch.round(input, out=None)
        return rounded

    @staticmethod
    def backward(ctx, grad_output):
        grad_input = grad_output.clone()
        return grad_input
```

文献 [23] 展示了如何推广可逆变换，如二分耦合层等，即（$\mathcal{X}_{i:j}$ 表示 $\mathcal{X}$ 对应的子集，代表了从 i-th 维度到 j-th 维度的变量，$\boldsymbol{x}_{i:j}$。假设 $\mathcal{X}_{1:0} = \emptyset$ 和 $\mathcal{X}_{n+1:n} = \emptyset$）：

问题 3.1　文献 [23] 取 $\boldsymbol{x}, \boldsymbol{y} \in \mathcal{X}$。如果二进制变换 $\circ$ 和 $\triangleright$ 分别有逆 $\bullet$ 和 $\blacktriangleleft$，

并且 $g_2, \cdots, g_D$ 和 $f_1, \cdots, f_D$ 是任意函数，其中 $g_i : \mathcal{X}_{1:i-1} \to \mathcal{X}_i$，$f_i : \mathcal{X}_{1:i-1} \times \mathcal{X}_{i+1:n} \to \mathcal{X}_i$，那么有从 $\boldsymbol{x}$ 到 $\boldsymbol{y}$ 的如下变换：

$$
\begin{aligned}
y_1 &= x_1 \circ f_1(\emptyset, \boldsymbol{x}_{2:D}) \\
y_2 &= (g_2(y_1) \triangleright x_2) \circ f_2(y_1, \boldsymbol{x}_{3:D}) \\
&\cdots \\
y_d &= (g_d(\boldsymbol{y}_{1:d-1}) \triangleright x_d) \circ f_d(\boldsymbol{y}_{1:d-1}, \boldsymbol{x}_{d+1:D}) \\
&\cdots \\
y_D &= (g_D(\boldsymbol{y}_{1:D-1}) \triangleright x_D) \circ f_D(\boldsymbol{y}_{1:D-1}, \emptyset)
\end{aligned}
$$

这是可逆的。

证明 为了将 $\boldsymbol{y}$ 逆变为 $\boldsymbol{x}$，从最后一个元素开始获得下面的部分：

$$x_D = g_D(\boldsymbol{y}_{1:D-1}) \blacktriangleleft (y_D \bullet f_D(\boldsymbol{y}_{1:D-1}, \emptyset)).$$

然后可以按降序（也就是从 $D-1$ 到 1）继续下一个表达式，最终得到：

$$
\begin{aligned}
x_{D-1} &= g_{D-1}(\boldsymbol{y}_{1:D-2}) \blacktriangleleft (y_{D-1} \bullet f_{D-1}(\boldsymbol{y}_{1:D-2}, x_D)) \\
&\cdots \\
x_d &= g_d(\boldsymbol{y}_{1:d-1}) \blacktriangleleft (y_d \bullet f_d(\boldsymbol{y}_{1:d-1}, \boldsymbol{x}_{d+1:D})) \\
&\cdots \\
x_2 &= g_2(y_1) \blacktriangleleft (y_2 \bullet f_2(y_1, \boldsymbol{x}_{3:D})) \\
x_1 &= y_1 \bullet f_1(\emptyset, \boldsymbol{x}_{2:D}).
\end{aligned}
$$

□

举个例子，可以将 $\boldsymbol{x}$ 分成四部分，$\boldsymbol{x} = [\boldsymbol{x}_a, \boldsymbol{x}_b, \boldsymbol{x}_c, \boldsymbol{x}_d]$，则下面的变换（一个四分耦合层）是可逆的 [23]：

$$\boldsymbol{y}_a = \boldsymbol{x}_a + \lfloor t(\boldsymbol{x}_b, \boldsymbol{x}_c, \boldsymbol{x}_d) \rceil \tag{3.37}$$

$$\boldsymbol{y}_b = \boldsymbol{x}_b + \lfloor t(\boldsymbol{y}_a, \boldsymbol{x}_c, \boldsymbol{x}_d) \rceil \tag{3.38}$$

$$\boldsymbol{y}_c = \boldsymbol{x}_c + \lfloor t(\boldsymbol{y}_a, \boldsymbol{y}_b, \boldsymbol{x}_d) \rceil \tag{3.39}$$

$$\boldsymbol{y}_d = \boldsymbol{x}_d + \lfloor t(\boldsymbol{y}_a, \boldsymbol{y}_b, \boldsymbol{y}_c) \rceil. \tag{3.40}$$

这种新的可逆变换可以看作是一种自回归处理，因为 $\boldsymbol{y}_a$ 用于计算 $\boldsymbol{y}_b$，那么

$\boldsymbol{y}_a$ 和 $\boldsymbol{y}_b$ 用于获取 $\boldsymbol{y}_c$，以此类推。这样可以得到比二分耦合层更强大的转换。

如果坚持使用耦合层，我们需要记住使用置换层来反转变量的顺序。否则，一些输入将仅会被部分地处理。这适用于任何耦合层，无论是用于连续值流模型还是整数值流模型。

需要考虑的最后一个组件是基础分布。与流模型类似，可以使用不同技巧来提高模型的性能。例如，可以考虑基础分布的挤压、分解和混合模型 [22]。但是在本节中，我们尽量保持模型尽可能的简单，因此使用边缘乘积作为基础分布。对于表示为整数的图像，有如下表示：

$$\pi(\boldsymbol{z}) = \prod_{d=1}^{D} \pi_d(z_d) \tag{3.41}$$

$$= \prod_{d=1}^{D} \mathrm{DL}(z_d|\mu_d, \nu_d), \tag{3.42}$$

这里 $\pi_d(z_d) = \mathrm{DL}(z_d|\mu_d, \nu_d)$ 是离散逻辑分布，定义为逻辑分布的 CDF 的区别，如下 [34]：

$$\pi(z) = \mathrm{sigm}((z + 0.5 - \mu)/\nu) - \mathrm{sigm}((z - 0.5 - \mu)/\nu), \tag{3.43}$$

其中 $\mu \in \mathbb{R}$ 和 $\nu > 0$ 分别表示均值和尺度，$\mathrm{sigm}(\cdot)$ 是 sigmoid 函数。注意，这相当于计算 z 落入长度为 1 的分隔的概率，因此在第一个 CDF 中添加 0.5，并从第二个 CDF 中减去 0.5。图 3.12 展示了离散分布的一个示例及其实现。有趣的是，我们可以使用这个分布来替换第 2 章中的分类分布，如文献 [18] 的方法。我们甚至可以使用离散逻辑分布的混合来进一步提高最终的性能 [22,35]。

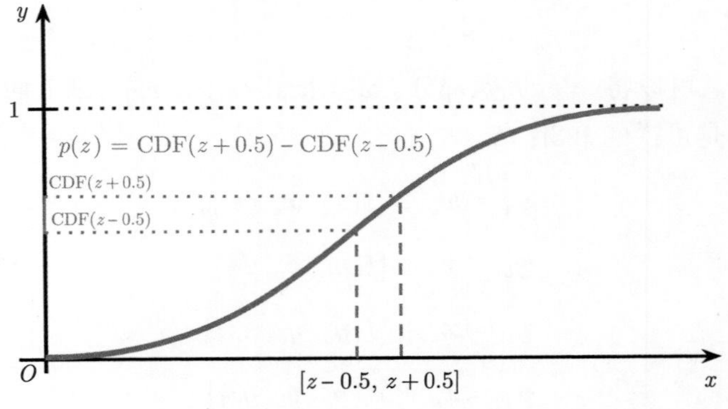

图 3.12　$\mu = 0$ 和 $\nu = 1$ 的离散逻辑分布示例。y 轴上的红色区域对应于大小为 1 的分隔的概率质量

代码清单 3.4 离散逻辑分布的对数 [34]

```
# 该方法实现了离散逻辑分布的对数
def log_integer_probability(x, mean, logscale):
    scale = torch.exp(logscale)

    logp = log_min_exp(
        F.logsigmoid((x + 0.5 - mean) / scale),
        F.logsigmoid((x - 0.5 - mean) / scale))

    return logp
```

最终对数似然函数有下面的形式：

$$\ln p(\boldsymbol{x}) = \sum_{d=1}^{D} \ln \mathrm{DL}(z_d = f^{-1}(\boldsymbol{x})|\mu_d, \nu_d) \tag{3.44}$$

$$= \sum_{d=1}^{D} \ln(\mathrm{sigm}((z_d + 0.5 - \mu_d)/\nu_d) - \mathrm{sigm}((z_d - 0.5 - \mu_d)/\nu_d)), \tag{3.45}$$

在这里让所有的 μ_d 和 ν_d 成为可学习的参数。注意 ν_d 必须是正数（严格大于 0），因此，在实现中会考虑尺度的对数，因为取对数尺度的 exp 可以确保具有严格的正值。

3.2.4 代码

现在我们有了实现整数离散流模型（Integer Discrete Flow，IDF）的所有组件。下面有一个包含很多注释的代码，有助于读者理解其中的逻辑。

代码清单 3.5 神经网络示例

```
# 这是整数离散流模型 (IDF) 的类
# 实现了下面两个选项
# 选项 1: 二分耦合层 (Hoogeboom et al., 2019)
# 选项 2: 具有四个部分的新耦合层 (Tomczak, 2021)
# 显式实现了第2个选项，没有用到任何循环，所以其工作机理应该很清楚
class IDF(nn.Module):
    def __init__(self, netts, num_flows, D=2):
        super(IDF, self).__init__()

        print('IDF by JT.')

        # 选项1:
        if len(netts) == 1:
            self.t = torch.nn.ModuleList([netts[0]() for _ in range(num_flows)])
```

```
            self.idf_git = 1

        # 选项2:
        elif len(netts) == 4:
            self.t_a = torch.nn.ModuleList([netts[0]() for _ in range(num_flows)
    ])
            self.t_b = torch.nn.ModuleList([netts[1]() for _ in range(num_flows)
    ])
            self.t_c = torch.nn.ModuleList([netts[2]() for _ in range(num_flows)
    ])
            self.t_d = torch.nn.ModuleList([netts[3]() for _ in range(num_flows)
    ])
            self.idf_git = 4

        else:
            raise ValueError('只可以提供1个或4个网络')

        # 流模型的数量（即可逆的变换）
        self.num_flows = num_flows

        # 舍入运算符
        self.round = RoundStraightThrough.apply

        # 基础分布参数的初始化
        # 注意这些都是参数，所以要和神经网络的权重一起训练
        self.mean = nn.Parameter(torch.zeros(1, D)) #均值
        self.logscale = nn.Parameter(torch.ones(1, D)) #对数尺度

        # 问题维度
        self.D = D

    # 耦合层
    def coupling(self, x, index, forward=True):

        # 选项1:
        if self.idf_git == 1:
            (xa, xb) = torch.chunk(x, 2, 1)

            if forward:
                yb = xb + self.round(self.t[index](xa))
            else:
                yb = xb - self.round(self.t[index](xa))

            return torch.cat((xa, yb), 1)

        # 选项2:
        elif self.idf_git == 4:
```

```
        (xa, xb, xc, xd) = torch.chunk(x, 4, 1)

        if forward:
            ya = xa + self.round(self.t_a[index](torch.cat((xb, xc, xd), 1)))
            yb = xb + self.round(self.t_b[index](torch.cat((ya, xc, xd), 1)))
            yc = xc + self.round(self.t_c[index](torch.cat((ya, yb, xd), 1)))
            yd = xd + self.round(self.t_d[index](torch.cat((ya, yb, yc), 1)))
        else:
            yd = xd - self.round(self.t_d[index](torch.cat((xa, xb, xc), 1)))
            yc = xc - self.round(self.t_c[index](torch.cat((xa, xb, yd), 1)))
            yb = xb - self.round(self.t_b[index](torch.cat((xa, yc, yd), 1)))
            ya = xa - self.round(self.t_a[index](torch.cat((yb, yc, yd), 1)))

        return torch.cat((ya, yb, yc, yd), 1)

    # 与RealNVP类似，我们也要有置换层
    def permute(self, x):
        return x.flip(1)

    # IDF的主函数：从x到z的前向传导
    def f(self, x):
        z = x
        for i in range(self.num_flows):
            z = self.coupling(z, i, forward=True)
            z = self.permute(z)

        return z

    # 将z逆变为x的函数
    def f_inv(self, z):
        x = z
        for i in reversed(range(self.num_flows)):
            x = self.permute(x)
            x = self.coupling(x, i, forward=False)

        return x

    # PyTorch的前向传导函数，返回对数概率
    def forward(self, x, reduction='avg'):
        z = self.f(x)
        if reduction == 'sum':
            return -self.log_prior(z).sum()
        else:
            return -self.log_prior(z).mean()

    # 采样函数：
    # 首先我们从基础分布中采样
```

```
    # 然后我们逆变z
    def sample(self, batchSize, intMax=100):
        # sample z:
        z = self.prior_sample(batchSize=batchSize, D=self.D, intMax=intMax)
        # x = f^-1(z)
        x = self.f_inv(z)
        return x.view(batchSize, 1, self.D)

    # 该函数计算基础分布的对数
    def log_prior(self, x):
        log_p = log_integer_probability(x, self.mean, self.logscale)
        return log_p.sum(1)

    # 从基础分布中采样整数
    def prior_sample(self, batchSize, D=2):
        # 从逻辑分布中采样
        y = torch.rand(batchSize, self.D)
        # 这里我们用到逻辑分布的一个特性
        # 要从逻辑分布中采样，我们首先从y ~ Uniform[0,1]中采样
        # 然后计算log(y / (1.-y))，根据尺度做缩放，然后加上均值
        x = torch.exp(self.logscale) * torch.log(y / (1. - y)) + self.mean
        # And then round it to an integer.
        return torch.round(x)
```

下面介绍一些可以被用来运行 IDF 的神经网络的示例。

代码清单 3.6 神经网络示例

```
# 可逆变换的数量
num_flows = 8

# 这个变量定义了我们使用的选项:
# 选项 1: 1 - 经典的耦合层 (Hoogeboom et al., 2019)
# 选项 2: 4 - 具有四个部分的可逆变换 (Tomczak, 2021)
idf_git = 1

if idf_git == 1:
    nett = lambda: nn.Sequential(
                        nn.Linear(D//2, M), nn.LeakyReLU(),
                        nn.Linear(M, M), nn.LeakyReLU(),
                        nn.Linear(M, D//2))
    netts = [nett]

elif idf_git == 4:
    nett_a = lambda: nn.Sequential(
                        nn.Linear(3 * (D//4), M), nn.LeakyReLU(),
                        nn.Linear(M, M), nn.LeakyReLU(),
                        nn.Linear(M, D//4))
```

```
    nett_b = lambda: nn.Sequential(
                            nn.Linear(3 * (D//4), M), nn.LeakyReLU(),
                            nn.Linear(M, M), nn.LeakyReLU(),
                            nn.Linear(M, D//4))

    nett_c = lambda: nn.Sequential(
                            nn.Linear(3 * (D//4), M), nn.LeakyReLU(),
                            nn.Linear(M, M), nn.LeakyReLU(),
                            nn.Linear(M, D//4))

    nett_d = lambda: nn.Sequential(
                            nn.Linear(3 * (D//4), M), nn.LeakyReLU(),
                            nn.Linear(M, M), nn.LeakyReLU(),
                            nn.Linear(M, D//4))

    netts = [nett_a, nett_b, nett_c, nett_d]

# 初始化IDF
model = IDF(netts, num_flows, D=D)
# 打印出结果的总结（与Keras类似）
print(summary(model, torch.zeros(1, 64), show_input=False, show_hierarchical=
    False))
```

这就全部完成了。运行代码并训练 IDF 后，我们可以获得类似于图 3.13 中的结果。

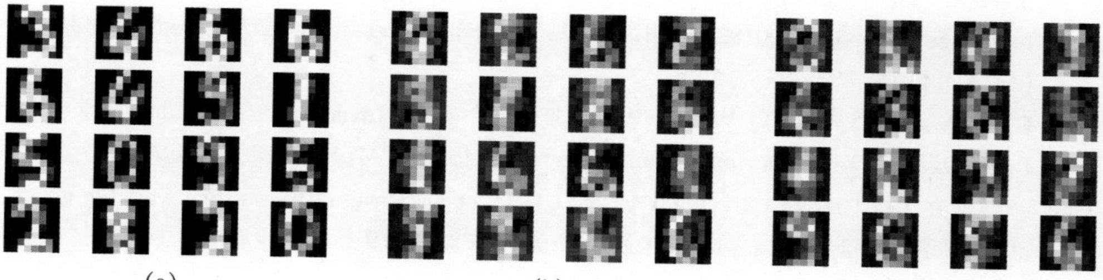

(a) (b) (c)

图 3.13 训练结束后的结果示例。(a) R 随机选择的实际图片。(b) 由具有二分耦合层的 IDF 无条件生成的结果。(c) 由具有四分耦合层的 IDF 无条件生成的结果

3.2.5 接下来的工作

与 RealNVP 示例类似，这里我们展示了 IDF 的简化实现。我们可以使用 RealNVP 部分中介绍的许多技巧（参见 3.1.6 节。关于 IDF 的最新研究可以参

考文献 [12])。

整数离散流模型在数据压缩方面有巨大潜力。由于 IDF 直接在整数值对象上学习分布 $p(\boldsymbol{x})$，因此可以很好应用在无损压缩中。如文献 [22] 中所述，它们在无损压缩图像方面与其他编解码器相比具有很强的优势。

文献 [12] 进一步表明，梯度 STE 的潜在偏差并不像最初认为的文献 [22] 那样显著，并且还可以学习到灵活的分布。这一结果表明我们要格外留意 IDF，尤其在数据压缩等这样的实际应用中。

下一步工作是要为离散变量考虑更强大的转换，例如文献 [23]，并为其开发强大的架构。另一个有趣的方向是利用替代学习算法，可以更好地估计梯度 [36] 甚至直接替换梯度 [37]。

3.3 参考文献

[1] REZENDE D, MOHAMED S. Variational inference with normalizing flows[C]//International Conference on Machine Learning. [S.l.]: PMLR, 2015: 1530-1538.

[2] RIPPEL O, ADAMS R P. High-dimensional probability estimation with deep density models[J]. arXiv preprint arXiv:1302.5125, 2013.

[3] VAN DEN BERG R, HASENCLEVER L, TOMCZAK J M, et al. Sylvester normalizing flows for variational inference[C]//34th Conference on Uncertainty in Artificial Intelligence 2018, UAI 2018. [S.l.]: Association For Uncertainty in Artificial Intelligence (AUAI), 2018: 393-402.

[4] BEHRMANN J, GRATHWOHL W, CHEN R T, et al. Invertible residual networks[C]//International Conference on Machine Learning. [S.l.]: PMLR, 2019: 573-582.

[5] CHEN R T, BEHRMANN J, DUVENAUD D, et al. Residual flows for invertible generative modeling[J]. arXiv preprint arXiv:1906.02735, 2019.

[6] PERUGACHI-DIAZ Y, TOMCZAK J M, BHULAI S. Invertible densenets with concatenated lipswish[J]. Advances in Neural Information Processing Systems, 2021.

[7] DINH L, SOHL-DICKSTEIN J, BENGIO S. Density estimation using Real NVP[J]. arXiv preprint arXiv:1605.08803, 2016.

[8] KINGMA D P, DHARIWAL P. Glow: generative flow with invertible 1× 1 convolutions[C]//Proceedings of the 32nd International Conference on Neural Information Processing Systems. [S.l.: s.n.], 2018: 10236-10245.

[9] THEIS L, OORD A V D, BETHGE M. A note on the evaluation of generative models[J]. arXiv preprint arXiv:1511.01844, 2015.

[10] HOOGEBOOM E, COHEN T S, TOMCZAK J M. Learning discrete distributions by dequantization[J]. arXiv preprint arXiv:2001.11235, 2020a.

[11] BACHLECHNER T, MAJUMDER B P, MAO H H, et al. Rezero is all you need: Fast convergence at large depth[J]. arXiv preprint arXiv:2003.04887, 2020.

[12] VAN DEN BERG R, GRITSENKO A A, DEHGHANI M, et al. Idf++: Analyzing and improving integer discrete flows for lossless compression[J]. arXiv e-prints, 2020: arXiv-2006.

[13] HO J, CHEN X, SRINIVAS A, et al. Flow++: Improving flow-based generative models with variational dequantization and architecture design[C]//International Conference on Machine Learning. [S.l.]: PMLR, 2019a: 2722-2730.

[14] HO J, LOHN E, ABBEEL P. Compression with flows via local bits-back coding[J]. arXiv preprint arXiv:1905.08500, 2019b.

[15] STYPUŁKOWSKI M, KANIA K, ZAMORSKI M, et al. Representing point clouds with generative conditional invertible flow networks[J]. arXiv preprint arXiv:2010.11087, 2020.

[16] WINKLER C, WORRALL D, HOOGEBOOM E, et al. Learning likelihoods with conditional normalizing flows[J]. arXiv preprint arXiv:1912.00042, 2019.

[17] WOLF V, LUGMAYR A, DANELLJAN M, et al. Deflow: Learning complex image degradations from unpaired data with conditional flows[J]. arXiv preprint arXiv:2101.05796, 2021.

[18] KINGMA D P, SALIMANS T, JOZEFOWICZ R, et al. Improved variational inference with inverse autoregressive flow[J]. Advances in Neural Information Processing Systems, 2016, 29: 4743-4751.

[19] HOOGEBOOM E, SATORRAS V G, TOMCZAK J M, et al. The convolution exponential and generalized sylvester flows[J]. arXiv preprint arXiv:2006.01910, 2020b.

[20] TOMCZAK J M, WELLING M. Improving variational auto-encoders using householder flow[J]. arXiv preprint arXiv:1611.09630, 2016.

[21] TOMCZAK J M, WELLING M. Improving variational auto-encoders using convex combination linear inverse autoregressive flow[J]. arXiv preprint arXiv:1706.02326, 2017.

[22] HOOGEBOOM E, PETERS J W, BERG R V D, et al. Integer discrete flows and lossless compression[J]. arXiv preprint arXiv:1905.07376, 2019.

[23] TOMCZAK J M. General invertible transformations for flow-based generative modeling[J]. INNF+, 2021.

[24] BREHMER J, CRANMER K. Flows for simultaneous manifold learning and density estimation[J]. arXiv preprint arXiv:2003.13913, 2020.

[25] PAPAMAKARIOS G, STERRATT D, MURRAY I. Sequential neural likelihood: Fast likelihood-free inference with autoregressive flows[C]//The 22nd International Conference on Artificial Intelligence and Statistics. [S.l.]: PMLR, 2019a: 837-848.

[26] PAPAMAKARIOS G, PAVLAKOU T, MURRAY I. Masked autoregressive flow for density estimation[J]. arXiv preprint arXiv:1705.07057, 2017.

[27] PAPAMAKARIOS G, NALISNICK E, REZENDE D J, et al. Normalizing flows for probabilistic modeling and inference[J]. arXiv preprint arXiv:1912.02762, 2019b.

[28] GOUK H, FRANK E, PFAHRINGER B, et al. Regularisation of neural networks by enforcing Lipschitz continuity[J]. arXiv preprint arXiv:1804.04368, 2018.

[29] MIYATO T, KATAOKA T, KOYAMA M, et al. Spectral normalization for generative adversarial networks[J]. arXiv preprint arXiv:1802.05957, 2018.

[30] SKILLING J. The eigenvalues of mega-dimensional matrices[M]//Maximum Entropy and Bayesian Methods. [S.l.]: Springer, 1989: 455-466.

[31] HUTCHINSON M F. A stochastic estimator of the trace of the influence matrix for laplacian smoothing splines[J]. Communications in Statistics-Simulation and Computation, 1990, 19(2): 433-450.

[32] KAHN H. Use of different Monte Carlo sampling techniques[J]. Proceedings of Symposium on Monte Carlo Methods, 1955.

[33] HUANG G, LIU Z, VAN DER MAATEN L, et al. Densely connected convolutional networks[C]//IEEE Conference on Computer Vision and Pattern Recognition. [S.l.: s.n.], 2017.

[34] CHAKRABORTY S, CHAKRAVARTY D. A new discrete probability distribution with integer support on $(-\infty, \infty)$[J]. Communications in Statistics-Theory and Methods, 2016, 45(2): 492-505.

[35] SALIMANS T, KARPATHY A, CHEN X, et al. Pixelcnn++: Improving the pixelcnn with discretized logistic mixture likelihood and other modifications[J]. arXiv preprint arXiv:1701.05517, 2017.

[36] VAN KRIEKEN E, TOMCZAK J M, TEIJE A T. Storchastic: A framework for general stochastic automatic differentiation[J]. Advances in Neural Information Processing Systems, 2021.

[37] MAHESWARANATHAN N, METZ L, TUCKER G, et al. Guided evolutionary strategies: Augmenting random search with surrogate gradients[C]//International Conference on Machine Learning. [S.l.]: PMLR, 2019: 4264-4273.

第 4 章

CHAPTER 4

隐变量模型

4.1 简介

在前面的章节中，我们讨论了学习 $p(\boldsymbol{x})$ 的两种方法：第 2 章中的自回归模型（ARM）和第 3 章中的流模型（或简称为流）。自回归模型和流模型都直接对似然函数进行建模。自回归模型用到分解分布和参数化条件分布 $p(x_d|\boldsymbol{x}_{<d})$，而流模型用到变量变化公式上的可逆变换（神经网络）。现在将讨论第三种方法，引入**隐变量**的概念。

想象以下的场景，有一组带有马的图像，我们想学习 $p(\boldsymbol{x})$ 来生成的新图像。或者说，如果我们是生成模型，应该如何生成马的图像。我们可能会先勾勒出马的大致轮廓、大小和形状，然后添加马蹄、填充头部细节、着色等，最后可以考虑添加背景。一般来说，数据中有一些*因素*（例如轮廓、颜色、背景等）对于生成对象（这里是马）至关重要。一旦决定了这些因素，我们就可以通过添加细节来生成它们。我们不去深入探讨认知方面的话题，生成图像的过程差不多是人类画画的过程。

现在用数学来表达这个*生成过程*。假设有我们感兴趣的高维对象 $\boldsymbol{x} \in \mathcal{X}^D$（例如对于图像，$\mathcal{X} \in \{0, 1, \cdots, 255\}$）和一个**低维隐变量**，$\boldsymbol{z} \in \mathcal{Z}^M$（例如 $\mathcal{Z} = \mathbb{R}$），可以称之为数据中的隐藏因子，用数学术语来说，我们将 $\mathcal{Z}^M$ 称为低维*流形*，如此生成过程可以表示为：

1. $\boldsymbol{z} \sim p(\boldsymbol{z})$（图 4.1，红色部分）；
2. $\boldsymbol{x} \sim p(\boldsymbol{x}|\boldsymbol{z})$（图 4.1，蓝色部分）。

简单讲，我们首先对 $\boldsymbol{z}$ 进行采样（例如想象一匹马的大小、形状和颜色），然后创建包含所有必要细节的图像，即对 $\boldsymbol{x}$ 进行来自条件分布 $p(\boldsymbol{x}|\boldsymbol{z})$ 的采样。我们要去尝试至少两次创建精确相同的图像。由于许多不同的外部因素，几乎不可能创建两个相同的图像。这也是为什么概率论可以如此优美地描述现实。

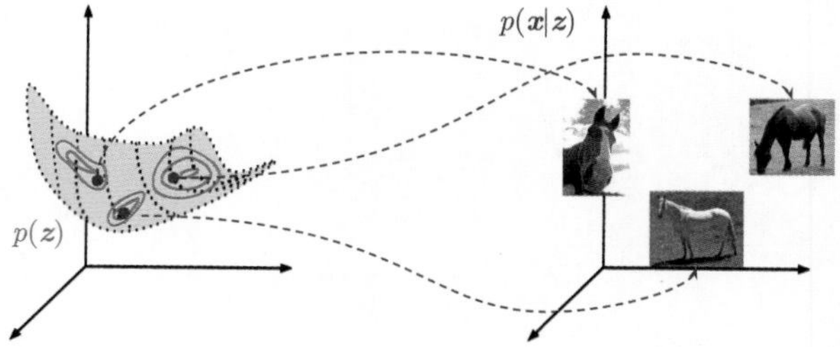

图 4.1 显示隐变量模型和生成过程的示例图。注意嵌入在高维空间（此处为 3D）中的低维流形（此处为 2D）

隐变量模型背后的想法是引入了隐变量 $\boldsymbol{z}$ 并将联合分布分解如下：$p(\boldsymbol{x}, \boldsymbol{z}) = p(\boldsymbol{x}|\boldsymbol{z})p(\boldsymbol{z})$。这很自然地表达了上述生成过程。但是对于训练，我们只能访问到 $\boldsymbol{x}$。因此根据概率推断，我们应该将未知的部分求和抵消（Sum Out）或者边缘抵消（Marginalize Out），即 $\boldsymbol{z}$。因此有（边缘）似然函数表达如下：

$$p(\boldsymbol{x}) = \int p(\boldsymbol{x}|\boldsymbol{z})p(\boldsymbol{z})\mathrm{d}\boldsymbol{z}. \tag{4.1}$$

一个很自然的问题是如何计算这个积分。一般来说，这是一项很难的任务，有两个可能的方向来处理。我们知道积分是比较**容易处理**的。在讨论使用特定**近似推断**的第二种方法之前，先简要讨论**变分推断**。

4.2 概率主成分分析

讨论下面的情况：

- 只讨论连续随机变量，即 $\boldsymbol{z} \in \mathbb{R}^M$ 和 $\boldsymbol{x} \in \mathbb{R}^D$。
- $\boldsymbol{z}$ 的分布是标准高斯分布，即 $p(\boldsymbol{z}) = \mathcal{N}(\boldsymbol{z}|0, \boldsymbol{I})$。

- $\boldsymbol{z}$ 和 $\boldsymbol{x}$ 之间是线性依赖关系，假设一个高斯加性噪声：

$$\boldsymbol{x}=\boldsymbol{W}\boldsymbol{z}+\boldsymbol{b}+\varepsilon, \tag{4.2}$$

这里 $\varepsilon \sim \mathcal{N}(\varepsilon|0,\sigma^2\boldsymbol{I})$。高斯分布的性质给出 [1]：

$$p(\boldsymbol{x}|\boldsymbol{z})=\mathcal{N}(\boldsymbol{x}|\boldsymbol{W}\boldsymbol{z}+\boldsymbol{b},\sigma^2\boldsymbol{I}). \tag{4.3}$$

这个模型被称作概率主成分分析（probabilistic Principal Component Analysis, pPCA）[2]。

接下来利用两个正态分布随机向量的线性叠加特性来明确地计算这个积分 [1]：

$$\begin{aligned}
p(\boldsymbol{x}) &= \int p(\boldsymbol{x}|\boldsymbol{z})p(\boldsymbol{z})\mathrm{d}\boldsymbol{z} && (4.4)\\
&= \int \mathcal{N}(\boldsymbol{x}|\boldsymbol{W}\boldsymbol{z}+\boldsymbol{b},\sigma^2\boldsymbol{I})\mathcal{N}(\boldsymbol{z}|0,\boldsymbol{I})\mathrm{d}\boldsymbol{z} && (4.5)\\
&= \mathcal{N}(\boldsymbol{x}|\boldsymbol{b},\boldsymbol{W}\boldsymbol{W}^\top+\sigma^2\boldsymbol{I}). && (4.6)
\end{aligned}$$

现在可以计算（边缘）似然函数 $\ln p(\boldsymbol{x})$ 的对数了。可以参考文献 [1,2] 来了解更多关于学习 pPCA 模型中参数的细节。pPCA 的有趣之处在于，由于高斯分布的特性，我们还可以解析地计算 $\boldsymbol{z}$ 上的真实后验概率：

$$p(\boldsymbol{z}|\boldsymbol{x})=\mathcal{N}(\boldsymbol{M}^{-1}\boldsymbol{W}^\top(\boldsymbol{x}-\mu),\sigma^{-2}\boldsymbol{M}), \tag{4.7}$$

这里 $\boldsymbol{M}=\boldsymbol{W}^\top\boldsymbol{W}+\sigma^2\boldsymbol{I}$。一旦找到最大化对数似然函数的 $\boldsymbol{W}$，并且矩阵 $\boldsymbol{W}$ 的维数在计算上易于处理，我们就可以计算 $p(\boldsymbol{z}|\boldsymbol{x})$。这很重要，因为对于给定的观测 $\boldsymbol{x}$，我们就可以计算其在隐藏因素上的分布。

概率主成分分析是一个极其重要的隐变量模型，原因有两个。首先，我们可以手动计算所有东西，因此培养感知隐变量模型的直觉是一个很好的练习。其次，它是一个线性模型，因此读者可能已经有如下问题：如果采用非线性依赖关系会发生什么？如果使用除高斯分布之外的其他分布会发生什么？在这两种情况下，答案都是相同的：我们无法准确计算积分，因此需要利用某种近似值。pPCA 是每个对隐变量模型感兴趣的人都应该深入研究的模型，可以帮助我们创建对于概率建模的直觉。

4.3 变分自动编码器：非线性隐变量模型的变分推理

4.3.1 模型和目标

回到最开始的那个积分，并考虑无法解析计算的一般情况。最简单的方法是使用蒙特卡罗近似：

$$
\begin{aligned}
p(\boldsymbol{x}) &= \int p(\boldsymbol{x}|\boldsymbol{z})p(\boldsymbol{z})\mathrm{d}\boldsymbol{z} && (4.8)\\
&= \mathbb{E}_{\boldsymbol{z}\sim p(\boldsymbol{z})}[p(\boldsymbol{x}|\boldsymbol{z})] && (4.9)\\
&\approx \frac{1}{K}\sum_k p(\boldsymbol{x}|\boldsymbol{z}_k), && (4.10)
\end{aligned}
$$

最后一行使用了来自先验的样本，$\boldsymbol{z}_k \sim p(\boldsymbol{z})$。这种方法相对容易，并且由于计算能力的增强，我们可以在很短的时间里采样很多点。从统计数据中可知，如果 $\boldsymbol{z}$ 是多维的，且 $\boldsymbol{M}$ 较大，我们就会陷入*维度灾难*（Curse of Dimensionality）的陷阱。为了去覆盖足够的空间，样本数量相对于 $\boldsymbol{M}$ 会呈指数级增长。如果样本太少，近似就会变得很差。可以使用更先进的蒙特卡罗技术 [3]，但这仍然存在维度灾难相关的问题。另一种方法是应用*变分推断* [4]。考虑由 $\phi, \{q_\phi(\boldsymbol{z})\}_\phi$ 参数化的变分分布族，例如具有均值和方差的高斯分布，$\phi = \{\mu, \sigma^2\}$。我们知道这些分布的形式，且假设其将非零概率质量分配给所有 $\boldsymbol{z} \in \mathcal{Z}^M$，那么边缘分布的对数可以近似如下：

$$
\begin{aligned}
\ln p(\boldsymbol{x}) &= \ln \int p(\boldsymbol{x}|\boldsymbol{z})p(\boldsymbol{z})\mathrm{d}\boldsymbol{z} && (4.11)\\
&= \ln \int \frac{q_\phi(\boldsymbol{z})}{q_\phi(\boldsymbol{z})} p(\boldsymbol{x}|\boldsymbol{z})p(\boldsymbol{z})\mathrm{d}\boldsymbol{z} && (4.12)\\
&= \ln \mathbb{E}_{\boldsymbol{z}\sim q_\phi(\boldsymbol{z})}\left[\frac{p(\boldsymbol{x}|\boldsymbol{z})p(\boldsymbol{z})}{q_\phi(\boldsymbol{z})}\right] && (4.13)\\
&\geqslant \mathbb{E}_{\boldsymbol{z}\sim q_\phi(\boldsymbol{z})} \ln \left[\frac{p(\boldsymbol{x}|\boldsymbol{z})p(\boldsymbol{z})}{q_\phi(\boldsymbol{z})}\right] && (4.14)\\
&= \mathbb{E}_{\boldsymbol{z}\sim q_\phi(\boldsymbol{z})}\left[\ln p(\boldsymbol{x}|\boldsymbol{z}) + \ln p(\boldsymbol{z}) - \ln q_\phi(\boldsymbol{z})\right] && (4.15)\\
&= \mathbb{E}_{\boldsymbol{z}\sim q_\phi(\boldsymbol{z})}\left[\ln p(\boldsymbol{x}|\boldsymbol{z})\right] - \mathbb{E}_{\boldsymbol{z}\sim q_\phi(\boldsymbol{z})}\left[\ln q_\phi(\boldsymbol{z}) - \ln p(\boldsymbol{z})\right]. && (4.16)
\end{aligned}
$$

第四行中用了 *Jensen 不等式*。

考虑一个平摊变分后验（amortized variational posterior），即有 $q_\phi(\boldsymbol{z}|\boldsymbol{x})$ 而非为每个 $\boldsymbol{x}$ 都有 $q_\phi(\boldsymbol{z})$，那么有：

$$\ln p(\boldsymbol{x}) \geqslant \mathbb{E}_{\boldsymbol{z}\sim q_\phi(\boldsymbol{z}|\boldsymbol{x})}[\ln p(\boldsymbol{x}|\boldsymbol{z})] - \mathbb{E}_{\boldsymbol{z}\sim q_\phi(\boldsymbol{z}|\boldsymbol{x})}[\ln q_\phi(\boldsymbol{z}|\boldsymbol{x}) - \ln p(\boldsymbol{z})]. \tag{4.17}$$

平摊（amortization）可能会很有用，因为训练一个单一模型（例如具有权重的神经网络），它可以返回给定输入的分布参数。本书从这里开始都会使用平摊变分后验；当然这不是必需的，比如文献 [5] 考虑了半平摊变分推断。

最终获得了一个类似自动编码器的模型，具有随机编码器 $q_\phi(\boldsymbol{z}|\boldsymbol{x})$ 和随机解码器 $p(\boldsymbol{x}|\boldsymbol{z})$。称之为随机，是用来强调编码器和解码器是概率分布的，并强调它们和确定性自动编码器的差异。这个具有平摊变分后验的模型称为**变分自动编码器** [6,7]。对数似然函数的下界称为证据下界（Evidence Lower BOund，ELBO）。

ELBO 的第一部分 $\mathbb{E}_{\boldsymbol{z}\sim q_\phi(\boldsymbol{z}|\boldsymbol{x})}[\ln p(\boldsymbol{x}|\boldsymbol{z})]$，被称为（负的）重建错误，因为 $\boldsymbol{x}$ 被编码为 $\boldsymbol{z}$ 然后又被解码回来。ELBO 的第二部分，$\mathbb{E}_{\boldsymbol{z}\sim q_\phi(\boldsymbol{z}|\boldsymbol{x})}[\ln q_\phi(\boldsymbol{z}|\boldsymbol{x}) - \ln p(\boldsymbol{z})]$，可以看作一个正则项，相当于 Kullback-Leibler（KL）散度。注意，对于更复杂的模型（例如分层模型），正则项可能不会被理解为 KL 项。所以我们倾向于使用正则项这个术语，因为它更通用。

4.3.2　ELBO 的不同解读

为了完整起见，这里还提供一种 ELBO 的不同推导，可以帮助我们理解为什么有时下界会是一个麻烦：

$$\begin{aligned}
\ln p(\boldsymbol{x}) &= \mathbb{E}_{\boldsymbol{z}\sim q_\phi(\boldsymbol{z}|\boldsymbol{x})}[\ln p(\boldsymbol{x})] && (4.18)\\
&= \mathbb{E}_{\boldsymbol{z}\sim q_\phi(\boldsymbol{z}|\boldsymbol{x})}\left[\ln \frac{p(\boldsymbol{z}|\boldsymbol{x})p(\boldsymbol{x})}{p(\boldsymbol{z}|\boldsymbol{x})}\right] && (4.19)\\
&= \mathbb{E}_{\boldsymbol{z}\sim q_\phi(\boldsymbol{z}|\boldsymbol{x})}\left[\ln \frac{p(\boldsymbol{x}|\boldsymbol{z})p(\boldsymbol{z})}{p(\boldsymbol{z}|\boldsymbol{x})}\right] && (4.20)\\
&= \mathbb{E}_{\boldsymbol{z}\sim q_\phi(\boldsymbol{z}|\boldsymbol{x})}\left[\ln \frac{p(\boldsymbol{x}|\boldsymbol{z})p(\boldsymbol{z})}{p(\boldsymbol{z}|\boldsymbol{x})}\frac{q_\phi(\boldsymbol{z}|\boldsymbol{x})}{q_\phi(\boldsymbol{z}|\boldsymbol{x})}\right] && (4.21)\\
&= \mathbb{E}_{\boldsymbol{z}\sim q_\phi(\boldsymbol{z}|\boldsymbol{x})}\left[\ln p(\boldsymbol{x}|\boldsymbol{z})\frac{p(\boldsymbol{z})}{q_\phi(\boldsymbol{z}|\boldsymbol{x})}\frac{q_\phi(\boldsymbol{z}|\boldsymbol{x})}{p(\boldsymbol{z}|\boldsymbol{x})}\right] && (4.22)\\
&= \mathbb{E}_{\boldsymbol{z}\sim q_\phi(\boldsymbol{z}|\boldsymbol{x})}\left[\ln p(\boldsymbol{x}|\boldsymbol{z}) - \ln \frac{q_\phi(\boldsymbol{z}|\boldsymbol{x})}{p(\boldsymbol{z})} + \ln \frac{q_\phi(\boldsymbol{z}|\boldsymbol{x})}{p(\boldsymbol{z}|\boldsymbol{x})}\right] && (4.23)
\end{aligned}$$

$$=\mathbb{E}_{\boldsymbol{z}\sim q_\phi(\boldsymbol{z}|\boldsymbol{x})}[\ln p(\boldsymbol{x}|\boldsymbol{z})]-\mathrm{KL}[q_\phi(\boldsymbol{z}|\boldsymbol{x})\|p(\boldsymbol{z})]+\mathrm{KL}[q_\phi(\boldsymbol{z}|\boldsymbol{x})\|p(\boldsymbol{z}|\boldsymbol{x})]. \quad (4.24)$$

注意在上面的推导中只是使用了加法和乘法定理，以及乘以 $1=\frac{q_\phi(\boldsymbol{z}|\boldsymbol{x})}{q_\phi(\boldsymbol{z}|\boldsymbol{x})}$。这里没有用到什么特别的技巧。读者可以尝试自己一步一步地推导。如果很好地理解了这个推导，那么这将极大地帮助我们了解 VAE（以及一般的隐变量模型）的可能问题所在。分析完这个推导，我们来再仔细看看：

$$\ln p(\boldsymbol{x})=\underbrace{\mathbb{E}_{\boldsymbol{z}\sim q_\phi(\boldsymbol{z}|\boldsymbol{x})}[\ln p(\boldsymbol{x}|\boldsymbol{z})]-\mathrm{KL}[q_\phi(\boldsymbol{z}|\boldsymbol{x})\|p(\boldsymbol{z})]}_{\mathrm{ELBO}}+\underbrace{\mathrm{KL}[q_\phi(\boldsymbol{z}|\boldsymbol{x})\|p(\boldsymbol{z}|\boldsymbol{x})]}_{\geqslant 0}. \quad (4.25)$$

最后一个部分 $\mathrm{KL}[q_\phi(\boldsymbol{z}|\boldsymbol{x})\|p(\boldsymbol{z}|\boldsymbol{x})]$ 测量了变分后验和真实后验之间的区别，但我们并不知道真实后验是什么。但这部分可以跳过，因为 Kullback-Leibler 散度总是等于或大于 0（根据其定义），因此我们只剩下 ELBO。可以将 $\mathrm{KL}[q_\phi(\boldsymbol{z}|\boldsymbol{x})\|p(\boldsymbol{z}|\boldsymbol{x})]$ 看作 ELBO 和真实对数似然之间的差别。

这件事情的重要性在于，如果我们把 $q_\phi(\boldsymbol{z}|\boldsymbol{x})$ 取为 $p(\boldsymbol{z}|\boldsymbol{x})$ 的一个不好的近似，那么 KL 项会更大，这样即使 ELBO 优化得很好，ELBO 和真实对数似然之间的差距也可能很大。如果采用过于简单的后验，最终可能会得到一个糟糕的 VAE。在这种情况下，什么是“糟糕”？可以参考图 4.2。如果 ELBO 是对数似然的松散下界，则 ELBO 的最优解可能与对数似然的解完全不同。稍后会介绍如何处理这个问题，这里先了解这个问题就足够了。

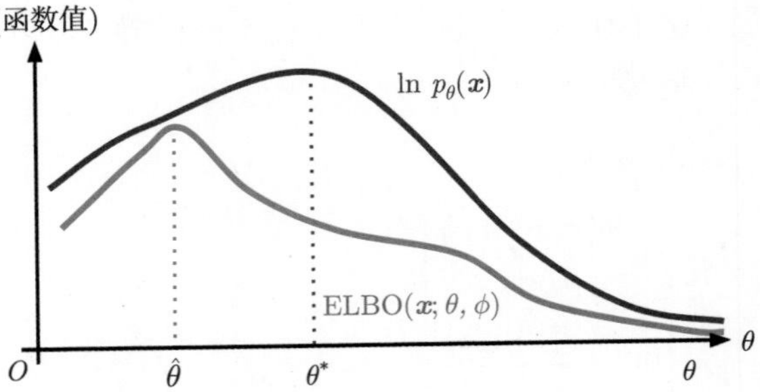

图 4.2　ELBO 是对数似然的下界。因此，最大化 ELBO 的 $\hat{\theta}$ 不一定与最大化 $\ln p(x)$ 的 θ^* 一致。ELBO 越松散，模型参数的最大似然估计就越可能出现偏差

4.3.3　VAE 的组件

总结一下。首先，考虑一类平摊变分后验 $\{q_\phi(\boldsymbol{z}|\boldsymbol{x})\}_\phi$，其近似了真实后验 $p(\boldsymbol{z}|\boldsymbol{x})$。可以将它们视为**随机编码器**。其次，条件似然 $p(\boldsymbol{x}|\boldsymbol{z})$ 可以看作一个**随**

机解码器。再次，末尾一个组件 $p(\boldsymbol{z})$ 是边缘分布，也称为**先验**。最后，我们的目标是 ELBO，它是对数似然函数的下界：

$$\ln p(\boldsymbol{x}) \geqslant \mathbb{E}_{\boldsymbol{z}\sim q_\phi(\boldsymbol{z}|\boldsymbol{x})}[\ln p(\boldsymbol{x}|\boldsymbol{z})] - \mathbb{E}_{\boldsymbol{z}\sim q_\phi(\boldsymbol{z}|\boldsymbol{x})}[\ln q_\phi(\boldsymbol{z}|\boldsymbol{x}) - \ln p(\boldsymbol{z})]. \tag{4.26}$$

要了解 VAE 的完整内容，我们还有两个问题要回答：

1. 如何参数化分布？
2. 如何计算期望值？因为积分项仍然存在。

4.3.3.1 分布的参数化

读者现在可能已经猜到，我们将使用神经网络来参数化编码器和解码器。需要首先确定应该使用什么分布。在 VAE 框架中，我们几乎可以自由选择任何分布，但要注意这些分布应该对目标问题有意义。我们一直用图像处理作为例子。如果 $\boldsymbol{x} \in \{0, 1, \cdots, 255\}^D$，那么我们不可以使用正态分布，因为其支持的目标与离散值的图像完全不同。可以使用的分布是类别分布，即：

$$p_\theta(\boldsymbol{x}|\boldsymbol{z}) = \text{Categorical}(\boldsymbol{x}|\theta(\boldsymbol{z})), \tag{4.27}$$

其中概率由神经网络 NN 给出，即 $\theta(\boldsymbol{z}) = \text{Softmax}(\text{NN}(\boldsymbol{z}))$。神经网络 NN 可以是 MLP、卷积神经网络、RNN 等。

隐变量分布的选择取决于我们希望如何表达数据中的潜在因素。为方便起见，通常将向量 $\boldsymbol{z} \in \mathbb{R}^M$ 视为连续随机变量，然后就可以对变分后验和先验使用高斯分布：

$$q_\phi(\boldsymbol{z}|\boldsymbol{x}) = \mathcal{N}(\boldsymbol{z}|\mu_\phi(\boldsymbol{x}), \text{diag}[\sigma^2_\phi(\boldsymbol{x})]) \tag{4.28}$$

$$p(\boldsymbol{z}) = \mathcal{N}(\boldsymbol{z}|0, \boldsymbol{I}), \tag{4.29}$$

其中 $\mu_\phi(\boldsymbol{x})$ 和 $\sigma^2_\phi(\boldsymbol{x})$ 是神经网络的输出，类似于解码器的情况。在实践中，我们可以有一个共享的神经网络 $\text{NN}(\boldsymbol{x})$，它输出 $2M$ 个值，并且这些值被进一步拆分为 M 个平均值 μ 和 M 个方差值 σ^2。为方便起见，考虑一个对角协方差矩阵。可以使用灵活的后验（参见 4.4.2节）。此外这里采用标准高斯先验。稍后会对此进行详细介绍（参见第 4.4.1 节）。

4.3.3.2 重新参数化技巧

到目前为止，我们使用了对数似然，最终得到了 ELBO。但是计算期望值仍然存在问题，因为其包含一个积分项。问题是如何计算这个积分，以及这为什么

比没有变分后验的对数似然的蒙特卡罗近似更好。其实我们会使用蒙特卡罗近似，但现在我们将从变分后验 $q_\phi(\boldsymbol{z}|\boldsymbol{x})$ 而非先验 $p(\boldsymbol{z})$ 中做采样。这更好，是因为变分后验通常比先验分配更多的概率密度给更小的区域。如果使用我们的 VAE 代码并检查方差，就可能会注意到变分后验几乎是确定的（其表现好坏是另一个问题）。因此，我们应该得到一个更好的近似。但是近似的方差仍然存在问题。简单来说，如果从 $q_\phi(\boldsymbol{z}|\boldsymbol{x})$ 中采样 $\boldsymbol{z}$，将其代入 ELBO，并根据一个神经网络 ϕ 的参数计算梯度，那么其梯度的方差可能仍然很大。统计学家首先发现的解决方案（例如文献 [8]）是**重新参数化**这个分布。该方案意味我们可以将随机变量表示为具有简单分布的独立随机变量的原始变换（例如算术运算、对数等）的组合。例如，考虑一个具有均值 μ 和方差 σ^2 的高斯随机变量 z，以及一个独立随机变量 $\epsilon \sim \mathcal{N}(\epsilon|0,1)$，则以下成立（见图 4.3）：

$$z = \mu + \sigma \cdot \epsilon. \tag{4.30}$$

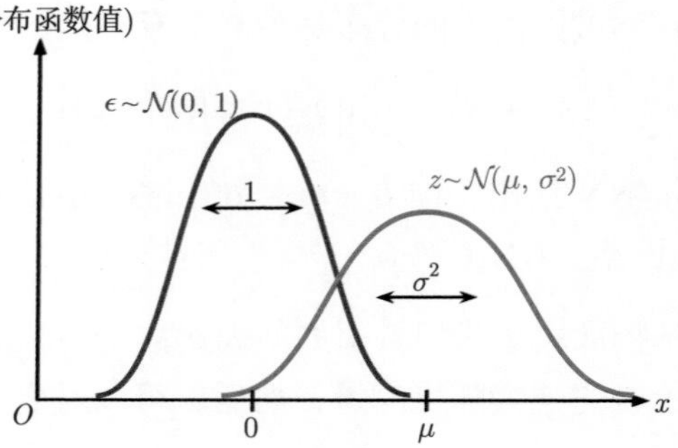

图 4.3　重新参数化高斯分布的示例：我们将根据标准高斯分布的 ϵ 缩放 σ，并将其移动 μ

现在如果从标准高斯分布开始采样 ϵ，并应用上述变换，那么会从 $\mathcal{N}(z|\mu,\sigma)$ 中得到一个样本。

如果读者不记得统计学中的这一部分，可以为此编写简单的代码并尝试一下。事实上这个方案可以应用于更多的其他分布 [9]。

重新参数化技巧可被用于编码器 $q_\phi(\boldsymbol{z}|\boldsymbol{x})$。正如文献 [6, 7] 观察到的，可以通过高斯分布的这种重新参数化来大幅降低梯度的方差。这是因为随机性来自独立源 $p(\epsilon)$，我们计算梯度是相对于确定性函数（比如一个神经网络）的，而不是随机对象。更好的是，由于我们使用随机梯度下降来学习 VAE，所以，在训练期间只对 $\boldsymbol{z}$ 进行一次采样就足够了。

4.3.4 VAE 实践

有了这么多的理论和探讨，读者可能认为实现 VAE 很难。实际上并非如此。总结一下到目前为止我们所知道的一些特定的分布和神经网络。首先，我们会使用下面的分布：

- $q_\phi(\boldsymbol{z}|\boldsymbol{x}) = \mathcal{N}(\boldsymbol{z}|\mu_\phi(\boldsymbol{x}), \sigma_\phi^2(\boldsymbol{x}))$;
- $p(\boldsymbol{z}) = \mathcal{N}(\boldsymbol{z}|0, \boldsymbol{I})$;
- $p_\theta(\boldsymbol{x}|\boldsymbol{z}) = \text{Categorical}(\boldsymbol{x}|\theta(\boldsymbol{z}))$.

假设有 $x_d \in \mathcal{X} = \{0, 1, \cdots, L-1\}$。

接下来使用下面的网络结构：

- 编码器网络：

$$\boldsymbol{x} \in \mathcal{X}^D \to \text{Linear}(D, 256) \to \text{LeakyReLU} \to$$
$$\text{Linear}(256, 2 \cdot M) \to \text{split} \to \boldsymbol{\mu} \in \mathbb{R}^M, \quad \log \boldsymbol{\sigma}^2 \in \mathbb{R}^M$$

请注意，最后一层输出 $2M$ 个值，因为必须有 M 个值作为平均值，M 个值作为（对数）方差。此时要求方差必须为正。由此考虑方差的对数，就可以取实值而不需要担心方差总是正的。另一种方法是应用像 Softplus 这样的非线性操作。

- 解码器网络：

$$\boldsymbol{z} \in \mathbb{R}^M \to \text{Linear}(M, 256) \to \text{LeakyReLU} \to$$
$$\text{Linear}(256, D \cdot L) \to \text{reshape} \to \text{Softmax} \to \boldsymbol{\theta} \in [0, 1]^{D \times L}$$

由于使用 $\boldsymbol{x}$ 的分类分布，解码器网络的输出是概率。因此，最后一层必须输出 $D \cdot L$ 个值，其中 D 是像素数，L 是像素可能值的个数。然后，我们必须将输出重塑为以下形状的张量：(B, D, L)，其中 B 是批量大小。之后就可以应用 Softmax 激活函数来获得概率。

最后，对于给定的数据集 $\mathcal{D} = \{\boldsymbol{x}_n\}_{n=1}^N$，训练目标是在变分后验 $\boldsymbol{z}_{\phi,n} = \mu_\phi(\boldsymbol{x}_n) + \sigma_\phi(\boldsymbol{x}_n) \odot \boldsymbol{\epsilon}$ 中使用单个样本的 ELBO。在所有的软件包中都默认是去最小化目标函数，所以我们要取负号，即：

$$-\text{ELBO}(\mathcal{D}; \theta, \phi) = \sum_{n=1}^{N} -\{\ln \text{Categorical}(\boldsymbol{x}_n|\theta(\boldsymbol{z}_{\phi,n})) +$$

$$\left[\ln \mathcal{N}(\boldsymbol{z}_{\phi,n}|\mu_\phi(\boldsymbol{x}_n), \sigma^2_\phi(\boldsymbol{x}_n)) + \ln \mathcal{N}(\boldsymbol{z}_{\phi,n}|0, \boldsymbol{I})\right]\right\}. \tag{4.31}$$

所有的数学推导最终变成了一个相对简单的模型学习步骤：

1. 拿到 $\boldsymbol{x}_n$，应用编码器网络获得 $\mu_\phi(\boldsymbol{x}_n)$ 和 $\ln\sigma^2_\phi(\boldsymbol{x}_n)$。
2. 通过使用重新参数化技巧 $\boldsymbol{z}_{\phi,n} = \mu_\phi(\boldsymbol{x}_n) + \sigma_\phi(\boldsymbol{x}_n) \odot \boldsymbol{\epsilon}$ 来计算 $\boldsymbol{z}_{\phi,n}$，其中 $\boldsymbol{\epsilon} \sim \mathcal{N}(0, \boldsymbol{I})$。
3. 将解码器网络应用到 $\boldsymbol{z}_{\phi,n}$，以获得概率 $\theta(\boldsymbol{z}_{\phi,n})$。
4. 代入 $\boldsymbol{x}_n, \boldsymbol{z}_{\phi,n}, \mu_\phi(\boldsymbol{x}_n)$ 和 $\ln\sigma^2_\phi(\boldsymbol{x}_n)$ 来计算 ELBO。

4.3.5 代码

现在我们将所有准备好的组件转换为代码。在这里只关注 VAE 模型的代码。我们在代码评论中提供了详细信息。我们将代码分为四类：编码器类、解码器类、先验类和 VAE 类。这样的结构可能看起来形式大于实用，但可以帮助读者将 VAE 视为三个部分的组合，以更好地理解整个方案。

代码清单 4.1　编码器类

```
class Encoder(nn.Module):
    def __init__(self, encoder_net):
        super(Encoder, self).__init__()

        # 初始化编码器网络
        self.encoder = encoder_net

    # 高斯分布的重新参数化技巧
    @staticmethod
    def reparameterization(mu, log_var):
        # 公式如下:
        # z = mu + std * epsilon
        # epsilon ~ Normal(0,1)

        # 首先要计算log-variance的std
        std = torch.exp(0.5*log_var)

        # 然后从Normal(0,1)中采样epsilon
        eps = torch.randn_like(std)

        # 最终的输出
        return mu + std * eps

```

```
    # 这个方法实现了编码器网络的输出（即高斯分布的参数）
    def encode(self, x):
        # 首先计算大小为2MB的编码器网络的输出
        h_e = self.encoder(x)
        # 然后把输出分为mean和log_variance
        mu_e, log_var_e = torch.chunk(h_e, 2, dim=1)
        return mu_e, log_var_e

    # 采样步骤
    def sample(self, x=None, mu_e=None, log_var_e=None):
        # 如果没有mean和log-variance，就要先计算它们：
        if (mu_e is None) and (log_var_e is None):
            mu_e, log_var_e = self.encode(x)
        # 否则就是最终的样本
        else:
        # 可以直接使用重新参数化技巧
            if (mu_e is None) or (log_var_e is None):
                raise ValueError('mu and log-var can`t be None!')
        z = self.reparameterization(mu_e, log_var_e)
        return z

    # 这个方法计算了log-probability，之后会被用来计算ELBO
    def log_prob(self, x=None, mu_e=None, log_var_e=None, z=None):
        # 如果只有x，则可以计算一个相关的样本
        if x is not None:
            mu_e, log_var_e = self.encode(x)
            z = self.sample(mu_e=mu_e, log_var_e=log_var_e)
        else:
        # 否则，必须要提供mu、log_var和z
            if (mu_e is None) or (log_var_e is None) or (z is None):
                raise ValueError('mu, log_var, z can`t be None')

        return log_normal_diag(z, mu_e, log_var_e)

    # PyTorch的前向传导：可以是（默认的）log-probability，也可以使用采样
    def forward(self, x, type='log_prob'):
        assert type in ['encode', 'log_prob'], 'Type could be either encode or log_prob'
        if type == 'log_prob':
            return self.log_prob(x)
        else:
            return self.sample(x)
```

代码清单 4.2 解码器类

```
class Decoder(nn.Module):
    def __init__(self, decoder_net, distribution='categorical', num_vals=None):
        super(Decoder, self).__init__()
```

```
        # 解码器网络
        self.decoder = decoder_net
        # 解码器使用的分布（如上讨论，默认是类别分布）
        self.distribution = distribution
        # 可能值的数量，这对类别分布很关键
        self.num_vals=num_vals

    # 这个方法计算了似然函数p(x|z)的参数
    def decode(self, z):
        # 首先应用解码器网络
        h_d = self.decoder(z)

        # 这个例子中只使用类别分布
        if self.distribution == 'categorical':
            # 保存其形状：批大小
            b = h_d.shape[0]
            # 以及x的维度
            d = h_d.shape[1]//self.num_vals
            # 重塑大小为(批大小，维度，值的数量)
            h_d = h_d.view(b, d, self.num_vals)
            # 应用Softmax函数来获得概率值
            mu_d = torch.Softmax(h_d, 2)
            return [mu_d]
        # 这里还可以处理伯努利分布
        elif self.distribution == 'bernoulli':
            # 伯努利分布中有 x_d \in {0,1}. 所以输出一个单独的概率就足够了
            # 因为有 p(x_d=1|z) = \theta 和 p(x_d=0|z) = 1 - \theta
            mu_d = torch.sigmoid(h_d)
            return [mu_d]

        else:
            raise ValueError('Only: `categorical`, `bernoulli`')

    # 这个方法实现了解码器的采样
    def sample(self, z):
        outs = self.decode(z)

        if self.distribution == 'categorical':
            # 拿到解码器的输出
            mu_d = outs[0]
            # 保存形状（重塑大小时会用到）
            b = mu_d.shape[0]
            m = mu_d.shape[1]
            # 重塑大小
            mu_d = mu_d.view(mu_d.shape[0], -1, self.num_vals)
            p = mu_d.view(-1, self.num_vals)
```

```
            # 最终从类别分布中采样（PyTorch自带的方法）
            x_new = torch.multinomial(p, num_samples=1).view(b,m)

        elif self.distribution == 'bernoulli':
            # 使用伯努利分布时不需要任何大小重塑
            mu_d = outs[0]
            # 使用PyTorch自带的采样器
            x_new = torch.bernoulli(mu_d)

        else:
            raise ValueError('Only: `categorical`, `bernoulli`')

        return x_new

    # 这个方法实现了条件对数似然函数
    def log_prob(self, x, z):
        outs = self.decode(z)

        if self.distribution == 'categorical':
            mu_d = outs[0]
            log_p = log_categorical(x, mu_d, num_classes=self.num_vals, reduction
='sum', dim=-1).sum(-1)

        elif self.distribution == 'bernoulli':
            mu_d = outs[0]
            log_p = log_bernoulli(x, mu_d, reduction='sum', dim=-1)

        else:
            raise ValueError('Only: `categorical`, `bernoulli`')

        return log_p

    # 前向传导既可以是一个log-prob，也可以是一个采样
    def forward(self, z, x=None, type='log_prob'):
        assert type in ['decoder', 'log_prob'], 'Type could be either decode or
log_prob'
        if type == 'log_prob':
            return self.log_prob(x, z)
        else:
            return self.sample(x)
```

代码清单 4.3 先验类

```
# 现有的实现先验的方法非常简单，就是一个标准的高斯分布
# 我们本可以使用PyTorch自带的分布，但因为以下两个原因我们不这么做：
# (1) 非常重要的是，先验需要被当做VAE中一个非常关键的组件
# (2) 我们可以实现一个可被学习的先验（比如一个流模型先验、VampPrior，或者混合分
  布）
```

```
class Prior(nn.Module):
    def __init__(self, L):
        super(Prior, self).__init__()
        self.L = L

    def sample(self, batch_size):
        z = torch.randn((batch_size, self.L))
        return z

    def log_prob(self, z):
        return log_standard_normal(z)
```

代码清单 4.4　VAE 类

```
class VAE(nn.Module):
    def __init__(self, encoder_net, decoder_net, num_vals=256, L=16,
  likelihood_type='categorical'):
        super(VAE, self).__init__()

        print('VAE by JT.')

        self.encoder = Encoder(encoder_net=encoder_net)
        self.decoder = Decoder(distribution=likelihood_type, decoder_net=
  decoder_net, num_vals=num_vals)
        self.prior = Prior(L=L)

        self.num_vals = num_vals

        self.likelihood_type = likelihood_type

    def forward(self, x, reduction='avg'):
        # 编码器
        mu_e, log_var_e = self.encoder.encode(x)
        z = self.encoder.sample(mu_e=mu_e, log_var_e=log_var_e)

        # ELBO
        RE = self.decoder.log_prob(x, z)
        KL = (self.prior.log_prob(z) - self.encoder.log_prob(mu_e=mu_e, log_var_e
  =log_var_e, z=z)).sum(-1)

        if reduction == 'sum':
            return -(RE + KL).sum()
        else:
            return -(RE + KL).mean()

    def sample(self, batch_size=64):
        z = self.prior.sample(batch_size=batch_size)
        return self.decoder.sample(z)
```

代码清单 4.5 神经网络示例

```
# 示例：用来参数化编码器和解码器的神经网络结构

# 记住编码器要输出两倍多的值，因为我们需要为高斯分布准备L个mean和L个log-variance
encoder = nn.Sequential(nn.Linear(D, M), nn.LeakyReLU(),
                        nn.Linear(M, M), nn.LeakyReLU(),
                        nn.Linear(M, 2 * L))

# 这里记住，如果要使用类别分布，就必须为每个像素输出num_vals个值
decoder = nn.Sequential(nn.Linear(L, M), nn.LeakyReLU(),
                        nn.Linear(M, M), nn.LeakyReLU(),
                        nn.Linear(M, num_vals * D))
```

现在可以准备运行完整的代码。在训练这个 VAE 之后，我们可以获得类似于图 4.4 中的结果。

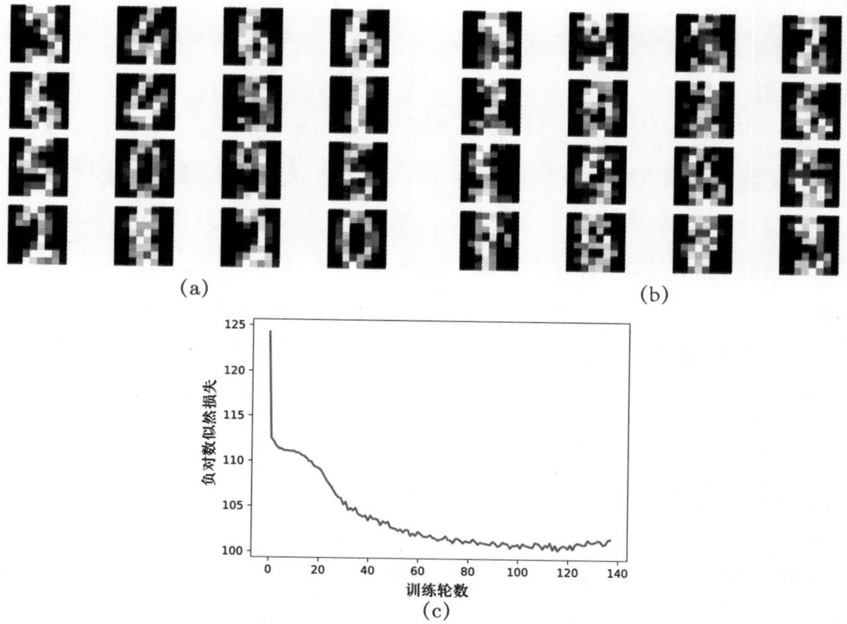

图 4.4 训练之后的结果示例。(a) 随机选择的真实图像。(b) VAE 的非条件生成。(c) 训练过程中的验证曲线

4.3.6 VAE 的常见问题

VAE 之所以能构成一类非常强大的模型，主要是因为其灵活性。与流模型不同，它们不需要神经网络的可逆性，因此我们可以给编码器和解码器使用任意架

构。与自回归模型相比，VAE 不仅能学习到低维数据表示，而且对瓶颈位有所控制（即隐空间的维数）。然而 VAE 也面临一些问题。除了前面提到的那些（即需要一个有效的积分估计，ELBO 和过于简单的变分后验的对数似然函数之间的差距），可能还有如下的问题：

- 首先来看下 ELBO 和正则化项。对于像标准高斯分布这样的不可训练的先验，若 $\forall_{\boldsymbol{x}} q_\phi(\boldsymbol{z}|\boldsymbol{x}) = p(\boldsymbol{z})$，则正则项会被最小化。一旦解码器功能强大到将 $\boldsymbol{z}$ 视为噪声，这种情况就可能发生，例如解码器由自回归模型表示 [10]。这个问题被称为*后验坍塌* [11]。
- 另一个问题关于聚合的后验 $q_\phi(\boldsymbol{z}) = \frac{1}{N}\sum_n q_\phi(\boldsymbol{z}|\boldsymbol{x}_n)$ 与先验 $p(\boldsymbol{z})$ 之间的不匹配。假设先验和聚合后验（即所有训练数据的变分后验的平均值）是标准高斯分布的。结果是，在某些区域中，先验被分配了高概率，但聚合后验被分配了低概率，或者反过来。从这些“孔洞”里面采样，会提供不切实际的隐变量值，造成解码器生成质量非常差的图像。这个问题被称为*孔洞问题*（Hole Problem）[12]。
- 最后一个问题更为普遍，会影响所有的深度生成模型。正如在文献 [13] 中所注意到的，深度生成模型（包括 VAE）无法正确检测分布以外的数据点。分布以外的数据点遵循与模型训练完全不同的分布。例如，假设模型是在 MNIST 数据集上训练的，那么 FashionMNIST 示例就是分布以外的。因此，直觉上，经过适当训练的深度生成模型应该将高概率分配给分布内的点，而将低概率分配给分布外的点。遗憾的是，如文献 [13] 所示，情况并非如此。*分布例外问题*仍然是深度生成建模中未解决的主要问题之一 [14]。

4.3.7 还有更多

有大量论文扩展了 VAE 并将其应用于许多问题。下面列出一些有关该主题的文献。

使用重要性加权估计对数似然

正如之前多次指出，ELBO 是对数似然的下限，不应该当成是对数似然的良好估计。文献 [7,15] 提出了使用*重要性加权*的方法来更好地逼近对数似然，即：

$$\ln p(\boldsymbol{x}) \approx \ln \frac{1}{K}\sum_{k=1}^{K}\frac{p(\boldsymbol{x}|\boldsymbol{z}_k)}{q_\phi(\boldsymbol{z}_k|\boldsymbol{x})}, \tag{4.32}$$

其中 $\boldsymbol{z}_k \sim q_\phi(\boldsymbol{z}_k|\boldsymbol{x})$。注意对数是**超出**预期值的。如文献 [15] 所示，使用具有足够大的 K 的重要性加权可以很好地估计对数似然。在实践中，如果计算量预算允许，K 应该被取为 512 或更多。

增强 VAE：更好的编码器

VAE 概念被提出之后，许多论文聚焦在提出灵活的变分后验族。最广泛的研究方向是使用条件流模型 [16–21]。我们将在 4.4.2 节中更深入讨论这个话题。

增强 VAE：更好的解码器

VAE 允许使用任何神经网络来参数化解码器，如全连接网络、全卷积网络、ResNet 或自回归模型等。例如，在文献 [22] 中，VAE 中使用了基于 PixelCNN 的解码器。

增强 VAE：更好的先验

如前所述，聚合后验和先验不匹配，可能会是一个严重的问题。有许多论文试图通过使用多模态先验来模拟聚合后验（称为 VampPrior）[23]、基于流的先验 [24,25]、基于自回归模型的先验 [26] 或重采样 [27] 等。我们将在 4.4.1 节中介绍各种先验方法。

拓展 VAE

前面展示了 VAE 的非监督版本。但是其实 VAE 对于监督或非监督并没有限制，我们可以引入标注或其他变量。在文献 [28] 中，作者提出了一种半监督 VAE。这个想法进一步扩展到公平表征的概念 [29,30]。在文献 [30] 中，作者提出了一种特定的隐表征，允许在 VAE 中进行域泛化。在文献 [31] 中变分推理和重新参数化技巧被应用在贝叶斯神经网络。文献 [31] 认为不一定要引入一个 VAE，而是用一种类似 VAE 的方式处理贝叶斯神经网络。

用于非图像数据的 VAE

我们一直用图像作为例子，但 VAE 可以应用到更多场景。在文献 [11] 中，作者提出了一个 VAE 来处理序列数据（例如文本），编码器和解码器由 LSTM 参数化。在文献 [32] 中还介绍了 VAE 的一个有趣应用，用来生成分子图像。在文献 [26] 中，作者提出了一种类似 VAE 的视频压缩技术。

不同的隐空间

通常 VAE 用欧几里得隐空间。然而 VAE 可以用其他空间。例如，文献 [33,34]

使用了超球面隐空间，文献 [35] 使用了双曲面隐空间。关于超球面 VAE 的更多细节可以在 4.4.2.3 节中找到。

离散隐空间

我们讨论了具有连续隐变量的 VAE 框架。一个有趣的问题是如何处理离散的隐变量，这里就不能再使用重新参数化技巧了。有两种可能的解决方案：首先可以像 Gumbel-Softmax 技巧一样使用离散变量的松弛技巧[36,37]；其次可以使用梯度估计方法[38]。

后验坍塌

有许多处理后验坍塌问题的方法。例如，文献 [39] 建议比解码器更频繁地更新变分后验。文献 [40] 通过引入略过连接（Skip Connections）提出了一种新的解码器架构，允许解码器中有更好的信息流动（从而更好地传递梯度）。

目标函数的不同观点

VAE 的核心是 ELBO。但是可以考虑不同的目标函数。例如，文献 [41] 提出了基于卡方散度（CUBO）的对数似然上限。文献 [10] 提出了关于 ELBO 的信息论观点。文献 [42] 引入了 β-VAE，其中正则化项由 Fudge 因子 β 加权。然而目标函数并不对应于对数似然的下限。

确定性的正则化自动编码器

如前所述，VAE 及其目标函数可以被视为具有随机编码器和随机解码器的自动编码器的正则化版本。文献 [43] 从 VAE 中“剥离”了所有随机性，并指出确定性正则化自动编码器和 VAE 之间的相似性，并强调了 VAE 的可能问题。此外也发现，即使使用确定性编码器，由于经验分布的随机性，我们也可以将模型拟合到聚合后验。因此，确定性（正则化）自动编码器可以通过从聚合后验模型 $p_\lambda(\boldsymbol{z})$ 中采样，然后把 $\boldsymbol{z}$ 确定地映射到可观测 $\boldsymbol{x}$ 的空间。这个方向可以进一步探索，提出的重要问题是，我们是否真的需要随机性这个特性。

分层 VAE

近期工作中，有许多具有深层隐变量分层结构的 VAE，获得了很不错的结果。最重要的工作有 BIVA[44]、NVAE[45] 和极深 VAE[46]。文献 [25] 提出了另一个关于深度分层 VAE 的有趣观点，其中还用到一系列确定性函数。我们将在 4.5 节中深入研究该主题。

对抗性自动编码器

文献 [47] 提出了另一个关于 VAE 的有趣观点。由于学习聚合后验作为先验是一些论文中提到的重要组成部分[23,48]，一个不同的方法是用对抗性损失函数来训练先验。此外，文献 [47] 还提出了多种想法来展示自动编码器如何从对抗性学习中受益。

4.4 改进变分自动编码器

4.4.1 先验

4.4.1.1 从重写 ELBO 中获取灵感

VAE 的关键组成部分之一是 $\boldsymbol{z}$ 上的边缘分布。现在来仔细研究这个也被称为先验的分布。在开始考虑改进它之前，我们重新再检查一次 ELBO。可以把 ELBO 写为如下的形式：

$$\mathbb{E}_{\boldsymbol{x}\sim p_{\text{data}}(\boldsymbol{x})}[\ln p(\boldsymbol{x})] \geqslant \mathbb{E}_{\boldsymbol{x}\sim p_{\text{data}}(\boldsymbol{x})}[\mathbb{E}_{q_\phi(\boldsymbol{z}|\boldsymbol{x})}[\ln p_\theta(\boldsymbol{x}|\boldsymbol{z}) + \ln p_\lambda(\boldsymbol{z}) - \ln q_\phi(\boldsymbol{z}|\boldsymbol{x})]], \tag{4.33}$$

这里明确强调了训练数据的求和，即关于经验分布 $p_{\text{data}}(\boldsymbol{x}) = \frac{1}{N}\sum_{n=1}^{N}\delta(\boldsymbol{x}-\boldsymbol{x}_n)$ 中的 $\boldsymbol{x}$ 的期望值，而 $\delta(\cdot)$ 是狄拉克函数。

ELBO 由两个部分构成，即重建错误（reconstruction error）：

$$\text{RE} \stackrel{\text{def}}{=} \mathbb{E}_{\boldsymbol{x}\sim p_{\text{data}}(\boldsymbol{x})}[\mathbb{E}_{q_\phi(\boldsymbol{z}|\boldsymbol{x})}[\ln p_\theta(\boldsymbol{x}|\boldsymbol{z})]], \tag{4.34}$$

以及编码器与先验之间的正则项：

$$\Omega \stackrel{\text{def}}{=} \mathbb{E}_{\boldsymbol{x}\sim p_{\text{data}}(\boldsymbol{x})}[\mathbb{E}_{q_\phi(\boldsymbol{z}|\boldsymbol{x})}[\ln p_\lambda(\boldsymbol{z}) - \ln q_\phi(\boldsymbol{z}|\boldsymbol{x})]]. \tag{4.35}$$

更进一步，对正则项 Ω 再做一些推导变换：

$$\Omega = \mathbb{E}_{\boldsymbol{x}\sim p_{\text{data}}(\boldsymbol{x})}[\mathbb{E}_{q_\phi(\boldsymbol{z}|\boldsymbol{x})}[\ln p_\lambda(\boldsymbol{z}) - \ln q_\phi(\boldsymbol{z}|\boldsymbol{x})]] \tag{4.36}$$

$$= \int p_{\text{data}}(\boldsymbol{x}) \int q_\phi(\boldsymbol{z}|\boldsymbol{x})[\ln p_\lambda(\boldsymbol{z}) - \ln q_\phi(\boldsymbol{z}|\boldsymbol{x})]\mathrm{d}\boldsymbol{z}\mathrm{d}\boldsymbol{x} \tag{4.37}$$

$$= \iint p_{\text{data}}(\boldsymbol{x})q_{\phi}(\boldsymbol{z}|\boldsymbol{x})[\ln p_{\lambda}(\boldsymbol{z}) - \ln q_{\phi}(\boldsymbol{z}|\boldsymbol{x})]\mathrm{d}\boldsymbol{z}\mathrm{d}\boldsymbol{x} \tag{4.38}$$

$$= \iint \frac{1}{N}\sum_{n} \delta(\boldsymbol{x} - \boldsymbol{x}_n)q_{\phi}(\boldsymbol{z}|\boldsymbol{x})[\ln p_{\lambda}(\boldsymbol{z}) - \ln q_{\phi}(\boldsymbol{z}|\boldsymbol{x})]\mathrm{d}\boldsymbol{z}\mathrm{d}\boldsymbol{x} \tag{4.39}$$

$$= \int \frac{1}{N}\sum_{n=1}^{N} q_{\phi}(\boldsymbol{z}|\boldsymbol{x}_n)[\ln p_{\lambda}(\boldsymbol{z}) - \ln q_{\phi}(\boldsymbol{z}|\boldsymbol{x}_n)]\mathrm{d}\boldsymbol{z} \tag{4.40}$$

$$= \int \frac{1}{N}\sum_{n=1}^{N} q_{\phi}(\boldsymbol{z}|\boldsymbol{x}_n)\ln p_{\lambda}(\boldsymbol{z})\mathrm{d}\boldsymbol{z} - \int \frac{1}{N}\sum_{n=1}^{N} q_{\phi}(\boldsymbol{z}|\boldsymbol{x}_n)\ln q_{\phi}(\boldsymbol{z}|\boldsymbol{x}_n)\mathrm{d}\boldsymbol{z} \tag{4.41}$$

$$= \int q_{\phi}(\boldsymbol{z})\ln p_{\lambda}(\boldsymbol{z})\mathrm{d}\boldsymbol{z} - \int \sum_{n=1}^{N} \frac{1}{N} q_{\phi}(\boldsymbol{z}|\boldsymbol{x}_n)\ln q_{\phi}(\boldsymbol{z}|\boldsymbol{x}_n)\mathrm{d}\boldsymbol{z} \tag{4.42}$$

$$= -\mathbb{CE}[q_{\phi}(\boldsymbol{z})||p_{\lambda}(\boldsymbol{z})] + \mathbb{H}[q_{\phi}(\boldsymbol{z}|\boldsymbol{x})], \tag{4.43}$$

这里用到狄拉克函数的特性：$\int \delta(a-a')f(a)\mathrm{d}a = f(a')$。其中还用到了**聚合后验**的概念，其定义如下 [47,48]：

$$q(\boldsymbol{z}) = \frac{1}{N}\sum_{n=1}^{N} q_{\phi}(\boldsymbol{z}|\boldsymbol{x}_n). \tag{4.44}$$

在图 4.5 中画出了聚合后验的一个例子。

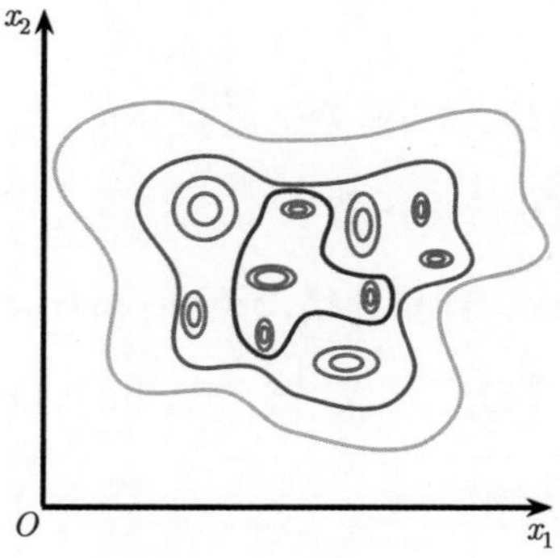

图 4.5 聚合后验的例子：单个点在 2D 隐空间（红色）中被编码为高斯分布，而混合变分后验（聚合后验）由等高线表示

最终获得下面两项。

- 第一项，$\mathbb{CE}[q_{\phi}(\boldsymbol{z})||p_{\lambda}(\boldsymbol{z})]$ 是混合后验和先验之间的交叉熵；
- 第二项，$\mathbb{H}[q_{\phi}(\boldsymbol{z}|\boldsymbol{x})]$ 是 $q_{\phi}(\boldsymbol{z}|\boldsymbol{x})$ 与经验分布 $p_{\text{data}}(\boldsymbol{x})$ 的条件熵。

强烈建议读者一步一步进行这个推导，有助于理解其中的机理。有趣的是，还可以使用总相关性，以三个项去重写 Ω [49]。我们不在这里详细介绍，而把它留给读者作为额外作业。

为什么重写 ELBO 会有用？答案很直接：我们可以从不同的角度来分析它。在本节中将关注**先验**，这是生成部分中经常被忽略的重要组成部分。许多贝叶斯主义者都说不应该学习先验，但 VAE 不是贝叶斯模型，还是有必要学习先验。反而很快就会看到，不可学习的先验会造成很多麻烦，尤其是对于生成过程。

4.4.1.2 ELBO 对于先验的启发

我们看到 Ω 由交叉熵和熵组成。我们从熵开始，因为它更容易分析。在优化时希望最大化 ELBO，因此要最大化熵：

$$\mathbb{H}[q_\phi(\boldsymbol{z}|\boldsymbol{x})] = -\int \sum_{n=1}^{N} \frac{1}{N} q_\phi(\boldsymbol{z}|\boldsymbol{x}_n) \ln q_\phi(\boldsymbol{z}|\boldsymbol{x}_n) \mathrm{d}\boldsymbol{z}. \tag{4.45}$$

在得出任何结论之前，要注意，我们考虑的是高斯编码器，即 $q_\phi(\boldsymbol{z}|\boldsymbol{x}) = \mathcal{N}(\boldsymbol{z}|\mu(\boldsymbol{x}), \sigma^2(\boldsymbol{x}))$。具有对角协方差矩阵的高斯分布的熵等于 $\frac{1}{2}\sum\limits_{i} \ln(2\mathrm{e}\pi\sigma_i^2)$。问题是这个量何时最大？答案是：$\sigma_i^2 \to +\infty$。换句话说，熵项试图通过扩大它们的方差来尽可能地提高编码器的上限。当然实际中这不会发生，因为在 RE 项中将编码器与解码器一起使用，并且解码器试图使编码器的峰值尽可能明显（即在理想情况下，一个 $\boldsymbol{x}$ 对应一个 $\boldsymbol{z}$，就像在非随机自动编码器中一样）。

Ω 中的第一项是交叉熵：

$$\mathbb{CE}[q_\phi(\boldsymbol{z})||p_\lambda(\boldsymbol{z})] = -\int q_\phi(\boldsymbol{z}) \ln p_\lambda(\boldsymbol{z}) \mathrm{d}\boldsymbol{z}. \tag{4.46}$$

交叉熵项以不同的方式影响 VAE。首先，如何解释 $q_\phi(\boldsymbol{z})$ 和 $p_\lambda(\boldsymbol{z})$ 之间的交叉熵。一般来说，如果使用的编码方案是 $p_\lambda(\boldsymbol{z})$，交叉熵告诉我们识别从 $q_\phi(\boldsymbol{z})$ 中提取的事件所需的平均比特数（或者更确切地说是 nats，因为使用了自然对数）。注意在 Ω 中有负的交叉熵。由于要最大化 ELBO，这意味着目标是最小化 $\mathbb{CE}[q_\phi(\boldsymbol{z})||p_\lambda(\boldsymbol{z})]$。这是合理的，因为我们想要 $q_\phi(\boldsymbol{z})$ 来匹配 $p_\lambda(\boldsymbol{z})$。在这里无意中其实触及了最重要的问题：我们的目标究竟是什么？交叉熵会迫使聚合后验去**匹配**先验。这就是在这里使用该项的原因。这其实是一个很不错的结果，它给出了 VAE 和信息论之间的另一种联系。

我们看到了交叉熵的作用，有两种可能性。首先，先验是固定的（**不可学习的**），比如标准的高斯先验。其次，优化交叉熵驱使聚合后验以匹配先验。在图 4.6

中示意性地描绘了这一过程。先验就像一个锚点，聚合后验像变形虫一样移动，以适应先验。在实践中，这个优化过程很麻烦，因为解码迫使编码器达到峰值，最后不可能完美地匹配固定形状的先验。因此我们会得到**孔洞**，即隐空间中聚合后验分配低概率而先验分配（相对）高概率的区域（参见图 4.6 中的深灰色椭圆）。这个问题在生成结果中尤其明显，因为从先验、孔洞中采样可能会导致样本质量极低。读者可以在文献 [12] 中获取更多相关信息。

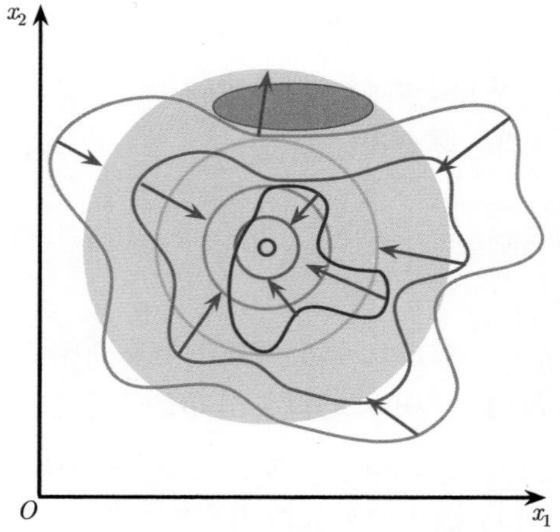

图 4.6 具有不可学习先验的交叉熵优化效果的示例。聚合后验（紫色等高线）试图匹配不可学习的先验（蓝色）。紫色箭头表示聚合后验的变化。孔洞的例子显示为深灰色椭圆

另外，如果考虑一个可学习的**先验**，情况就完全不同了。优化过程允许改变聚合的后验及先验。因此，两个分布都在试图相互匹配（见图 4.7）。孔洞的问题就不那么明显了，特别是如果先验足够灵活的话。然而，当先验和聚合后验相互追逐时，可能会面临其他优化问题。在实践中，可学习的先验是一个更好的选择，但一次同时训练所有组件是否是最好的方法，这仍然是一个未解的问题。此外，可学习的先验不会对隐表征施加任何特定约束，比如稀疏性的要求。这是另一个会导致低质量结果的问题（例如非平滑编码器）。

最终，有一个很基本的问题：最优的先验究竟是什么？答案隐藏在交叉熵项中：就是聚合后验。如果取 $p_\lambda(\boldsymbol{z})=\sum_{n=1}^{N}\frac{1}{N}q_\phi(\boldsymbol{z}|\boldsymbol{x}_n)$，则理论上，交叉熵等于 $q_\phi(\boldsymbol{z})$ 的熵，正则化项 Ω 最小。然而在实践中这是不可行的，因为：

- 我们不可能对成千上万个点求和并对其进行反向传播；

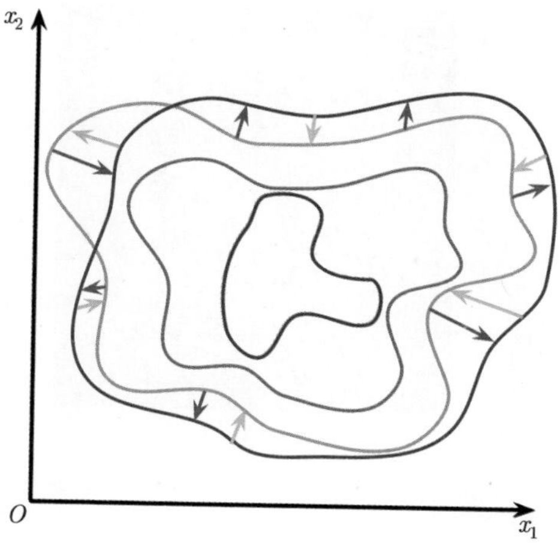

图 4.7　具有可学习先验的交叉熵优化效果的示例。聚合后验（紫色等高线）试图匹配可学习的先验（蓝色等高线）。请注意，聚合后验被修正，以逐渐适应先验（紫色箭头），但先验也一直被更新，以覆盖聚合后验（橙色箭头）

- 从纯理论的角度来看，这似乎没问题，但是优化过程是随机的，可能会导致额外的错误；
- 如前所述，选择聚合后验作为先验不会以任何明显的方式限制隐表征，因此编码器的行为可能无法预测；
- 如果得到 $N \to +\infty$ 个点，则聚合后验可能会没问题，因为这样可以获得任何分布，但是在实践中并非如此，它也与前面的第一点相矛盾。

因此可以记住这个理论解决方案，并为其定制易于计算的**近似解**。在接下来的部分中会详细讨论。

4.4.1.3　标准高斯

VAE 的简单实现假设 $\boldsymbol{z}$ 上的标准高斯边缘分布（先验），$p_\lambda(\boldsymbol{z}) = \mathcal{N}(\boldsymbol{z}|0, \boldsymbol{I})$。这个先验简单、无须训练（即没有额外参数需要学习）并且易于实现。然而如上所述，标准正态分布会导致非常差的隐藏表征，其中会有由于聚合后验和先验之间的不匹配而导致的孔洞问题。

为了更好阐明这些内容，我们使用标准高斯先验和二维隐空间训练了一个小型 VAE。在图 4.8 中展示了来自动编码器的测试数据样本（黑点）和标准先验的等高线图。可以看到一些孔洞，这是由于聚合后验没有为其分配任何点（即先验和聚合后验之间的不匹配）而造成的。

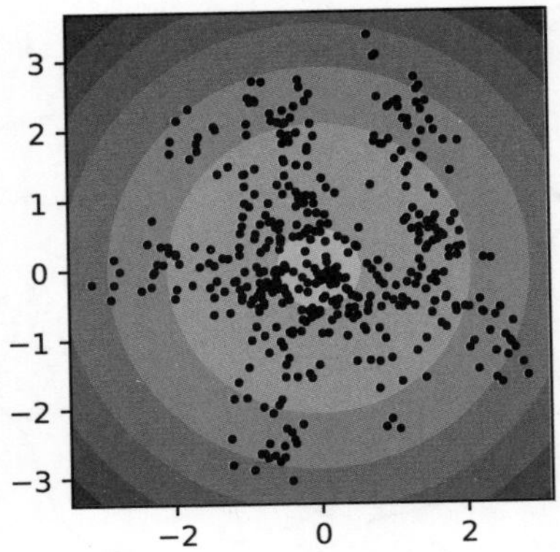

图 4.8　示例：标准高斯先验（等高线）和聚合后验的样本（黑点）

标准高斯先验类的代码如下：

代码清单 4.6　标准高斯先验类

```
class StandardPrior(nn.Module):
    def __init__(self, L=2):
        super(StandardPrior, self).__init__()

        self.L = L

        # 权重参数
        self.means = torch.zeros(1, L)
        self.logvars = torch.zeros(1, L)

    def get_params(self):
        return self.means, self.logvars

    def sample(self, batch_size):
        return torch.randn(batch_size, self.L)

    def log_prob(self, z):
        return log_standard_normal(z)
```

4.4.1.4　混合高斯

如果仔细观察聚合后验，会立即注意到它是一个混合模型，更准确地说是高斯混合模型。因此可以使用具有 K 个组件的高斯混合（Mixture of Gaussians, MoG）先验：

$$p_\lambda(\boldsymbol{z}) = \sum_{k=1}^{K} w_k \mathcal{N}(\boldsymbol{z}|\mu_k, \sigma_k^2), \tag{4.47}$$

这里 $\lambda = \{\{w_k\}, \{\mu_k\}, \{\sigma_k^2\}\}$ 是可训练的参数。

与标准高斯先验类似，用混合高斯先验（其中 $K = 16$）和二维隐空间训练了一个小型 VAE。图 4.9 展示了来自动编码器的测试数据样本（黑点）和高斯混合先验（MoG）的等高线图。与标准高斯先验相比，MoG 先验更适合聚合后验，可以填补孔洞。

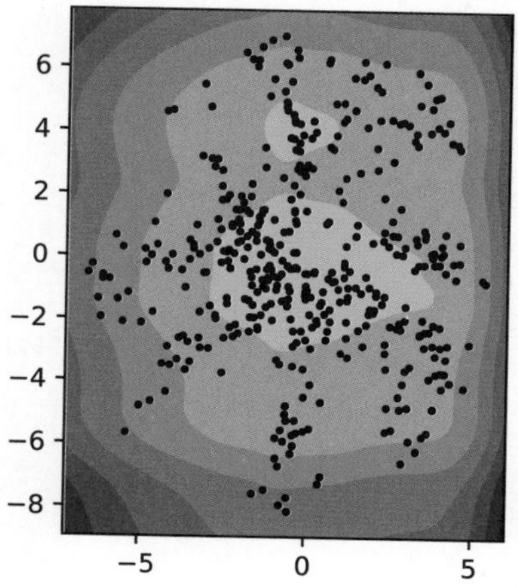

图 4.9 MoG 先验（等高线）和聚合后验样本（黑点）的示例

代码示例如下。

代码清单 4.7 混合高斯先验类

```
class MoGPrior(nn.Module):
    def __init__(self, L, num_components):
        super(MoGPrior, self).__init__()

        self.L = L
        self.num_components = num_components

        # 参数
        self.means = nn.Parameter(torch.randn(num_components, self.L)*multiplier)
        self.logvars = nn.Parameter(torch.randn(num_components, self.L))

        # 混合权重
        self.w = nn.Parameter(torch.zeros(num_components, 1, 1))

    def get_params(self):
        return self.means, self.logvars

    def sample(self, batch_size):
        # mu, lof_var
```

```
        means, logvars = self.get_params()

        # 混合概率
        w = F.Softmax(self.w, dim=0)
        w = w.squeeze()

        # 选择组件
        indexes = torch.multinomial(w, batch_size, replacement=True)

        # 均值和对数方差
        eps = torch.randn(batch_size, self.L)
        for i in range(batch_size):
            indx = indexes[i]
            if i == 0:
                z = means[[indx]] + eps[[i]] * torch.exp(logvars[[indx]])
            else:
                z = torch.cat((z, means[[indx]] + eps[[i]] * torch.exp(logvars[[
    indx]])), 0)
        return z

    def log_prob(self, z):
        # mu, lof_var
        means, logvars = self.get_params()

        # 混合概率
        w = F.Softmax(self.w, dim=0)

        # 对数高斯混合
        z = z.unsqueeze(0) # 1 x B x L
        means = means.unsqueeze(1) # K x 1 x L
        logvars = logvars.unsqueeze(1) # K x 1 x L

        log_p = log_normal_diag(z, means, logvars) + torch.log(w) # K x B x L
        log_prob = torch.logsumexp(log_p, dim=0, keepdim=False) # B x L

        return log_prob
```

4.4.1.5　VampPrior：变分混合后验的先验

在文献 [23] 中，作者注意到可以通过引入伪输入来改进 MoG 先验，并近似聚合后验：

$$p_\lambda(\boldsymbol{z}) = \frac{1}{N}\sum_{k=1}^{K} q_\phi(\boldsymbol{z}|\boldsymbol{u}_k), \tag{4.48}$$

其中 $\lambda = \{\phi, \{\boldsymbol{u}_k^2\}\}$ 是可学习的参数，$\boldsymbol{u}_k \in \mathcal{X}^D$ 是一个伪输入。注意 ϕ 是可训练参数的一部分。伪输入的想法是随机初始化一些模仿可观察变量（例如图像）的对象并通过反向传播来学习它们。

这种对聚合后验的近似称为**变分混合后验的先验**，简称 VampPrior（“Variational Mixture of Posteriors” Prior）。在文献 [23] 中可以找到一些有趣的属性和对 VampPrior 的进一步分析。VampPrior 的主要缺点在于初始化伪输入，但它可以很好地替代聚合后验，从而提高 VAE 的生成质量 [10,50,51]。

文献 [10] 将 VampPrior 与 VAE 的信息论观点很好地联系起来，进一步建议引入组件的可学习概率：

$$p_\lambda(\boldsymbol{z}) = \sum_{k=1}^{K} w_k q_\phi(\boldsymbol{z}|\boldsymbol{u}_k), \tag{4.49}$$

从而允许 VampPrior 选择更多相关的组件（比如伪输入）。

与之前的情况一样，我们使用 VampPrior（其中 $K = 16$）和二维隐空间训练一个小型 VAE。在图 4.10 中展示了来自动编码器的测试数据样本（黑点）和 VampPrior 的等高线图。与 MoG 先验类似，VampPrior 更适合聚合后验，并且孔洞更少。在这种情况下，可以看到 VampPrior 允许编码器在隐空间中传播（注意观察那些值）。

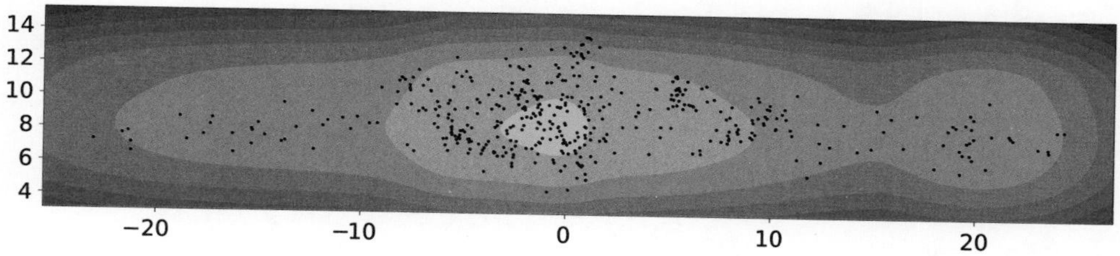

图 4.10 示例：VampPrior（等高线）和来自聚合后验的样本（黑点）

VampPrior 类的代码实现示例如下：

代码清单 4.8 VampPrior 类

```
class VampPrior(nn.Module):
    def __init__(self, L, D, num_vals, encoder, num_components, data=None):
        super(VampPrior, self).__init__()

        self.L = L
        self.D = D
```

```
        self.num_vals = num_vals

        self.encoder = encoder

        # 伪输入
        u = torch.rand(num_components, D) * self.num_vals
        self.u = nn.Parameter(u)

        # 混合权重
        self.w = nn.Parameter(torch.zeros(self.u.shape[0], 1, 1)) # K x 1 x 1

    def get_params(self):
        # u->encoder->mu, lof_var
        mean_vampprior, logvar_vampprior = self.encoder.encode(self.u) #(K x L), (K x L)
        return mean_vampprior, logvar_vampprior

    def sample(self, batch_size):
        # u->encoder->mu, lof_var
        mean_vampprior, logvar_vampprior = self.get_params()

        # 混合概率
        w = F.Softmax(self.w, dim=0) # K x 1 x 1
        w = w.squeeze()

        # 选择组件
        indexes = torch.multinomial(w, batch_size, replacement=True)

        # 均值和对数方差
        eps = torch.randn(batch_size, self.L)
        for i in range(batch_size):
            indx = indexes[i]
            if i == 0:
                z = mean_vampprior[[indx]] + eps[[i]] * torch.exp(logvar_vampprior[[indx]])
            else:
                z = torch.cat((z, mean_vampprior[[indx]] + eps[[i]] * torch.exp(logvar_vampprior[[indx]])), 0)
        return z

    def log_prob(self, z):
        # u->encoder->mu, lof_var
        mean_vampprior, logvar_vampprior = self.get_params() # (K x L) & (K x L)

        # 混合概率
        w = F.Softmax(self.w, dim=0) # K x 1 x 1

```

```
        # 对数高斯混合
        z = z.unsqueeze(0) # 1 x B x L
        mean_vampprior = mean_vampprior.unsqueeze(1) # K x 1 x L
        logvar_vampprior = logvar_vampprior.unsqueeze(1) # K x 1 x L

        log_p = log_normal_diag(z, mean_vampprior, logvar_vampprior) + torch.log(
    w) # K x B x L
        log_prob = torch.logsumexp(log_p, dim=0, keepdim=False) # B x L

        return log_prob
```

4.4.1.6 生成拓扑映射

事实上可以使用任何密度估计器来为先验建模。在文献 [52] 中，作者提出了一个称为**生成拓扑映射**（Generative Topographic Mapping，GTM）的密度估计器，它在低维空间中定义了一个由 K 个点组成的网格，$\boldsymbol{u} \in \mathbb{R}^C$，即：

$$p(\boldsymbol{u}) = \sum_{k=1}^{K} w_k \delta(\boldsymbol{u} - \boldsymbol{u}_k) \tag{4.50}$$

通过变换 g_γ 可以进一步变换到更高维空间。变换 g_γ 预测分布的参数，例如高斯分布，因此有 $g_\gamma : \mathbb{R}^C \to \mathbb{R}^{2\times M}$。最终可以定义分布如下：

$$p_\lambda(\boldsymbol{z}) = \int p(\boldsymbol{u}) \mathcal{N}\left(\boldsymbol{z}|\mu_g(\boldsymbol{u}), \sigma_g^2(\boldsymbol{u})\right) \mathrm{d}\boldsymbol{u} \tag{4.51}$$

$$= \sum_{k=1}^{K} w_k \mathcal{N}\left(\boldsymbol{z}|\mu_g(\boldsymbol{u}_k), \sigma_g^2(\boldsymbol{u}_k)\right), \tag{4.52}$$

其中 $\mu_g(\boldsymbol{u})$ 和 σ_g^2 是变换 $g_\gamma(\boldsymbol{u})$ 的输出。

例如，对于 $C = 2$ 和 $K = 3$，可以定义以下网格（grid）$\boldsymbol{u} \in \{[-1, -1], [-1, 0], [-1, 1], [0, -1], [0, 1], [0, 1], [1, -1], [1, 0], [1, -1]\}$。注意网格是固定的，只有这个变换（比如一个神经网络）g_γ 是被训练的。

与前面的情况一样，使用基于 GTM 的先验（其中 $K = 16$，即 4×4 的网格）和二维隐空间来训练一个小型 VAE。在图 4.11 中展示了来自动编码器的测试数据样本（黑点）和基于 GTM 的先验的等高线图。与 MoG 先验和 VampPrior 类似，基于 GTM 的先验可以学习到一个非常灵活的分布。

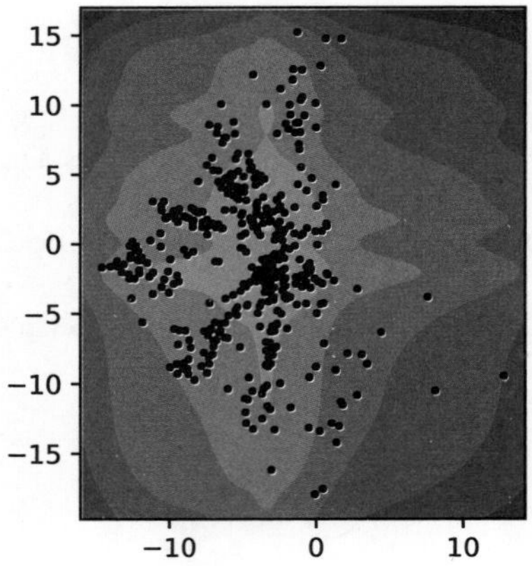

图 4.11 示例：基于 GTM 的先验（等高线）和来自聚合后验的样本（黑点）

基于 GTM 的先验的类的代码实现示例如下。

代码清单 4.9 基于 GTM 的先验的类

```
class GTMPrior(nn.Module):
    def __init__(self, L, gtm_net, num_components, u_min=-1., u_max=1.):
    super(GTMPrior, self).__init__()

    self.L = L

    # 2D 流形
    self.u = torch.zeros(num_components**2, 2) # K**2 x 2
    u1 = torch.linspace(u_min, u_max, steps=num_components)
    u2 = torch.linspace(u_min, u_max, steps=num_components)

    k = 0
    for i in range(num_components):
        for j in range(num_components):
            self.u[k,0] = u1[i]
            self.u[k,1] = u2[j]
            k = k + 1

    # gtm 网络: u -> z
    self.gtm_net = gtm_net

    # 混合权重
    self.w = nn.Parameter(torch.zeros(num_components**2, 1, 1))

    def get_params(self):
        # u->z
        h_gtm = self.gtm_net(self.u) #K**2 x 2L
        mean_gtm, logvar_gtm = torch.chunk(h_gtm, 2, dim=1) # K**2 x L and K**2 x
```

```
L
        return mean_gtm, logvar_gtm

    def sample(self, batch_size):
        # u->z
        mean_gtm, logvar_gtm = self.get_params()

        # 混合概率
        w = F.Softmax(self.w, dim=0)
        w = w.squeeze()

        # 选择组件
        indexes = torch.multinomial(w, batch_size, replacement=True)

        # 均值和对数方差
        eps = torch.randn(batch_size, self.L)
        for i in range(batch_size):
            indx = indexes[i]
            if i == 0:
                z = mean_gtm[[indx]] + eps[[i]] * torch.exp(logvar_gtm[[indx]])
            else:
                z = torch.cat((z, mean_gtm[[indx]] + eps[[i]] * torch.exp(logvar_gtm[[indx]])), 0)
        return z

    def log_prob(self, z):
        # u->z
        mean_gtm, logvar_gtm = self.get_params()

        # 对数高斯混合
        z = z.unsqueeze(0) # 1 x B x L
        mean_gtm = mean_gtm.unsqueeze(1) # K**2 x 1 x L
        logvar_gtm = logvar_gtm.unsqueeze(1) # K**2 x 1 x L

        w = F.Softmax(self.w, dim=0)

        log_p = log_normal_diag(z, mean_gtm, logvar_gtm) + torch.log(w) # K**2 x B x L
        log_prob = torch.logsumexp(log_p, dim=0, keepdim=False) # B x L

        return log_prob
```

4.4.1.7 GTM-VampPrior

如前所述，VampPrior 的主要问题是伪输入的初始化。作为替代，可以使用 GTM 的思想来学习伪输入。结合这两种方法可以得到以下先验：

$$p_{\lambda}(\boldsymbol{z}) = \sum_{k=1}^{K} w_k q_{\phi}(\boldsymbol{z}|g_{\gamma}(\boldsymbol{u}_k)), \tag{4.53}$$

这里首先在低维空间中定义一个网格 $\{\boldsymbol{u}_k\}$，然后使用变换 g_{γ} 将它们变换为 $\mathcal{X}^D$。

现在使用 GTM-VampPrior（其中 $K=16$，即 4×4 网格）和二维隐空间训练一个小型 VAE。在图 4.12 中展示了来自动编码器的测试数据样本（黑点）和 GTM-VampPrior 的等高线图。同样，这种基于混合的先验可以把数据点总结起来（聚合后验）并将概率分配给适当的区域。

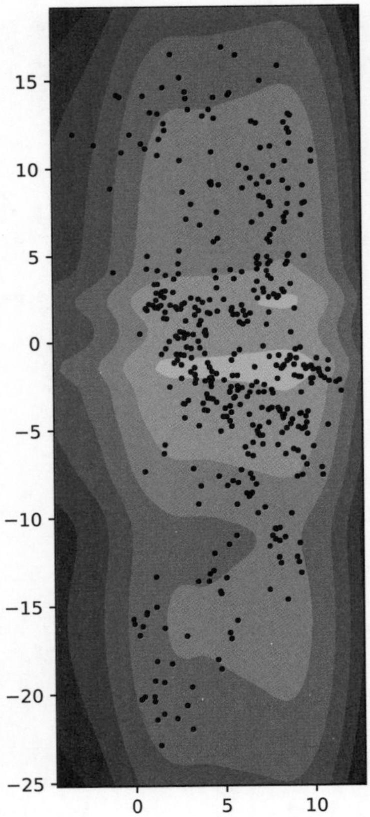

图 4.12 示例：GTM-VampPrior（等高线）和聚合后验样本（黑点）

GTM-VampPrior 先验的类的代码实现示例如下。

代码清单 4.10 GTM-VampPrior 先验的类

```
class GTMVampPrior(nn.Module):
    def __init__(self, L, D, gtm_net, encoder, num_points, u_min=-10., u_max=10.,
```

```
         num_vals=255):
        super(GTMVampPrior, self).__init__()

        self.L = L
        self.D = D
        self.num_vals = num_vals

        self.encoder = encoder

        # 2D 流形
        self.u = torch.zeros(num_points**2, 2) # K**2 x 2
        u1 = torch.linspace(u_min, u_max, steps=num_points)
        u2 = torch.linspace(u_min, u_max, steps=num_points)

        k = 0
        for i in range(num_points):
            for j in range(num_points):
                self.u[k,0] = u1[i]
                self.u[k,1] = u2[j]
                k = k + 1

        # gtm 网络: u -> x
        self.gtm_net = gtm_net

        # 混合权重
        self.w = nn.Parameter(torch.zeros(num_points**2, 1, 1))

    def get_params(self):
        # u->gtm_net->u_x
        h_gtm = self.gtm_net(self.u) #K x D
        h_gtm = h_gtm * self.num_vals
        # u_x->encoder->mu, lof_var
        mean_vampprior, logvar_vampprior = self.encoder.encode(h_gtm) #(K x L), (
    K x L)
        return mean_vampprior, logvar_vampprior

    def sample(self, batch_size):
    # u->encoder->mu, lof_var
    mean_vampprior, logvar_vampprior = self.get_params()

    # 混合概率
    w = F.Softmax(self.w, dim=0)
    w = w.squeeze()

        # 选择组件
        indexes = torch.multinomial(w, batch_size, replacement=True)

```

```
        # 均值和对数方差
        eps = torch.randn(batch_size, self.L)
        for i in range(batch_size):
            indx = indexes[i]
            if i == 0:
                z = mean_vampprior[[indx]] + eps[[i]] * torch.exp(logvar_vampprior[[indx]])
            else:
                z = torch.cat((z, mean_vampprior[[indx]] + eps[[i]] * torch.exp(logvar_vampprior[[indx]])), 0)
        return z

    def log_prob(self, z):
        # u->encoder->mu, lof_var
        mean_vampprior, logvar_vampprior = self.get_params()

        # 混合概率
        w = F.Softmax(self.w, dim=0)

        # 对数高斯混合
        z = z.unsqueeze(0) # 1 x B x L
        mean_vampprior = mean_vampprior.unsqueeze(1) # K x 1 x L
        logvar_vampprior = logvar_vampprior.unsqueeze(1) # K x 1 x L

        log_p = log_normal_diag(z, mean_vampprior, logvar_vampprior) + torch.log(w) # K x B x L
        log_prob = torch.logsumexp(log_p, dim=0, keepdim=False) # B x L

        return log_prob
```

4.4.1.8 基于流模型的先验

我们要讨论的最后一个分布是基于流模型的先验。由于流模型可用于近似任何分布，因此来近似聚合后验很自然。在这里使用之前介绍的 RealNVP 的实现（详见第 3 章）。

与之前情况一样，使用基于流模型的先验和二维隐空间来训练一个小型 VAE。在图 4.13 中展示了来自动编码器的测试数据（黑点）样本和基于流模型的先验的等高线图。与之前基于混合分布的先验相似，基于流模型的先验可以很好地逼近聚合后验。这与许多在 VAE 中使用流模型作为先验的论文一致 [24,25]，但是要注意，基于流模型的先验有很高的灵活性，也同时存在随着参数数量增加的潜在训练成本，以及从流模型中继承过来的问题。

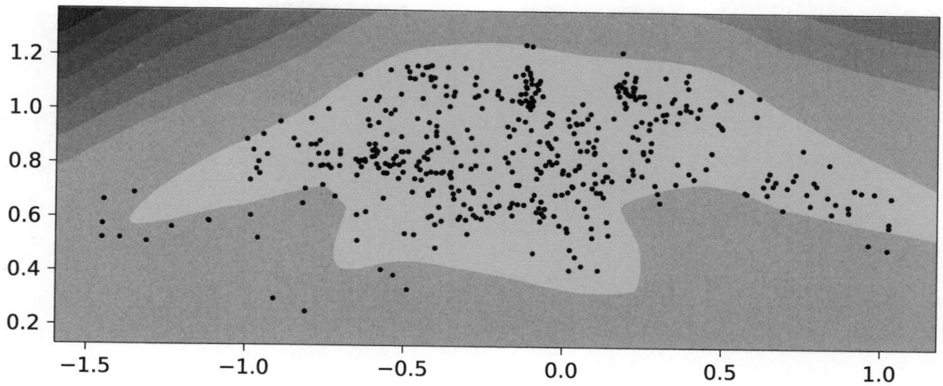

图 4.13 示例：基于流模型的先验（等高线）和来自聚合后验的样本（黑点）

基于流模型的先验的类的代码实现示例如下。

代码清单 4.11 基于流模型的先验的类

```
class FlowPrior(nn.Module):
    def __init__(self, nets, nett, num_flows, D=2):
        super(FlowPrior, self).__init__()

        self.D = D

        self.t = torch.nn.ModuleList([nett() for _ in range(num_flows)])
        self.s = torch.nn.ModuleList([nets() for _ in range(num_flows)])
        self.num_flows = num_flows

    def coupling(self, x, index, forward=True):
        (xa, xb) = torch.chunk(x, 2, 1)

        s = self.s[index](xa)
        t = self.t[index](xa)

        if forward:
            #yb = f^{-1}(x)
            yb = (xb - t) * torch.exp(-s)
        else:
            #xb = f(y)
            yb = torch.exp(s) * xb + t

        return torch.cat((xa, yb), 1), s

    def permute(self, x):
        return x.flip(1)

    def f(self, x):
```

```python
        log_det_J, z = x.new_zeros(x.shape[0]), x
        for i in range(self.num_flows):
            z, s = self.coupling(z, i, forward=True)
            z = self.permute(z)
            log_det_J = log_det_J - s.sum(dim=1)

        return z, log_det_J

    def f_inv(self, z):
        x = z
        for i in reversed(range(self.num_flows)):
            x = self.permute(x)
            x, _ = self.coupling(x, i, forward=False)

        return x

    def sample(self, batch_size):
        z = torch.randn(batch_size, self.D)
        x = self.f_inv(z)
        return x.view(-1, self.D)

    def log_prob(self, x):
        z, log_det_J = self.f(x)
        log_p = (log_standard_normal(z) + log_det_J.unsqueeze(1))
        return log_p
```

4.4.1.9　简要评论

在实践中，可以使用任何密度估计器来为 $p_\lambda(\boldsymbol{z})$ 建模，如自回归模型 [26]，也可使用更高级的方法，如重采样先验 [27] 或分层先验 [51]。这虽然有很多选择，但是仍然有未解决的问题，那就是**如何**来实现这一点，以及先验（边缘分布）应该充当**什么**角色。正如在最初提到的，贝叶斯主义者会说边缘分布应该对隐空间施加一些限制，也就是我们对它的先验知识。这种思维方式很有吸引力。然而目前还不完全清楚什么才是好的隐表征。这个问题与数学建模一样古老。笔者认为钻研优化技术会很有趣，一次性将基于梯度的方法应用于所有参数/权重并不是最好的解决方案。无论如何，先验建模比许多人想象的更为重要，并且在 VAE 中起着至关重要的作用。

4.4.2　变分后验

通常，变分推断在参数分布族中去搜索最佳的后验近似。因此，只有当其恰好在所选的族中时才有可能找到真正的后验。特别是对于广泛使用的变分族，例如对角协方差高斯分布，变分近似可能并不够用。因此，设计易于处理和更具表现力的变分族是 VAE 中的一个重要问题。这里介绍两种可用于实现该目标的条件标准化流模型，即 Householder Flow 模型（以下简称 HF 模型）[20] 和 Sylvester 流模型 [16]。还有其他有趣的流模型种类，建议读者可以参考原始论文，例如广义 Sylvester 流模型 [17] 和逆自回归流模型 [18]。

一般来讲，使用归一化流模型来参数化变分后验，会从一个相对简单的分布开始，例如具有对角协方差矩阵的高斯分布，然后通过一系列可逆变换将其转换为复杂分布 [19]。严格来讲，从根据 $\mathcal{N}(\boldsymbol{z}^{(0)}|\mu(\boldsymbol{x},\sigma^2(\boldsymbol{x})))$ 分布的隐变量 $\boldsymbol{z}^{(0)}$ 开始，在应用一系列可逆变换 $\boldsymbol{f}^{(t)}$ 后，对于 $t=1,\cdots,T$，最后一次迭代给出了一个随机变量 $\boldsymbol{z}^{(T)}$，它拥有更灵活的分布。一旦选择了雅可比行列式可以被计算的变换形式 $\boldsymbol{f}^{(t)}$，就可以试图去优化以下目标：

$$\ln p(\boldsymbol{x}) \geqslant \mathbb{E}_{q(\boldsymbol{z}^{(0)}|\boldsymbol{x})}\left[\ln p(\boldsymbol{x}|\boldsymbol{z}^{(T)}) + \sum_{t=1}^{T}\ln\left|\det\frac{\partial \boldsymbol{f}^{(t)}}{\partial \boldsymbol{z}^{(t-1)}}\right|\right] - \mathrm{KL}(q(\boldsymbol{z}^{(0)}|\boldsymbol{x})||p(\boldsymbol{z}^{(T)})). \tag{4.54}$$

事实上，只需对编码器和解码器的架构进行少量修改甚至无须任何修改，归一化流模型就可被用来丰富 VAE 的后验。

4.4.2.1 使用 HF 模型的变分后验 [20]

动机

首先，注意到任何全协方差矩阵 $\boldsymbol{\Sigma}$ 都可以通过使用特征向量与特征值的特征值分解来表示：

$$\boldsymbol{\Sigma} = \boldsymbol{U}\boldsymbol{D}\boldsymbol{U}^\top, \tag{4.55}$$

其中 $\boldsymbol{U}$ 是具有列特征向量的正交矩阵，$\boldsymbol{D}$ 是具有特征值的对角矩阵。在普通 VAE 的情况下，很容易对矩阵 $\boldsymbol{U}$ 进行建模以获得全协方差矩阵。该过程需要使用正交矩阵 $\boldsymbol{U}$ 对随机变量进行线性变换。由于正交矩阵的雅可比行列式的绝对值为 1，因此对于 $\boldsymbol{z}^{(1)}=\boldsymbol{U}\boldsymbol{z}^{(0)}$ 有 $\boldsymbol{z}^{(1)}\sim\mathcal{N}(\boldsymbol{U}\boldsymbol{\mu},\boldsymbol{U}\mathrm{diag}(\boldsymbol{\sigma}^2)\boldsymbol{U}^\top)$。如果 $\mathrm{diag}(\boldsymbol{\sigma}^2)$ 与真正的 $\boldsymbol{D}$ 重合，那么就有可能构建出真正的全协方差矩阵。因此主要目标是对特征向量的正交矩阵进行建模。

通常来讲，对正交矩阵建模，在原则上并不简单。然而，首先注意到任何正交矩阵都可以表示为以下形式 [53,54]：

定理 4.1　正交矩阵的基核表示对于任何 $M \times M$ 的正交矩阵 $\boldsymbol{U}$ 都存在一个满秩的 $M \times K$ 的矩阵 $\boldsymbol{Y}$（基）和一个非奇异（三角）的 $K \times K$ 的矩阵 $\boldsymbol{S}$（核），$K \leqslant M$，使得：

$$\boldsymbol{U} = \boldsymbol{I} - \boldsymbol{Y}\boldsymbol{S}\boldsymbol{Y}^{\top}. \tag{4.56}$$

值 K 称为正交矩阵的度。此外，可以证明任何度数为 K 的正交矩阵都可以使用 Householder 变换的乘积来表示 [53,54]。

定理 4.2　任何具有作用于 K 维子空间的基的正交矩阵都可以表示为正好是 K 个 Householder 矩阵的乘积：

$$\boldsymbol{U} = \boldsymbol{H}_K \boldsymbol{H}_{K-1} \cdots \boldsymbol{H}_1, \tag{4.57}$$

其中 $\boldsymbol{H}_k = \boldsymbol{I} - \boldsymbol{S}_{kk}\boldsymbol{Y}_{\cdot k}(\boldsymbol{Y}_{\cdot k})^{\top}$，对于 $k = 1, \cdots, K$。

理论上，定理 4.2 表明可以使用 K 个 Householder 变换对任何正交矩阵进行建模。此外，Householder 矩阵 $\boldsymbol{H}_k$ 本身就是正交矩阵 [55]。因此，这个性质和定理 4.2 使得 Householder 变换成为用公式表示体积守恒的流模型的绝佳候选。该流模型允许近似（甚至直接得到）真正的全协方差矩阵。

HF 模型

Householder 变换定义如下。对于给定的向量 $\boldsymbol{z}^{(t-1)}$，反射超平面可以定义为一个与超平面正交的向量（Householder 向量）$\boldsymbol{v}_t \in \mathbb{R}^M$，关于超平面的该点的反射是 [55]：

$$\boldsymbol{z}^{(t)} = \left(\boldsymbol{I} - 2\frac{\boldsymbol{v}_t\boldsymbol{v}_t^{\top}}{||\boldsymbol{v}_t||^2}\right)\boldsymbol{z}^{(t-1)} \tag{4.58}$$

$$= \boldsymbol{H}_t\boldsymbol{z}^{(t-1)}, \tag{4.59}$$

其中 $\boldsymbol{H}_t = \boldsymbol{I} - 2\frac{\boldsymbol{v}_t\boldsymbol{v}_t^{\top}}{||\boldsymbol{v}_t||^2}$ 被称为 Householder 矩阵。

$\boldsymbol{H}_t$ 最重要的性质是正交矩阵，因此雅可比行列式的绝对值等于 1。这可以显著简化目标函数 (4.54)，因为 $\ln\left|\det\frac{\partial \boldsymbol{H}_t\boldsymbol{z}^{(t-1)}}{\partial \boldsymbol{z}^{(t-1)}}\right| = 0$，$t = 1, \cdots, T$。从 $\boldsymbol{z}^{(0)}$ 的对角协方差矩阵的简单后验开始，由式 (4.58) 给出的一系列 T 个线性变换定义了新的体积守恒流模型，我们称之为 HF 模型。向量 $\boldsymbol{v}_t$，$t = 1, \cdots, T$ 由连同均值和方差的编码器网络使用线性层和输入 $\boldsymbol{v}_{t-1}$ 来产生，其中 $\boldsymbol{v}_0 = \boldsymbol{h}$ 是编码器网络的最后一个隐藏层。HF 模型的概念在图 4.14 中简单呈现。一旦编码器返回第一

个 Householder 向量，HF 模型就需要 T 个线性运算来从更灵活的后验生成样本，该后验具有近似的全协方差矩阵。

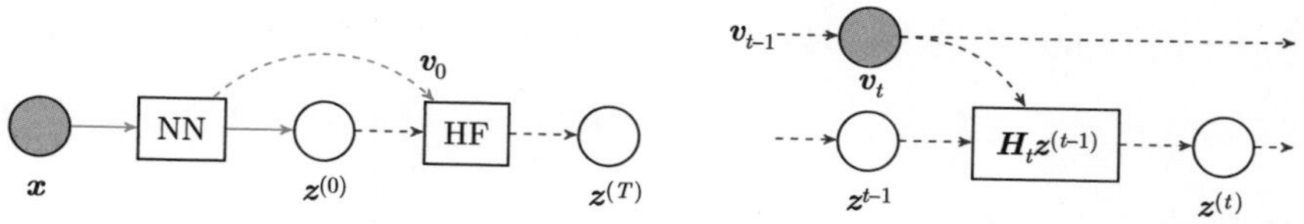

(a) 编码器网络 + Householder 流　　(b) Householder 流的一步

图 4.14 具有 HF 模型的编码器网络示意图。(a) VAE+HF 模型的一般架构：编码器返回后验的均值和方差，以及进一步用于制订 HF 模型的第一个 Householder 向量；(b) 使用线性 Householder 变换的 HF 模型的单一步骤。在这两个图中，实线对应于编码器网络，虚线是 HF 模型所需的附加量

4.4.2.2 使用 Sylvester 流模型的变分后验 [16]

动机

HF 模型只能对全协方差高斯模型进行建模，不一定可以覆盖很多不同的分布族。现在来研究 HF 模型的扩展。为此考虑以下类似于具有 M 个隐藏单元和一个残差连接的单层 MLP 的转换：

$$\boldsymbol{z}^{(t)} = \boldsymbol{z}^{(t-1)} + \boldsymbol{A}h(\boldsymbol{B}\boldsymbol{z}^{(t-1)} + \boldsymbol{b}), \tag{4.60}$$

这里有 $\boldsymbol{A} \in \mathbb{R}^{D\times M}, \boldsymbol{B} \in \mathbb{R}^{M\times D}, \boldsymbol{b} \in \mathbb{R}^{M}$ 和 $M \leqslant D$。这个变换的雅可比行列式可以使用 Sylvester 行列式等式获得，它是矩阵行列式引理的推广。

定理 4.3 Sylvester 行列式等式对于所有 $\boldsymbol{A} \in \mathbb{R}^{D\times M}, \boldsymbol{B} \in \mathbb{R}^{M\times D}$,

$$\det(\boldsymbol{I}_D + \boldsymbol{A}\boldsymbol{B}) = \det(\boldsymbol{I}_M + \boldsymbol{B}\boldsymbol{A}), \tag{4.61}$$

其中 $\boldsymbol{I}_M$ 和 $\boldsymbol{I}_D$ 分别为 M 和 D 维的单位矩阵。

有 $M < D, D\times D$ 矩阵的行列式计算可以被简化为一个 $M\times M$ 的矩阵的行列式计算。

使用 Sylvester 行列式等式，式 (4.60) 中的变换的雅可比行列式可以从下面式子得到：

$$\det\left(\frac{\partial \boldsymbol{z}^{(t)}}{\partial \boldsymbol{z}^{(t-1)}}\right) = \det\left(\boldsymbol{I}_M + \mathrm{diag}(h'(\boldsymbol{B}\boldsymbol{z}^{(t-1)} + \boldsymbol{b}))\boldsymbol{B}\boldsymbol{A}\right). \tag{4.62}$$

Sylvester 行列式等式在特定系列的归一化流模型中起着至关重要的作用，因此，

我们将其称为 Sylvester 归一化流模型。

参数化 $\boldsymbol{A}$ 和 $\boldsymbol{B}$

通常，式 (4.60) 中的变换是不可逆的。因此提出上述变换的一个特例：

$$\boldsymbol{z}^{(t)}=\boldsymbol{z}^{(t-1)}+\boldsymbol{QR}h(\tilde{\boldsymbol{R}}\boldsymbol{Q}^{\mathrm{T}}\boldsymbol{z}^{(t-1)}+\boldsymbol{b}), \tag{4.63}$$

其中 $\boldsymbol{R}$ 和 $\tilde{\boldsymbol{R}}$ 是上三角 $M\times M$ 矩阵，并且

$$\boldsymbol{Q}=(\boldsymbol{q}_1\cdots\boldsymbol{q}_M)$$

与列 $\boldsymbol{q}_m\in\mathbb{R}^D$ 形成一组正交向量。根据定理 4.3，该变换的雅可比行列式 $\boldsymbol{J}$ 可以简化为：

$$\begin{aligned}\det(\boldsymbol{J})&=\det\left(\boldsymbol{I}_M+\operatorname{diag}\left(h'(\tilde{\boldsymbol{R}}\boldsymbol{Q}^{\mathrm{T}}\boldsymbol{z}^{(t-1)}+\boldsymbol{b})\right)\tilde{\boldsymbol{R}}\boldsymbol{Q}^{\mathrm{T}}\boldsymbol{QR}\right)\\&=\det\left(\boldsymbol{I}_M+\operatorname{diag}\left(h'(\tilde{\boldsymbol{R}}\boldsymbol{Q}^{\mathrm{T}}\boldsymbol{z}^{(t-1)}+\boldsymbol{b})\right)\tilde{\boldsymbol{R}}\boldsymbol{R}\right),\end{aligned} \tag{4.64}$$

其计算为 $O(M)$ 复杂度，因为 $\tilde{\boldsymbol{R}}\boldsymbol{R}$ 也是上三角形。下面的定理给出了这个变换可逆的充分条件。

定理 4.4　令 $\boldsymbol{R}$ 和 $\tilde{\boldsymbol{R}}$ 为上三角矩阵。令 $h:\mathbb{R}\longrightarrow\mathbb{R}$ 是一个拥有有界正导数的平滑函数。如果 $\boldsymbol{R}$ 和 $\tilde{\boldsymbol{R}}$ 的对角元素满足 $r_{ii}\tilde{r}_{ii}>-1/\|h'\|_\infty$，并且 $\tilde{\boldsymbol{R}}$ 是可逆的，则由式 (4.63) 给出的变换是可逆的。

该定理的证明可以参考 [16]。

保持 $\boldsymbol{Q}$ 的正交性

正交性在数学上用起来很方便，但在实际中很难实现。在本节中，根据上述定理，考虑三种不同的流模型，以及保持 $\boldsymbol{Q}$ 正交性的各种方法。前两种方法使用正交矩阵的显式可微构造，而第三种方法假设特定的固定置换矩阵作为正交矩阵。

正交 Sylvester 流模型

首先，考虑使用具有 M 个正交列的矩阵的 Sylvester 流模型（O-SNF）。在这个流模型中，可以选择 $M<D$，从而引入一个灵活的模型瓶颈。与文献 [56] 类似，通过应用文献 [57, 58] 中提出的以下可微迭代过程来确保 $\boldsymbol{Q}$ 的正交性：

$$\boldsymbol{Q}^{(k+1)}=\boldsymbol{Q}^{(k)}\left(\boldsymbol{I}+\frac{1}{2}\left(\boldsymbol{I}-\boldsymbol{Q}^{(k)\top}\boldsymbol{Q}^{(k)}\right)\right). \tag{4.65}$$

收敛的充分条件由 $\|\boldsymbol{Q}^{(0)\top}\boldsymbol{Q}^{(0)}-\boldsymbol{I}\|_2<1$ 给出。这里，矩阵 $\boldsymbol{X}$ 的 2-范数指的是

$\|\boldsymbol{X}\|_2 = \lambda_{\max}(\boldsymbol{X})$，其中 $\lambda_{\max}(\boldsymbol{X})$ 表示 $\boldsymbol{X}$ 的最大奇异值。在实验评估中，运行这个迭代过程直到 $\|\boldsymbol{Q}^{(k)\top}\boldsymbol{Q}^{(k)} - \boldsymbol{I}\|_{\mathrm{F}} \leqslant \epsilon$，其中 $\|\boldsymbol{X}\|_{\mathrm{F}}$ 是 Frobenius 范数，而 ϵ 是一个小的收敛阈值。可以观察到，这个过程运行 30 步就足以确保在这个阈值上收敛。为了最小化计算开销，我们对所有流模型并行执行这种正交化。

由于这个正交化过程是可微的，所以可以通过反向传导计算关于 $\boldsymbol{Q}^{(0)}$ 的梯度，且可以使用任何标准优化方法，比如随机梯度下降，来更新流模型参数。

Householder Sylvester 流模型

现在研究 Householder Sylvester 流模型（H-SNF），其中正交矩阵由 Householder 反射的乘积构成。Householder 变换是关于超平面的反射。令 $\boldsymbol{v} \in \mathbb{R}^D$，则关于正交于 $\boldsymbol{v}$ 的超平面的反射由等式 (4.58) 给出。

值得注意的是，执行单个 Householder 转换的计算成本非常低，因为只需要 D 个参数。将几个 Householder 变换连接在一起会产生更普遍的正交矩阵，并且定理 4.2 表明任何 $M \times M$ 的正交矩阵都可以写成 $M-1$ 个 Householder 变换的乘积。在 Householder Sylvester 流模型中，Householder 变换的数量 H 是一个超参数，它平衡了参数的数量与正交变换的普遍性。请注意，使用 Householder 变换会强制使用 $M = D$，因为 Householder 变换会导致方块矩阵。

三角 Sylvester 流模型

第三个模型是三角 Sylvester 流模型（T-SNF）。这里所有正交矩阵 $\boldsymbol{Q}$ 在单位矩阵和置换矩阵之间进行每一次变换时按照 $\boldsymbol{z}$ 的逆序来交替。这相当于在每个流模型的下三角形和上三角形 $\tilde{\boldsymbol{R}}$ 和 $\boldsymbol{R}$ 之间进行交替。

平摊流模型参数

在平摊推断的设置中使用归一化流模型时，基本分布的参数及流模型参数可以是数据点 $\boldsymbol{x}$ 的函数 [19]。图 4.15（a）展示了一个 SNF 步骤和平摊过程。推

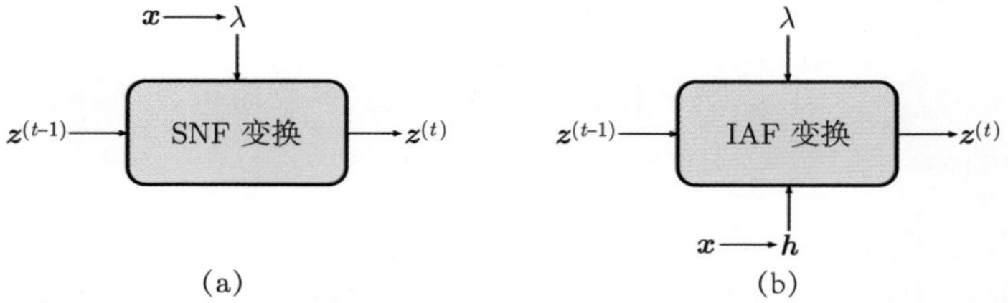

图 4.15 Sylvester 归一化流和逆自回归流的不同平摊策略。（a）推断网络产生平摊流模型的参数。这种策略也被平面流模型所采用。（b）逆自回归流 [18] 通过环境变量 $h(x)$ 引入了对 x 依赖性的度量。这个环境变量作为每个变换的附加输入。流模型参数本身独立于 x

断网络将数据点 $\boldsymbol{x}$ 作为输入，提供 $\boldsymbol{z}^{(0)}$ 的均值和方差作为输出，从而有 $\boldsymbol{z}^{(0)} \sim \mathcal{N}(\boldsymbol{z}|\mu^0, \sigma^0)$。然后对 $\boldsymbol{z}^{(0)} \rightarrow \boldsymbol{z}^{(1)} \rightarrow \cdots \rightarrow \boldsymbol{z}^{(T)}$ 应用几个 SNF 变换，产生 $\boldsymbol{z}^{(T)}$ 的一个灵活后验分布 $\boldsymbol{z}^{(T)}$。所有的流模型参数（每个变换的 $\boldsymbol{R}$、$\tilde{\boldsymbol{R}}$ 和 $\boldsymbol{Q}$）作为推断网络的输出产生，因此是完全平摊的。

4.4.2.3　超球面隐空间

动机

在 VAE 框架中，从数学计算的方便性考虑可选择高斯先验和高斯后验，因其会产生欧几里得隐空间。但是由于以下原因，这种选择可能会受到限制：

- 在低维中，标准高斯概率呈现出围绕均值的集中概率质量，驱使数据点聚集在中心。当数据被划分为多个不同集群时这就成为问题。此时更合适的先验是均匀分布。然而这样的均匀分布先验在超平面上并不能被很好地定义。
- 高维的标准高斯分布趋向于在超球体表面上的均匀分布，其质量的绝大部分集中在超球体壳上（所谓的*肥皂泡效果*）。很自然会产生的一个问题就是使用定义在超球面上的分布是否更好。

可以同时解决这两个问题的分布是 von-Mises-Fished 分布。文献 [33] 中提倡在 VAE 的情景中使用此分布。

von-Mises-Fisher 分布

von-Mises-Fisher（vMF）分布通常被描述为超球面上的正态高斯分布。类似于高斯，它由表示平均方向的 $\boldsymbol{\mu} \in \mathbb{R}^m$ 和集中在 $\boldsymbol{\mu}$ 周围的 $\kappa \in \mathbb{R}_{\geqslant 0}$ 来参数化。对于 $\kappa = 0$ 的特殊情况，vMF 表达了一个均匀分布。随机单位向量 $\boldsymbol{z} \in \mathbb{R}^m$（或 $\boldsymbol{z} \in \mathcal{S}^{m-1}$）的 vMF 分布的概率密度函数被定义为

$$q(\boldsymbol{z}|\boldsymbol{\mu}, \kappa) = \mathcal{C}_m(\kappa) \exp\left(\kappa \boldsymbol{\mu}^{\mathrm{T}} \boldsymbol{z}\right) \tag{4.66}$$

$$\mathcal{C}_m(\kappa) = \frac{\kappa^{m/2-1}}{(2\pi)^{m/2} \mathcal{I}_{m/2-1}(\kappa)}, \tag{4.67}$$

其中 $\|\boldsymbol{\mu}\|^2 = 1$，$\mathcal{C}_m(\kappa)$ 是归一化常数，$\mathcal{I}_v$ 表示修改后的 v 阶的第一类贝塞尔（Bessel）函数。

有趣的是，由于定义了超球面上的分布，因此可以在超球面上制订均匀分布的先验。如此可以证明，如果将 vMF 分布作为变分后验，就可以解析地计算 vMF 分布与定义在 $\mathcal{S}^{m-1}$ 上的均匀分布之间的 Kullback-Leiber 散度 [33]：

$$KL[\text{vMF}(\boldsymbol{\mu},\kappa)||\text{Unif}(\mathcal{S}^{m-1})] = \kappa + \log \mathcal{C}_m(\kappa) - \log\left(\frac{2(\pi^{m/2})}{\Gamma(m/2)}\right)^{-1}. \tag{4.68}$$

要从 vMF 中采样，可以遵循文献 [59] 中的步骤。重点是 vMF 分布并不容易使用重参数化技巧。文献 [60] 中允许将重参数化技巧扩展到可以使用“拒绝抽样”来模拟的广泛分布类别。文献 [33] 介绍了如何构建“接受-拒绝抽样”的重参数化步骤，配备了采样步骤和重参数化技巧，并具有 Kullback-Leibler 散度的解析形式，我们就拥有了可以构建超球面 VAE 的一切组件。但是要注意，所有这些步骤都没有使用高斯分布那么简单。读者可以参考文献 [33] 了解更多细节。

4.5 分层隐变量模型

4.5.1 简介

人工智能的主要目标是设计和实现可以与环境交互、处理、存储和传输信息的系统。换句话说，我们希望人工智能系统可以识别和分析观察到的低感知数据中的隐藏因素，从而理解其所处的环境 [61]。构建这样一个系统的任务可以被表述为学习概率模型，即观察数据 $\boldsymbol{x}$ 和隐藏因素 $\boldsymbol{z}$ 的联合分布，也就是 $p(\boldsymbol{x},\boldsymbol{z})$。如此一来，学习有效的表征就相当于找到隐藏因子的后验分布 $p(\boldsymbol{z}|\boldsymbol{x})$。但在这种情况下，有效的真正含义还是不清楚的。对于一点，博客 [62] 值得一读，Ferenc Huszar 概述了为什么从表征学习的角度来看，通过最大化似然函数来学习隐变量模型并不一定有用。本节中将以此作为一个起点来讨论，为什么应用分层隐变量模型是有帮助的。

先来定义设定。假设经验分布 $p_{\text{data}}(\boldsymbol{x})$ 和隐变量模型 $p_\theta(\boldsymbol{x},\boldsymbol{z})$。参数化隐变量模型的方式不受任何限制，但是假设分布是使用深度神经网络（Deep Neural Networks，DNN）参数化的。这很重要，原因有两个。

（1） DNN 是非线性变换的，因此灵活并且可以参数化一系列不同类型的分布。

（2） DNN **并不会**解决所有问题。最终还是需要将模型作为一个整体来考虑，而非仅仅是参数化部分，比如选择的分布，以及随机变量如何相互作用等。DNN 肯定是有帮助的，但也存在许多可能的问题（稍后会讨论其中的一些），其中很多问题，即使是最大最酷的 DNN 也无法处理。

联合分布可以通过两种方式分解，即：

$$p_\theta(\boldsymbol{x},\boldsymbol{z}) = p_\theta(\boldsymbol{x}|\boldsymbol{z})p_\theta(\boldsymbol{z}) \tag{4.69}$$

$$= p_\theta(\boldsymbol{z}|\boldsymbol{x})p_\theta(\boldsymbol{x}). \tag{4.70}$$

此外，学习 θ 的训练问题可以定义为具有以下训练目标的无约束优化问题：

$$\mathrm{KL}[p_{\mathrm{data}}(\boldsymbol{x})||p_\theta(\boldsymbol{x})] = -\mathbb{H}[p_{\mathrm{data}}(\boldsymbol{x})] + \mathbb{CE}[p_{\mathrm{data}}(\boldsymbol{x})||p_\theta(\boldsymbol{x})] \tag{4.71}$$

$$= \mathrm{const} + \mathbb{CE}[p_{\mathrm{data}}(\boldsymbol{x})||p_\theta(\boldsymbol{x})], \tag{4.72}$$

其中 $p_\theta(\boldsymbol{x}) = \int p_\theta(\boldsymbol{x},\boldsymbol{z})\mathrm{d}\boldsymbol{z}$, $\mathbb{H}[\cdot]$ 表示熵，$\mathbb{CE}[\cdot||\cdot]$ 是交叉熵。注意经验分布的熵只是一个常数，因为它不包含 θ。交叉熵可以进一步重写，如下：

$$\mathbb{CE}[p_{\mathrm{data}}(\boldsymbol{x})||p_\theta(\boldsymbol{x})] = -\int p_{\mathrm{data}}(\boldsymbol{x})\ln p_\theta(\boldsymbol{x})\mathrm{d}\boldsymbol{x} \tag{4.73}$$

$$= -\frac{1}{N}\sum_{n=1}^{N}\ln p_\theta(\boldsymbol{x}_n). \tag{4.74}$$

最终得到了我们一直在用的目标函数，即负对数似然函数。

如果考虑一个表征（即隐藏因素）$\boldsymbol{z}$ 的有效性，我们就会直观地想到 $\boldsymbol{z}$ 和 $\boldsymbol{x}$ 之间共享某种信息。然而对于无约束训练问题，即负对数似然函数的最小化问题，并不一定为隐表征提供了任何信息。最终要在可观察变量上优化**边缘分布**，因为无法访问到隐变量的值。更重要的是，通常我们并不知道这些隐藏的因素是什么。结果就是隐变量模型可能在学习后完全忽略了隐变量本身。接下来更详细地介绍这个问题。

隐变量模型的潜在问题

根据文献 [62] 中的讨论，可以可视化两种场景，它们在具有隐变量模型的深度生成建模中很常见。先解释一下总体情况。我们希望分析一类关于隐变量有效性的隐变量模型及目标函数 $\mathrm{KL}[p_{\mathrm{data}}(\boldsymbol{x})||p_\theta(\boldsymbol{x})]$ 的值。在图 4.16 中描述了所有模型都可能的情况，即根据训练目标（x 轴）和有效性（y 轴）来评估模型构成的搜索空间。理想的模型是左上角的模型，可以最大化这两个标准。然而也有可能找到一个模型完全忽略隐变量（左下角），同时又最大限度地适应数据的情况。这里就可能有一个大问题。运行（数值）优化过程可以给出无限多的模型，这些模型对于 $\mathrm{KL}[p_{\mathrm{data}}(\boldsymbol{x})||p_\theta(\boldsymbol{x})]$ 是一样好的，但其隐变量的后验完全不同。这对隐变量模型的适用性提出了质疑。但是在实践中，我们确实看到，学习到的隐变量是

有用的（或者说，隐变量包含了有关被观察对象的信息）。这是为什么呢？

图 4.16 表示有效性和所有可能的隐变量模型的目标函数之间的依赖关系。颜色越深，目标函数值越好。该图基于文献 [62]

正如文献 [62] 中所指出，原因是所选模型类别的归纳偏置（Inductive Bias）。通过选择一类非常特定的 DNN，我们隐式地限制了搜索空间。首先，图 4.16 中最左边的模型通常是无法实现的。然而在模型类中使用某种瓶颈可能会导致一个情况，即隐变量必须包含一些关于被观察对象的信息。结果就是隐变量变得有效了。图 4.17 中描述了这种情况的例子。运行训练算法后，可以得到两个“尖峰”之一，其训练的目标函数值最大且其有效性非零。尽管如此，还是可以在有效性的两个不同级别上得到表现差不多的模型，但至少信息是从 $\boldsymbol{x}$ 流向了 $\boldsymbol{z}$。显然，我们所考虑的场景纯粹是假设的，但它表明模型的归纳偏置可以极大地帮助学习表征，而无须由目标函数指定。要记住这个发现，因为它在后面会发挥至关重要的作用。

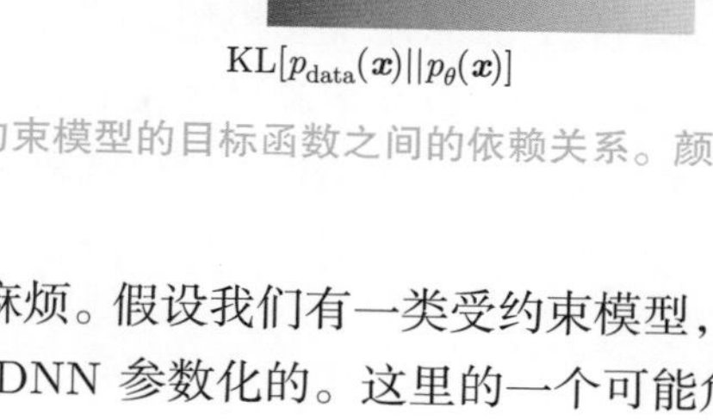

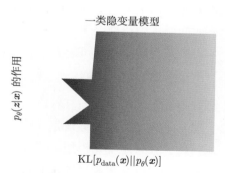

图 4.17 表示有效性和受约束模型的目标函数之间的依赖关系。颜色越深，目标函数值越好。该图基于文献 [62]

接下来的情况更加麻烦。假设我们有一类受约束模型，而条件似然 $p(\boldsymbol{x}|\boldsymbol{z})$ 是由一个灵活的、巨大的 DNN 参数化的。这里的一个可能危险是，模型可能通过

学习而完全忽略掉 $\boldsymbol{z}$，并将其视为噪声。结果，$p(\boldsymbol{x}|\boldsymbol{z})$ 成为可以完美模仿 $p_{\mathrm{data}}(\boldsymbol{x})$ 的非条件分布。这种情况似乎不切实际，但这确实是该领域众所周知的现象。例如，文献 [10] 对变分自动编码器进行了深入的实验，采用基于 PixelCNN++ 的解码器，结果导致 VAE 无法重建图像。其结论是一致的，即如果取一类模型，它们的 $p(\boldsymbol{x}|\boldsymbol{z})$ 过于灵活，就会变成图 4.18 左下角的模型。

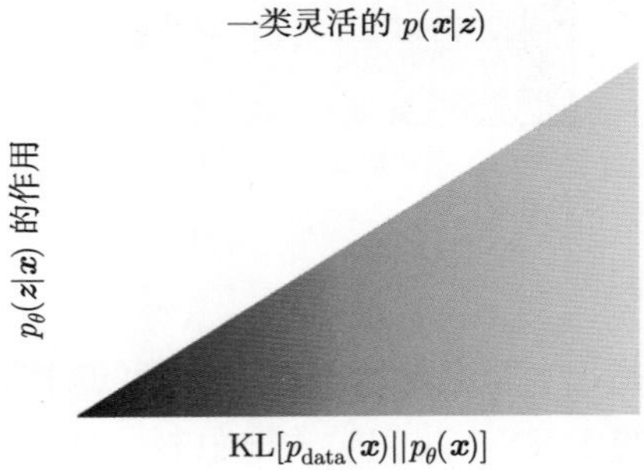

图 4.18　表示有效性与具有灵活 $p(x|z)$ 的一类模型的目标函数之间的依赖关系。颜色越深，目标函数值越好。该图基于文献 [62]

如何定义一类合适的模型

读者可能对到目前为止所讨论的内容有些困惑。总体上看是不乐观的，因为要选择一类合适的模型，允许我们实现有效的隐表征，看上去是一个很艰巨的任务。更甚的是，这些探索像是在黑暗中行走，要去尝试各种 DNN 架构，期待着能够获得有意义的表征。

其实这个问题并不像看起来那么可怕。一些研究工作中构建了受约束的优化问题 [12,63] 或是添加一个辅助的正则化部分 [64,65] 来（隐式）定义隐变量的有效性。在这里，我们讨论一种利用分层架构的可能方法。注意学习有效的表征仍然是未解的问题，并且是当下很火热的研究方向。

分层模型在深度生成建模和深度学习方面有着悠久的历史，并受到许多著名研究人员的推崇，例如文献 [66–68]。其主要假设是那些描述周围世界的概念可以被分层组织。根据之前的讨论，如果隐变量模型采用分层结构，可能会引入归纳偏置，限制模型类别，并最终强制隐变量和可观察对象之间的信息流动。在理论上是这样的，而且要非常小心地在层次结构中构建随机依赖关系。接下来的章节会关注具有变分推理的隐变量模型，也就是分层变分自动编码器。

附注：人们可能很想将分层建模与贝叶斯分层建模联系起来。这两个术语不一定是等价的。贝叶斯分层建模是把（超）参数当作随机变量并在（超）参数上构建分布 [69]。而在这里，我们没有用到贝叶斯建模，而是考虑隐变量而非参数之间的层次结构。

4.5.2 分层 VAE

4.5.2.1 两级 VAE

从一个 VAE 具有两个隐变量：$\boldsymbol{z}_1$ 和 $\boldsymbol{z}_2$ 开始，其联合分布可以分解如下：

$$p(\boldsymbol{x}, \boldsymbol{z}_1, \boldsymbol{z}_2) = p(\boldsymbol{x}|\boldsymbol{z}_1)p(\boldsymbol{z}_1|\boldsymbol{z}_2)p(\boldsymbol{z}_2). \tag{4.75}$$

这个模型定义了一个简单的生成过程：首先采样 $\boldsymbol{z}_2$，然后在给定 $\boldsymbol{z}_2$ 的情况下采样 $\boldsymbol{z}_1$，最后在给定 $\boldsymbol{z}_1$ 的情况下采样 $\boldsymbol{x}$。

我们已经知道，即使对于单个隐变量，计算隐变量的后验也是难以处理的（除了线性高斯情况，读者可以记住这一点），对此可以利用变分推断与一系列变分后验 $Q(\boldsymbol{z}_1, \boldsymbol{z}_2|\boldsymbol{x})$ 来处理。现在主要问题是如何定义变分后验。很自然的方法是反转依赖关系并以下列方式分解后验：

$$Q(\boldsymbol{z}_1, \boldsymbol{z}_2|\boldsymbol{x}) = q(\boldsymbol{z}_1|\boldsymbol{x})q(\boldsymbol{z}_2|\boldsymbol{z}_1, \boldsymbol{x}), \tag{4.76}$$

甚至可以将其简化如下（删除第二个隐变量对 $\boldsymbol{x}$ 的依赖）：

$$Q(\boldsymbol{z}_1, \boldsymbol{z}_2|\boldsymbol{x}) = q(\boldsymbol{z}_1|\boldsymbol{x})q(\boldsymbol{z}_2|\boldsymbol{z}_1). \tag{4.77}$$

若使用连续隐变量，则可以使用高斯分布：

$$p(\boldsymbol{z}_1|\boldsymbol{z}_2) = \mathcal{N}(\boldsymbol{z}_1|\mu(\boldsymbol{z}_2), \sigma^2(\boldsymbol{z}_2)) \tag{4.78}$$

$$p(\boldsymbol{z}_2) = \mathcal{N}(\boldsymbol{z}_2|0, 1) \tag{4.79}$$

$$q(\boldsymbol{z}_1|\boldsymbol{x}) = \mathcal{N}(\boldsymbol{z}_1|\mu(\boldsymbol{x}), \sigma^2(\boldsymbol{x})) \tag{4.80}$$

$$q(\boldsymbol{z}_2|\boldsymbol{z}_1) = \mathcal{N}(\boldsymbol{z}_2|\mu(\boldsymbol{z}_1), \sigma^2(\boldsymbol{z}_1)), \tag{4.81}$$

其中 $\mu_i(\boldsymbol{v})$ 表示均值参数由以随机变量 $\boldsymbol{v}$ 作为输入的神经网络参数化，然后也类似地参数化方差（即对角协方差矩阵）。这正是之前讨论的 VAE 的直接扩展。

图 4.19 中描述了两级 VAE。注意随机依赖关系是如何定义的，也就是始终存在对单个随机变量的依赖。

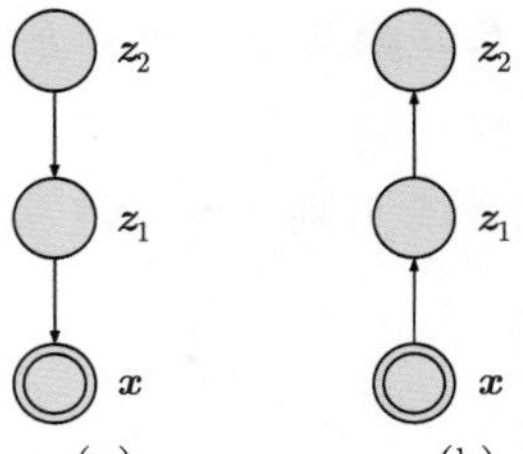

图 4.19　两级 VAE 的示例。(a) 生成部分; (b) 变分部分

可能的陷阱

这就解决了所有问题，我们就有了一个更好版本的 VAE，对吗? 答案是**否定的**。注意到 VAE 的这个两级版本只是单级 VAE 的简单扩展。因此，关于隐变量模型的潜在问题的讨论依然是存在的。如果研究两级 VAE 的 ELBO，其实还可以获得额外的见解 (如果读者不记得如何推导出 ELBO，可以参考之前关于 VAE 的章节):

$$\mathrm{ELBO}(\boldsymbol{x}) = \mathbb{E}_{Q(\boldsymbol{z}_1,\boldsymbol{z}_2|\boldsymbol{x})}\left[\ln p(\boldsymbol{x}|\boldsymbol{z}_1) - \mathrm{KL}[q(\boldsymbol{z}_1|\boldsymbol{x})||p(\boldsymbol{z}_1|\boldsymbol{z}_2)] - \mathrm{KL}[q(\boldsymbol{z}_2|\boldsymbol{z}_1)||p(\boldsymbol{z}_2)]\right]. \tag{4.82}$$

为了阐明两级 VAE 的 ELBO，我们注意到以下几点:

(1)　所有条件 $(\boldsymbol{z}_1, \boldsymbol{z}_2, \boldsymbol{x})$ 都采样自 $Q(\boldsymbol{z}_1, \boldsymbol{z}_2|\boldsymbol{x})$ 或 $p_{\mathrm{data}}(\boldsymbol{x})$。

(2)　通过查看每一层的变量获得 Kullback-Leibler 散度项。读者可以逐步推导出 ELBO，这是熟悉变分推理的一个很好练习。

(3)　注意 Kullback-Leibler 散度总是非负的。

从理论上讲，这些看上去都是正常的。但其实仍有可能的问题。首先，我们初始化 DNN，其对所有分布做随机的参数化。结果是所有的高斯分布基本上都是标准高斯分布。其次，如果解码器功能强大且灵活，模型将尝试利用最后一个 KL 项 $\mathrm{KL}[q(\boldsymbol{z}_2|\boldsymbol{z}_1)||p(\boldsymbol{z}_2)]$ 的最优值，即 $q(\boldsymbol{z}_2|\boldsymbol{z}_1) \approx p(\boldsymbol{z}_2) \approx \mathcal{N}(0,1)$。最后，由于有 $q(\boldsymbol{z}_2|\boldsymbol{z}_1) \approx \mathcal{N}(0,1)$，第二层根本没有被使用 (它是一个高斯噪声) 并且回到了与单级 VAE 架构相同的问题。事实证明，学习两级 VAE 比具有单个隐变量的 VAE 问题更大，因为即使对于相对简单的解码器，第二个隐变量 $\boldsymbol{z}_2$ 也大多未被使用 [15,70]。这种效应称为后验坍塌。

4.5.2.2　自上而下的 VAE

在两级 VAE 中了解到的一个要点是，与单级 VAE 相比，添加一个额外级别并不一定能提供更多好处。到目前为止，我们只考虑了一类变分后验，即:

$$Q(\boldsymbol{z}_1, \boldsymbol{z}_2|\boldsymbol{x}) = q(\boldsymbol{z}_1|\boldsymbol{x})q(\boldsymbol{z}_2|\boldsymbol{z}_1). \tag{4.83}$$

是否有更好的方案？我们再仔细理一理思路。在生成的部分，有自上而下的依赖关系，从最高级别的抽象（隐变量）往下到可观察变量。在这里再重复一遍：

$$p(\boldsymbol{x}, \boldsymbol{z}_1, \boldsymbol{z}_2) = p(\boldsymbol{x}|\boldsymbol{z}_1)p(\boldsymbol{z}_1|\boldsymbol{z}_2)p(\boldsymbol{z}_2). \tag{4.84}$$

也许可以在变分后验中反映出这种依赖关系，从而得到下面的结果：

$$Q(\boldsymbol{z}_1, \boldsymbol{z}_2|\boldsymbol{x}) = q(\boldsymbol{z}_1|\boldsymbol{z}_2, \boldsymbol{x})q(\boldsymbol{z}_2|\boldsymbol{x}). \tag{4.85}$$

能看到什么相似之处吗？是的，变分后验有额外的 $\boldsymbol{x}$ 但依赖关系指向了相同的方向。这是很有用的发现，因为现在可以有一个共享的自上而下的路径，使得变分后验和生成部分通过共享参数化紧密连接。这会是一个非常有用的归纳偏置！

这个想法最初在 ResNet VAE [18] 和 Ladder VAE [71] 中提出，并在 BIVA [44]、NVAE [45] 和极深 VAE [46] 中被进一步探索。它们在具体实现和使用的参数化方法（即 DNN 的架构）方面有所不同，但是都可以归类为自上而下的 VAE 实例化。如前所述，其主要思想是在变分后验和生成分布之间共享自上而下的路径，并使用一个侧面的、确定性的路径从 $\boldsymbol{x}$ 去到最后的隐变量。现在我们把这个想法介绍一下。

首先，有定义了 $p(\boldsymbol{x}|\boldsymbol{z}_1), p(\boldsymbol{z}_1|\boldsymbol{z}_2)$ 和 $p(\boldsymbol{z}_2)$ 的自上而下的路径。因此，对于给定的 $\boldsymbol{z}_2$，需要一个输出 μ_1 和 σ_1^2 的 DNN，以及另一个对于给定的 $\boldsymbol{z}_1$ 输出 $p(\boldsymbol{x}|\boldsymbol{z}_1)$ 的参数的 DNN。由于 $p(\boldsymbol{z}_2)$ 是无条件分布（例如标准高斯分布）的，所以在这里并不需要单独的 DNN。

其次，有一条侧面的、确定性的路径，给出了两个确定性变量：$\boldsymbol{r}_1 = f_1(\boldsymbol{x})$ 和 $\boldsymbol{r}_2 = f_2(\boldsymbol{r}_1)$。两种转换 f_1 和 f_2 都是 DNN。然后可以使用额外的 DNN 来返回对均值和方差的一些修正，即 $\Delta\mu_1, \Delta\sigma_1^2$ 和 $\Delta\mu_2, \Delta\sigma_2^2$。可以通过多种方式定义这些修正。这里沿用 NVAE [45] 中的方式，即修改的是自上而下路径中给出的值的相对位置和比例。如果读者还不是很清楚这个想法，一旦定义了变分后验就应该清楚了。

最后就可以定义整个流程。通过指定不同的索引来定义各种神经网络。对于采样，我们使用自上而下的路径：

1. $\boldsymbol{z}_2 \sim \mathcal{N}(0, 1)$

2. $[\mu_1, \sigma_1^2] = \mathrm{NN}_1(\boldsymbol{z}_2)$
3. $\boldsymbol{z}_1 \sim \mathcal{N}(\mu_1, \sigma_1^2)$
4. $\vartheta = \mathrm{NN}_x(\boldsymbol{z}_1)$
5. $\boldsymbol{x} \sim p_\vartheta(\boldsymbol{x}|\boldsymbol{z}_1)$

现在（请注意）我们从变分后验计算样本如下：

1. (自下而上的确定性路径) $\boldsymbol{r}_1 = f_1(\boldsymbol{x})$ 和 $\boldsymbol{r}_2 = f_2(\boldsymbol{r}_1)$
2. $[\Delta\mu_1, \Delta\sigma_1^2] = \mathrm{NN}_{\Delta 1}(r_1)$
3. $[\Delta\mu_2, \Delta\sigma_2^2] = \mathrm{NN}_{\Delta 2}(r_2)$
4. $\boldsymbol{z}_2 \sim \mathcal{N}(0 + \Delta\mu_2, 1 \cdot \Delta\sigma_2^2)$
5. $[\mu_1, \sigma_1^2] = \mathrm{NN}_1(\boldsymbol{z}_2)$
6. $\boldsymbol{z}_1 \sim \mathcal{N}(\mu_1 + \Delta\mu_1, \sigma_1^2 \cdot \Delta\sigma_1^2)$
7. $\vartheta = \mathrm{NN}_x(\boldsymbol{z}_1)$
8. $\boldsymbol{x} \sim p_\vartheta(\boldsymbol{x}|\boldsymbol{z}_1)$

这些操作的示意图在图 4.20 中。

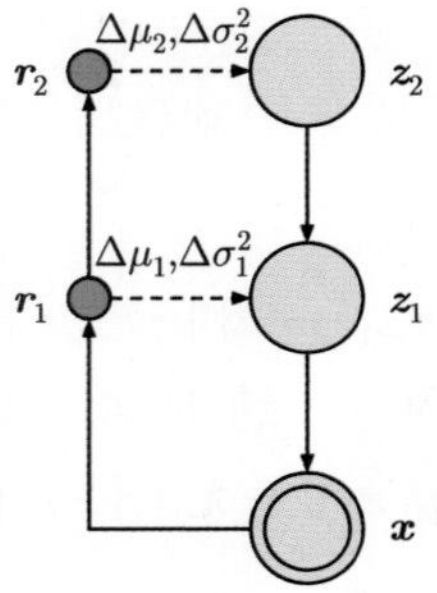

图 4.20　自上而下的 VAE 的示例。红色节点表示确定性路径，蓝色节点表示随机变量

请注意，确定性的自下而上的路径会修改自上而下路径的参数。正如文献 [45] 所提出的，这个想法极其有用，因为“当先验移动时，如果没有改变，近似的后验也会相应移动”。此外，如文献 [45] 中所述，两个高斯分布之间的 Kullback-Leibler 散度简化如下（为清晰起见，我们删除了一些额外的依赖关系）：

$$\mathrm{KL}(q(z_i|\boldsymbol{x}) \| p(z_i)) = \frac{1}{2}\left(\frac{\Delta\mu_i^2}{\sigma_i^2} + \Delta\sigma_i^2 - \log\Delta\sigma_i^2 - 1\right)$$

最终，我们隐含地在变分后验和生成部分之间建立了紧密的联系。这种归纳偏置有助于对隐变量中可观察的信息进行编码。此外，也没有必要使用过于灵活的解码器，因为隐变量会负责从数据中提取本质。由于我们没有真正定义有效性，这里的表述仍然有些混乱，但希望读者还是能明白。自上而下的 VAE 将变分后验和生成路径纠缠在一起，因此，Kullback-Leibler 项并不会坍塌（即它们还是会大于零）。实证研究有力支持了这一假设 [44–46,71]。

4.5.2.3 代码

现在深入研究自上而下的 VAE 的代码实现。我们继续使用两级 VAE 来匹配之前的讨论。我们会使用与之前过程完全相同的步骤。为清晰起见，将对代码使用与上述数学表达式尽可能相似的单个类。我们会使用重新参数化技巧进行采样。数学推导和代码之间有一个区别，即在代码中我们使用 $\log \Delta\sigma$ 而不是 $\Delta\sigma$。然后使用 $\log \sigma + \log \Delta\sigma$ 而不是 $\sigma \cdot \Delta\sigma$，因为有 $e^{\log a + \log b} = e^{\log a} \cdot e^{\log b} = a \cdot b$。

代码清单 4.12 自上而下的 VAE 类

```
class HierarchicalVAE(nn.Module):
    def __init__(self, nn_r_1, nn_r_2, nn_delta_1, nn_delta_2, nn_z_1, nn_x, num_vals=256, D=64, L=16, likelihood_type='categorical'):
        super(HierarchicalVAE, self).__init__()

        print('Hierachical VAE by JT.')

        # 自下而上的路径
        self.nn_r_1 = nn_r_1
        self.nn_r_2 = nn_r_2

        self.nn_delta_1 = nn_delta_1
        self.nn_delta_2 = nn_delta_2

        # 自上而下的路径
        self.nn_z_1 = nn_z_1
        self.nn_x = nn_x


        # 其他参数
        self.D = D # 输入的维度

        self.L = L # 第二个隐变量层的维度

        self.num_vals = num_vals # 每个像素的值的数量

        self.likelihood_type = likelihood_type # 条件似然的种类（类别/伯努利分布）

    # 如果读者不记得重参数化的技巧，就请回顾之前VAE的部分
```

```
    def reparameterization(self, mu, log_var):
        std = torch.exp(0.5*log_var)
        eps = torch.randn_like(std)
        return mu + std * eps

    def forward(self, x, reduction='avg'):
        #=====
        # 首先要计算自下而上的确定性路径
        # 在这里使用一个小技巧来保持方差的 delta 不变，即应用了 hard-tanh 的非线性

        # 自下而上
        # 第一步
        r_1 = self.nn_r_1(x)
        r_2 = self.nn_r_2(r_1)

        # 第二步
        delta_1 = self.nn_delta_1(r_1)
        delta_mu_1, delta_log_var_1 = torch.chunk(delta_1, 2, dim=1)
        delta_log_var_1 = F.hardtanh(delta_log_var_1, -7., 2.)

        # 第三步
        delta_2 = self.nn_delta_2(r_2)
        delta_mu_2, delta_log_var_2 = torch.chunk(delta_2, 2, dim=1)
        delta_log_var_2 = F.hardtanh(delta_log_var_2, -7., 2.)

        # 接下来是自上而下的路径

        # 自上而下
        # 第四步
        z_2 = self.reparameterization(delta_mu_2, delta_log_var_2)

        # 第五步
        h_1 = self.nn_z_1(z_2)
        mu_1, log_var_1 = torch.chunk(h_1, 2, dim=1)

        # 第六步
        z_1 = self.reparameterization(mu_1 + delta_mu_1, log_var_1 + delta_log_var_1)

        # 第七步
        h_d = self.nn_x(z_1)

        if self.likelihood_type == 'categorical':
            b = h_d.shape[0]
            d = h_d.shape[1]//self.num_vals
            h_d = h_d.view(b, d, self.num_vals)
```

```
            mu_d = torch.Softmax(h_d, 2)

        elif self.likelihood_type == 'bernoulli':
            mu_d = torch.sigmoid(h_d)

        #=====ELBO
        # RE
        if self.likelihood_type == 'categorical':
            RE = log_categorical(x, mu_d, num_classes=self.num_vals, reduction='sum', dim=-1).sum(-1)

        elif self.likelihood_type == 'bernoulli':
            RE = log_bernoulli(x, mu_d, reduction='sum', dim=-1)

        # KL
        # Kullback-Leibler部分，需要计算两个散度部分：
        # 1) KL[q(z_2|z) || p(z_2)] where p(z_2) = N(0,1)
        # 2) KL[q(z_1|z_2, x) || p(z_1|z_2)]
        # 注意用到了两个高斯之间的解析KL。如果用其他分布，
        # 则一定要注意，因为需要使用其他不同的表达式
        KL_z_2 = 0.5 * (delta_mu_2**2 + torch.exp(delta_log_var_2) - delta_log_var_2 - 1).sum(-1)
        KL_z_1 = 0.5 * (delta_mu_1**2 / torch.exp(log_var_1) + torch.exp(delta_log_var_1) -\
                        delta_log_var_1 - 1).sum(-1)

        KL = KL_z_1 + KL_z_2

        # 最终的ELBO
        if reduction == 'sum':
            loss = -(RE - KL).sum()
        else:
            loss = -(RE - KL).mean()

        return loss

    # 采样是自上而下的路径，但不计算 delta 均值和 delta 方差
    def sample(self, batch_size=64):
        # 第一步
        z_2 = torch.randn(batch_size, self.L)
        # 第二步
        h_1 = self.nn_z_1(z_2)
        mu_1, log_var_1 = torch.chunk(h_1, 2, dim=1)
        # 第三步
        z_1 = self.reparameterization(mu_1, log_var_1)

        # 第四步
```

```
        h_d = self.nn_x(z_1)

        if self.likelihood_type == 'categorical':
            b = batch_size
            d = h_d.shape[1]//self.num_vals
            h_d = h_d.view(b, d, self.num_vals)
            mu_d = torch.Softmax(h_d, 2)
            # 第五步
            p = mu_d.view(-1, self.num_vals)
            x_new = torch.multinomial(p, num_samples=1).view(b,d)

        elif self.likelihood_type == 'bernoulli':
            mu_d = torch.sigmoid(h_d)
            # 第六步
            x_new = torch.bernoulli(mu_d)
        return x_new
```

现在我们准备好运行完整的代码了。在训练自上而下的 VAE 之后，可以获得如图 4.21 所示的结果。

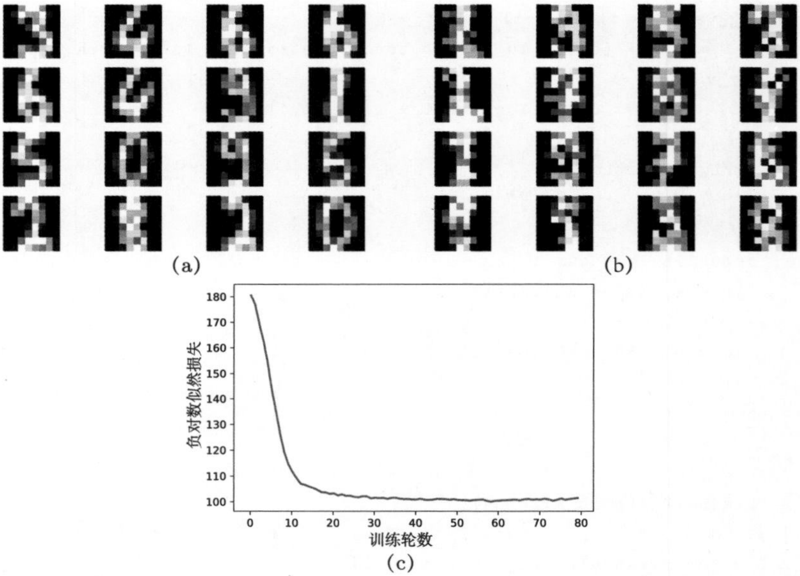

图 4.21 训练之后的结果示例。（a）随机选择的真实图像。（b）自上而下的 VAE 的非条件生成结果。（c）训练过程中的验证曲线

4.5.2.4 拓展阅读

我们在这里讨论的内容只是刚刚触及这个话题。概率建模中的层次模型是重要的研究方向和建模范式。此外，技术细节对于达到最先进的模型表现也至关重

要。强烈建议读者阅读 NVAE [45]、ResNet VAE [18]、Ladder VAE [71]、BIVA [44] 和极深 VAE [46]，并比较其中使用的各种技巧和参数化技术。这些模型都有着类似的想法，但实现方法的差异很大。

分层生成建模的研究是目前前沿且发展飞快的领域。我们没有办法谈及所有有趣的工作和论文，这里仅提及一些值得注意的论文。

- 文献 [72] 对分层 VAE 的潜在问题进行了深入分析，研究了 KL 散度项与参数化的调和函数的密切相关性。换句话说，使用 DNN 会导致 KL 项的高频分量，并最终导致后验塌缩。作者建议通过应用 Ornstein-Uhlenbeck（OU）Semigroup 来平滑 VAE。有关详细信息请参考原始论文。
- 文献 [73] 提出了分层 VAE 的贪婪逐层学习方法。作者在视频预测的背景下使用了这个想法，因此他们的方法也可能受到约束算力的启发。当然贪心逐层训练的思想在过去也被广泛使用 [66–68]。
- 文献 [25] 讨论了将预定义的转换（如缩小比例）用到模型中。这个想法是学习一个逆转换，比如随机方式，来缩小比例。生成的 VAE 具有一组辅助变量（例如，可观察对象的缩小版本）和一组隐变量，这些变量对辅助变量中的缺失信息进行编码。这种方法的假设是，在较小的或已处理的可观察变量上学习分布更容易，因此可以将问题分解为学习更简单分布的多个问题。图 4.22 展示了这种方法的示意图。

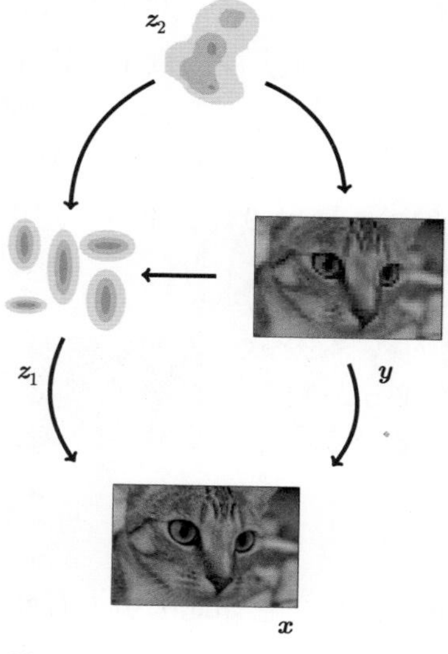

图 4.22 具有一组辅助确定性变量 y（比如缩小的图像）的两级 VAE

隐变量建模范式的美妙之处在于，我们可以处理对象之间的随机关系，并最终形成一个有效的数据表示。正如后面章节中会看到的那样，还有其他有趣的模型类别用到了扩散模型和能量函数。

4.5.3　基于扩散的深度生成模型

4.5.3.1　简介

前面讨论了在隐变量模型中学习有效表征的问题，仔细研究了分层变分自动编码器。我们假设可以通过应用分层隐变量模型来获得有效的数据表征。此外，我们还强调了变分后验的分层 VAE 中的一个实际问题，可能会导致模型学习到无意义的表示。换句话说，具有自下而上的变分后验（即从可观察对象到最终隐对象的随机依赖）和自上而下生成分布的架构似乎是一种无效的归纳偏置，而且训练起来相当麻烦。一个解决方案是自上而下的 VAE。然而对于普通结构就无能为力了吗？确实有一些方法利用了自下而上和自上而下的结构。在这里，我们将研究基于扩散的深度生成模型（Diffusion-based Deep Generative Models，DDGM）（又名深度扩散概率模型）[74,75]。

DDGM 可以简单地解释为具有由扩散过程（例如高斯扩散）定义的自下而上路径（即变分后验）和由 DNN 参数化的自上而下路径（反向扩散）的分层 VAE。有趣的是，自下而上的路径可能是**固定的**，也就是说，它并没有任何可学习的参数。图 4.23 中展示了一个应用高斯扩散的例子。由于变分后验是固定的，我们可以将它视为在每一层添加高斯噪声。然后，最后一层就类似于高斯噪声（参见图 4.23 中的 z_5）。如果回想一下关于分层 VAE 中后验坍塌问题的讨论，这个问题就不存在了，因为我们现在**通过设计**在最后一层中得到了一个标准的高斯分布。这样所有部分就都可以正常运作了！

图 4.23　示例：将高斯扩散应用于猫的图像 x

如今，DDGM 变得非常流行，它如此吸引人有两个原因：

（1） DDGM 在图像合成 [74,76,77]、音频合成 [78] 和文本合成 [79,80] 方面提供了令人惊叹的结果，同时实现起来相对简单。

（2） DDGM 与随机微分方程密切相关，因此其理论性质特别令人感兴趣 [81–83]。

但是也有两个潜在的缺点，即：

（1） DDGM（至少现在）无法学习到表征。

（2） 与流模型类似，输入的维度在整个模型中保持不变（即过程中没有瓶颈）。

4.5.3.2 模型构建

最初，深度扩散概率模型在文献 [75] 中提出，灵感来自非平衡态统计物理学。主要思想是通过前向扩散过程迭代地破坏数据中的结构，然后学习反向扩散过程来恢复数据中的结构。在文献 [74] 中，深度学习被用来训练一个强大而灵活的基于扩散的深度生成模型，该模型在图像合成任务中取得了先进的结果。我们在这里拓展原来的思想，尝试在分层隐变量模型和 DDGM 之间建立起清晰联系。如前所述，为了寻找数据上的分布 $p_\theta(\boldsymbol{x})$，假设有一组额外的隐变量 $\boldsymbol{z}_{1:T} = [\boldsymbol{z}_1, \cdots, \boldsymbol{z}_T]$。边缘似然是通过整合所有隐变量来定义的：

$$p_\theta(\boldsymbol{x}) = \int p_\theta(\boldsymbol{x}, \boldsymbol{z}_{1:T}) \mathrm{d}\boldsymbol{z}_{1:T}. \tag{4.86}$$

联合分布被建模为具有高斯转换的一阶马尔可夫链，即：

$$p_\theta(\boldsymbol{x}, \boldsymbol{z}_{1:T}) = p_\theta(\boldsymbol{x}|\boldsymbol{z}_1) \left(\prod_{i=1}^{T-1} p_\theta(\boldsymbol{z}_i|\boldsymbol{z}_{i+1}) \right) p_\theta(\boldsymbol{z}_T), \tag{4.87}$$

其中对于 $i = 1, \cdots, T$ 有 $\boldsymbol{x} \in \mathbb{R}^D$ 和 $\boldsymbol{z}_i \in \mathbb{R}^D$。请注意，隐变量与可观察对象具有相同的维度。这与流模型的情况相同。我们使用 DNN 来参数化所有分布。

到目前为止还没有什么新东西。这又是一个分层隐变量模型，与分层 VAE 的情况一样，可以引入一系列变分后验，如下所示：

$$Q_\phi(\boldsymbol{z}_{1:T}|\boldsymbol{x}) = q_\phi(\boldsymbol{z}_1|\boldsymbol{x}) \left(\prod_{i=2}^{T} q_\phi(\boldsymbol{z}_i|\boldsymbol{z}_{i-1}) \right). \tag{4.88}$$

关键是如何定义这些分布。之前我们使用由 DNN 参数化的正态分布，但现在将它们表述为以下的高斯扩散过程 [75]：

$$q_\phi(\boldsymbol{z}_i|\boldsymbol{z}_{i-1}) = \mathcal{N}(\boldsymbol{z}_i|\sqrt{1-\beta_i}\boldsymbol{z}_{i-1}, \beta_i \boldsymbol{I}), \tag{4.89}$$

其中 $\boldsymbol{z}_0 = \boldsymbol{x}$。请注意，扩散的单个步骤 $q_\phi(\boldsymbol{z}_i|\boldsymbol{z}_{i-1})$ 以相对简单的方式工作。它

将先前生成的对象 $\boldsymbol{z}_{i-1}$，缩放 $\sqrt{1-\beta_i}$，然后添加具有方差 β_i 的噪声。更明确地讲，可以使用重新参数化技巧来将其写为：

$$\boldsymbol{z}_i = \sqrt{1-\beta_i}\boldsymbol{z}_{i-1} + \sqrt{\beta_i} \odot \boldsymbol{\epsilon}, \tag{4.90}$$

其中 $\boldsymbol{\epsilon} \sim \mathcal{N}(0, \boldsymbol{I})$。原则上，$\beta_i$ 可以通过反向传导来学习，但是正如文献 [74, 75] 所指出的，它也可以是固定的。例如，文献 [74] 建议将其从 $\beta_1 = 10^{-4}$ 线性更改为 $\beta_T = 0.02$。

DDGM 和分层 VAE 之间的区别在于变分后验的定义和隐变量的维度，但它们的整个构造是基本相同的。我们可以联想到其学习目标是什么——是的，是 ELBO！我们可以像下面一样推导出 ELBO：

$$\begin{aligned}
\ln p_\theta(\boldsymbol{x}) &= \ln \int Q_\phi(\boldsymbol{z}_{1:T}|\boldsymbol{x}) \frac{p_\theta(\boldsymbol{x}, \boldsymbol{z}_{1:T})}{Q_\phi(\boldsymbol{z}_{1:T}|\boldsymbol{x})} \mathrm{d}\boldsymbol{z}_{1:T} \\
&\geqslant \mathbb{E}_{Q_\phi(\boldsymbol{z}_{1:T}|\boldsymbol{x})} \left[\ln p_\theta(\boldsymbol{x}|\boldsymbol{z}_1) + \sum_{i=1}^{T-1} \ln p_\theta(\boldsymbol{z}_i|\boldsymbol{z}_{i+1}) + \ln p_\theta(\boldsymbol{z}_T) \right. \\
&\qquad \left. - \sum_{i=2}^{T} \ln q_\phi(\boldsymbol{z}_i|\boldsymbol{z}_{i-1}) - \ln q_\phi(\boldsymbol{z}_1|\boldsymbol{x}) \right] \\
&= \mathbb{E}_{Q_\phi(\boldsymbol{z}_{1:T}|\boldsymbol{x})} \left[\ln p_\theta(\boldsymbol{x}|\boldsymbol{z}_1) + \ln p_\theta(\boldsymbol{z}_1|\boldsymbol{z}_2) + \sum_{i=2}^{T-1} \ln p_\theta(\boldsymbol{z}_i|\boldsymbol{z}_{i+1}) + \ln p_\theta(\boldsymbol{z}_T) \right. \\
&\qquad \left. - \sum_{i=2}^{T-1} \ln q_\phi(\boldsymbol{z}_i|\boldsymbol{z}_{i-1}) - \ln q_\phi(\boldsymbol{z}_T|\boldsymbol{z}_{T-1}) - \ln q_\phi(\boldsymbol{z}_1|\boldsymbol{x}) \right] \\
&= \mathbb{E}_{Q_\phi(\boldsymbol{z}_{1:T}|\boldsymbol{x})} \left[\ln p_\theta(\boldsymbol{x}|\boldsymbol{z}_1) + \sum_{i=2}^{T-1} (\ln p_\theta(\boldsymbol{z}_i|\boldsymbol{z}_{i+1}) - \ln q_\phi(\boldsymbol{z}_i|\boldsymbol{z}_{i-1})) \right. \\
&\qquad + \ln p_\theta(\boldsymbol{z}_T) - \ln q_\phi(\boldsymbol{z}_T|\boldsymbol{z}_{T-1}) \\
&\qquad \left. + \ln p_\theta(\boldsymbol{z}_1|\boldsymbol{z}_2) - \ln q_\phi(\boldsymbol{z}_1|\boldsymbol{x}) \right] \qquad (4.91) \\
&\stackrel{\text{def}}{=} \mathcal{L}(\boldsymbol{x}; \theta, \phi).
\end{aligned}$$

可以根据 Kullback-Leibler 散度重写 ELBO [请注意，使用关于 $Q_\phi(\boldsymbol{z}_{-i}|\boldsymbol{x})$ 的期望值，从而强调了使用的是适当的变分后验来定义 Kullback-Leiler 散度]：

$$\mathcal{L}(\boldsymbol{x}; \theta, \phi) = \mathbb{E}_{Q_\phi(\boldsymbol{z}_{1:T}|\boldsymbol{x})}[\ln p_\theta(\boldsymbol{x}|\boldsymbol{z}_1)]$$

$$
\begin{aligned}
&- \sum_{i=2}^{T-1} \mathbb{E}_{Q_\phi(\boldsymbol{z}_{-i}|\boldsymbol{x})}[\mathrm{KL}[q_\phi(\boldsymbol{z}_i|\boldsymbol{z}_{i-1})||p_\theta(\boldsymbol{z}_i|\boldsymbol{z}_{i+1})]] \\
&- \mathbb{E}_{Q_\phi(\boldsymbol{z}_{-T}|\boldsymbol{x})}[\mathrm{KL}[q_\phi(\boldsymbol{z}_T|\boldsymbol{z}_{T-1})||p_\theta(\boldsymbol{z}_T)]] \\
&- \mathbb{E}_{Q_\phi(\boldsymbol{z}_{-1}|\boldsymbol{x})}[\mathrm{KL}[q_\phi(\boldsymbol{z}_1|\boldsymbol{x})||p_\theta(\boldsymbol{z}_1|\boldsymbol{z}_2)]]. \qquad (4.92)
\end{aligned}
$$

取 $T=5$。这并不是很大（例如 [74] 中使用了 $T=1000$），但用这个非常具体的模型可以更容易解释其思想。此外，使用固定的 $\beta_t \equiv \beta$。然后就有了以下的 DDGM：

$$p_\theta(\boldsymbol{x}, \boldsymbol{z}_{1:5}) = p_\theta(\boldsymbol{x}|\boldsymbol{z}_1)p_\theta(\boldsymbol{z}_1|\boldsymbol{z}_2)p_\theta(\boldsymbol{z}_2|\boldsymbol{z}_3)p_\theta(\boldsymbol{z}_3|\boldsymbol{z}_4)p_\theta(\boldsymbol{z}_4|\boldsymbol{z}_5)p_\theta(\boldsymbol{z}_5), \qquad (4.93)$$

以及变分后验：

$$Q_\phi(\boldsymbol{z}_{1:5}|\boldsymbol{x}) = q_\phi(\boldsymbol{z}_1|\boldsymbol{x})q_\phi(\boldsymbol{z}_2|\boldsymbol{z}_1)q_\phi(\boldsymbol{z}_3|\boldsymbol{z}_2)q_\phi(\boldsymbol{z}_4|\boldsymbol{z}_3)q_\phi(\boldsymbol{z}_5|\boldsymbol{z}_4). \qquad (4.94)$$

在这种情况下，ELBO 有以下的形式：

$$
\begin{aligned}
\mathcal{L}(\boldsymbol{x};\theta,\phi) = &\ \mathbb{E}_{Q_\phi(\boldsymbol{z}_{1:5}|\boldsymbol{x})}[\ln p_\theta(\boldsymbol{x}|\boldsymbol{z}_1)] \\
&- \sum_{i=2}^{4} \mathbb{E}_{Q_\phi(\boldsymbol{z}_{-i}|\boldsymbol{x})}[\mathrm{KL}[q_\phi(\boldsymbol{z}_i|\boldsymbol{z}_{i-1})||p_\theta(\boldsymbol{z}_i|\boldsymbol{z}_{i+1})]] \\
&- \mathbb{E}_{Q_\phi(\boldsymbol{z}_{-i}|\boldsymbol{x})}[\mathrm{KL}[q_\phi(\boldsymbol{z}_5|\boldsymbol{z}_4)||p_\theta(\boldsymbol{z}_5)]] \\
&- \mathbb{E}_{Q_\phi(\boldsymbol{z}_{-i}|\boldsymbol{x})}[\mathrm{KL}[q_\phi(\boldsymbol{z}_1|\boldsymbol{x})||p_\theta(\boldsymbol{z}_1|\boldsymbol{z}_2)]], \qquad (4.95)
\end{aligned}
$$

其中

$$p_\theta(\boldsymbol{z}_5) = \mathcal{N}(\boldsymbol{z}_5|0, \boldsymbol{I}). \qquad (4.96)$$

最后，一个有趣的问题是如何对输入进行建模，以及最终应该使用什么分布来为 $p(\boldsymbol{x}|\boldsymbol{z}_1)$ 建模。到目前为止，一直使用分类分布，因为像素是整数值。然而，对于 DDGM，假设其是连续的，我们会使用一个简单的技巧：将输入归一化为 -1 和 1 之间的值，并使用由双曲正切（tanh）的非线性将单位方差和均值限制为 $[-1,1]$ 的高斯分布：

$$p(\boldsymbol{x}|\boldsymbol{z}_1) = \mathcal{N}(\boldsymbol{x}|\tanh(\mathrm{NN}(\boldsymbol{z}_1)), \boldsymbol{I}), \qquad (4.97)$$

其中 $\mathrm{NN}(\boldsymbol{z}_1)$ 是一个神经网络。结果，由于方差为 1，我们有

$$\ln p(\boldsymbol{x}|\boldsymbol{z}_1) = -\mathrm{MSE}(\boldsymbol{x}, \tanh(\mathrm{NN}(\boldsymbol{z}_1))) + \mathrm{const},$$

所以其等价于（负的）均方误差！这不是一个完美的方法，但简单有效。■

如读者所见，并没有什么特别的技巧，而我们已经准备好实现 DDGM。实际上可以参考分层 VAE 的代码来进行相应的修改。DDGM 的方便之处在于前向扩散（即变分后验）是固定的，需要从中采样，而只有反向扩散需要应用 DNN。现在直接跳入代码。

4.5.3.3 代码

读者可能会认为这个实现会非常复杂，并且涉及很多数学。但是如果我们记得之前关于 VAE 的讨论，就应该很清楚需要在这里做什么。

代码清单 4.13 DDGM 类

```
class DDGM(nn.Module):
    def __init__(self, p_dnns, decoder_net, beta, T, D):
        super(DDGM, self).__init__()

        print('DDGM by JT.')

        self.p_dnns = p_dnns  # 一个序列模型的列表；每个单独的序列模型定义了一个DNN来参数化分布p(z_i|z_i+1)

        self.decoder_net = decoder_net # 最后一个DNN来处理p(x|z1)

        # 其他参数
        self.D = D # 输入的维度（用来做抽样）

        self.T = T # 步数

        self.beta = torch.FloatTensor([beta]) # 扩散的固定方差

    # 高斯分布的重参数化技巧
    @staticmethod
    def reparameterization(mu, log_var):
        std = torch.exp(0.5*log_var)
        eps = torch.randn_like(std)
        return mu + std * eps

    # 高斯前向扩散的重参数化技巧
    def reparameterization_gaussian_diffusion(self, x, i):
        return torch.sqrt(1. - self.beta) * x + torch.sqrt(self.beta) * torch.randn_like(x)

    def forward(self, x, reduction='avg'):
        # =====
```

```
        # 前向扩散
        # 请注意，我们只是在空间中使用高斯随机游走进行“扫描”
        # 把所有的z存储在一个列表中
        zs = [self.reparameterization_gaussian_diffusion(x, 0)]

        for i in range(1, self.T):
            zs.append(self.reparameterization_gaussian_diffusion(zs[-1], i))

        # =====
        # 反向扩散
        # 从最后一个z开始处理到x
        # 每一步都计算均值和方差
        mus = []
        log_vars = []

        for i in range(len(self.p_dnns) - 1, -1, -1):
            h = self.p_dnns[i](zs[i+1])
            mu_i, log_var_i = torch.chunk(h, 2, dim=1)
            mus.append(mu_i)
            log_vars.append(log_var_i)

        # 最后一步：输出x的均值
        # 注意：假设最后一个分布是Normal(x|tanh(NN(z_1)), 1)!
        mu_x = self.decoder_net(zs[0])

        # =====ELBO
        # RE
        # 这等价于 - MSE(x, mu_x) + const
        RE = log_standard_normal(x - mu_x).sum(-1)

        # KL：需要处理所有级别的隐变量
        KL = (log_normal_diag(zs[-1], torch.sqrt(1. - self.beta) * zs[-1], torch.log(self.beta)) - log_standard_normal(zs[-1])).sum(-1)

        for i in range(len(mus)):
            KL_i = (log_normal_diag(zs[i], torch.sqrt(1. - self.beta) * zs[i], torch.log(self.beta)) - log_normal_diag(zs[i], mus[i], log_vars[i])).sum(-1)

            KL = KL + KL_i

        # 最终的ELBO
        if reduction == 'sum':
            loss = -(RE - KL).sum()
        else:
            loss = -(RE - KL).mean()

        return loss
```

```
    # 抽样意味着在每一步抽样的反向扩散
    def sample(self, batch_size=64):
        z = torch.randn([batch_size, self.D])
        for i in range(len(self.p_dnns) - 1, -1, -1):
            h = self.p_dnns[i](z)
            mu_i, log_var_i = torch.chunk(h, 2, dim=1)
            z = self.reparameterization(torch.tanh(mu_i), log_var_i)

        mu_x = self.decoder_net(z)

        return mu_x

    # 作为验证，也可以从前向扩散中采样
    # 结果应该类似于白噪声
    def sample_diffusion(self, x):
        zs = [self.reparameterization_gaussian_diffusion(x, 0)]

        for i in range(1, self.T):
            zs.append(self.reparameterization_gaussian_diffusion(zs[-1], i))

        return zs[-1]
```

现在我们准备好运行完整的代码了。在训练 DDGM 之后，可以得到如图 4.24 所示的结果。

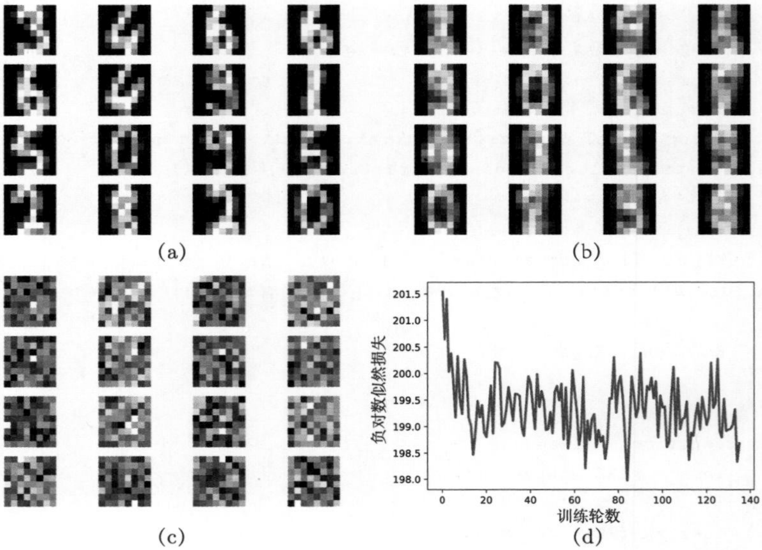

图 4.24　训练后的结果示意图。(a) 随机选取的真实图像。(b) DDGM 的非条件生成结果。(c) 应用前向扩散之后最后一个随机层的可视化。如我们所料，生成的图像类似于完全的噪声。(d) ELBO 的验证曲线示例

4.5.3.4 讨论

扩展

当前 DDGM 是非常流行的深度生成模型。在这里展示的内容非常接近 DDGM [75] 的原始构建。然而，文献 [74] 还引入了许多有趣的见解和对原始想法的改进，例如：

- 由于前向扩散由高斯分布和均值的线性变换组成，所以有可能将中间步骤边缘化，从而产生：

$$q(\boldsymbol{z}_t|\boldsymbol{x}) = \mathcal{N}(\boldsymbol{z}_t|\sqrt{\bar{\alpha}_t}\boldsymbol{x}, (1-\bar{\alpha}_t\boldsymbol{I}), \tag{4.98}$$

其中 $\alpha_t = 1-\beta_t$ 和 $\bar{\alpha}_t = \prod_{s=1}^{t}\alpha_t$。这是一个非常有趣的结果，因为可以在不采样所有中间步骤的情况下采样 $\boldsymbol{z}_t$。
- 作为后续，还可以计算如下的分布：

$$q(\boldsymbol{z}_{t-1}|\boldsymbol{z}_t, \boldsymbol{x}) = \mathcal{N}(\boldsymbol{z}_{t-1}|\tilde{\boldsymbol{\mu}}_t(\boldsymbol{z}_t, \boldsymbol{x}), \tilde{\beta}_t\boldsymbol{I}), \tag{4.99}$$

其中：

$$\tilde{\boldsymbol{\mu}}_t(\boldsymbol{z}_t, \boldsymbol{x}) = \frac{\sqrt{\bar{\alpha}_{t-1}}\beta_t}{1-\bar{\alpha}_t}\boldsymbol{x} + \frac{\sqrt{\alpha_t}(1-\bar{\alpha}_{t-1})}{1-\bar{\alpha}_t}\boldsymbol{z}_t \tag{4.100}$$

以及

$$\tilde{\beta}_t = \frac{1-\bar{\alpha}_{t-1}}{1-\bar{\alpha}_t}\beta_t. \tag{4.101}$$

然后可以把 ELBO 重写为如下的形式：

$$\begin{aligned}\mathcal{L}(\boldsymbol{x};\theta,\phi) = \mathbb{E}_Q\Bigg[&\underbrace{\mathrm{KL}[q(\boldsymbol{z}_T|\boldsymbol{x})\|p(\boldsymbol{z}_T)]}_{L_T} + \\ &+\sum_{t>1}\underbrace{\mathrm{KL}[q(\boldsymbol{z}_{t-1}|\boldsymbol{z}_t,\boldsymbol{x})\|p_\theta(\boldsymbol{z}_{t-1}|\boldsymbol{z}_t)]}_{L_{t-1}} + \\ &\underbrace{-\log p_\theta(\boldsymbol{x}|\boldsymbol{z}_1)}_{L_0}\Bigg].\end{aligned} \tag{4.102}$$

现在，我们可以随机选择 L_t 并将其视为目标，而不用区分目标中的所有组件。这种方法有明显的优势：不需要将所有梯度都保存在内存中！相反，一次只更新一层。由于训练无论如何都是随机的（通常使用的都是随机梯度下降），可以在训练期间引入这种额外的随机性。其好处是巨大的，因为可以训练非常深的模型，比如像文献 [74] 中那样有 1000 层。

- 如果不断试验这里的代码，就可能会注意到训练反向扩散是很成问题的。这是因为通过添加额外的隐变量层，我们添加了额外的 KL 项。在远非完美模型的情况下，每个 KL 项将严格大于 0，因此将随着随机性的每多一步而增加 ELBO。因此，聪明地构建反向扩散非常重要。文献 [74] 再次提供了有趣的想法。我们在这里跳过完整的推理，事实证明，要使模型 $p_\theta(\boldsymbol{z}_{t-1}|\boldsymbol{z}_t) = \mathcal{N}(\boldsymbol{z}_{t-1}|\mu_\theta(\boldsymbol{z}_t), \sigma_t^2\boldsymbol{I})$ 更强大，$\mu_\theta(\boldsymbol{z}_t)$ 应该尽可能接近 $\tilde{\boldsymbol{\mu}}_t(\boldsymbol{z}_t, \boldsymbol{x})$。根据文献 [74] 的推导得到：

$$\mu_\theta(\boldsymbol{z}_t) = \frac{1}{\sqrt{\alpha_t}}(\boldsymbol{z}_t - \frac{\beta_t}{\sqrt{1-\bar{\alpha}_t}}\epsilon_\theta(\boldsymbol{z}_t)),$$

  其中 $\epsilon_\theta(\boldsymbol{z}_t)$ 由一个 DNN 来参数化，其目标是去估计 $\boldsymbol{z}_t$ 产生的噪声。
- 更进一步，每个 L_t 都可以被简化为：

$$L_{t,\text{simple}} = \mathbb{E}_{t,\boldsymbol{x}_0,\epsilon}\left[\left\|\boldsymbol{\epsilon} - \boldsymbol{\epsilon}_\theta\left(\sqrt{\bar{\alpha}_t}\boldsymbol{x}_0 + \sqrt{1-\bar{\alpha}_t}\boldsymbol{\epsilon}, t\right)\right\|^2\right].$$

  文献 [74] 提供的经验结果表明，这样的目标可能有利于训练和合成图像的最终质量。

文献 [74] 之后还有很多后续工作，简单介绍其中几个。

- *改进 DDGM*：文献 [84] 介绍了通过学习反向扩散中的协方差矩阵来提高 DDGM 的训练稳定性和性能的进一步技巧，其中提出了不同的噪声调度等。有趣的是，文献 [76] 的作者建议使用傅里叶特征作为附加通道来扩展可观察对象（即像素）和隐变量。这背后的基本原理是高频特征可以允许神经网络去更好地应对噪声。此外，作者还引入了一种新的噪声调度方法，以提高前向扩散过程的数值稳定性。
- *采样加速*：文献 [85,86] 聚焦在如何加速采样过程。
- *超分辨率*：文献 [77] 使用 DDGM 来实现超分辨率的任务。
- *与基于分数的生成模型的关联*：事实证明，基于分数的生成模型 [87] 与 DDGM 密切相关，如文献 [87, 88] 所示。这个观点给出了 DDGM 和随机微分方程 [81,83] 之间的巧妙联系。
- *DDGM 的变分视角*：DDGM 有一个很好的变分视角 [76,81]，可以直观地解释 DDGM，并在图像合成任务上取得惊人的结果。文献 [76] 值得我们进一步研究，其中提出了许多有趣的改进。
- *离散 DDGM*：到现在为止，DDGM 主要还是应用在连续空间上。文献 [79,80] 提出了能应用在离散空间上的 DDGM。

- 应用于音频的 DDGM：文献 [78] 提出使用 DDGM 来做音频合成。
- DDGM 作为 VAE 的先验：文献 [88,89] 提出使用 DDGM 作为 VAE 的灵活先验。

DDGM、VAE 与流模型

最后将 DDGM 与 VAE 和流模型进行比较。在表 4.1 中提供了一个基于比较随意的标准的模型对比：

- 训练过程是否稳定；
- 是否可以计算出似然；
- 是否可以重建；
- 模型是否可逆；
- 隐表征是否可以比输入空间的维度更低（即模型中的瓶颈）。

表 4.1 DDGM、VAE 和流模型的对比

模型	训练	似然	重建	可逆	瓶颈（隐表征）
DDGM	稳定	近似解	困难	否	否
VAE	稳定	近似解	容易	否	有可能
流模型	稳定	解析解	容易	是	否

这三个模型有很多相似之处。总体而言，尽管所有模型都可能出现数值问题，但它们的训练都相当稳定。分层 VAE 可以看作是 DDGM 的扩展。仍然未解的问题是，通过牺牲瓶颈的可能性来使用固定变分后验是否真的更有益。流模型和 DDGM 之间也有联系。两类模型都旨在从数据走到噪声。流模型通过应用可逆变换来实现这一点，而 DDGM 通过扩散过程来实现这一点。在流模型中，我们可以知道其逆模型，但随之也需要付出计算雅可比行列式的代价，而 DDGM 只需要灵活的反向扩散来参数化，并没有附加额外的限制。仔细探讨这些模型之间的深层次联系是一个非常有趣的研究方向。

4.6 参考文献

[1] BISHOP C M. Pattern recognition and machine learning[M]. [S.l.]: Springer, 2006.

[2] TIPPING M E, BISHOP C M. Probabilistic principal component analysis[J]. Journal of the Royal Statistical Society: Series B (Statistical Methodology), 1999, 61(3): 611-622.

[3] ANDRIEU C, DE FREITAS N, DOUCET A, et al. An introduction to mcmc for machine learning[J]. Machine learning, 2003, 50(1): 5-43.

[4] JORDAN M I, GHAHRAMANI Z, JAAKKOLA T S, et al. An introduction to variational methods for graphical models[J]. Machine learning, 1999, 37(2): 183-233.

[5] KIM Y, WISEMAN S, MILLER A, et al. Semi-amortized variational autoencoders[C]// International Conference on Machine Learning. [S.l.]: PMLR, 2018: 2678-2687.

[6] KINGMA D P, WELLING M. Auto-encoding variational bayes[J]. arXiv preprint arXiv:1312.6114, 2013.

[7] REZENDE D J, MOHAMED S, WIERSTRA D. Stochastic backpropagation and approximate inference in deep generative models[C]//International conference on machine learning. [S.l.]: PMLR, 2014: 1278-1286.

[8] DEVROYE L. Random variate generation in one line of code[C]//Proceedings Winter Simulation Conference. [S.l.]: IEEE, 1996: 265-272.

[9] KINGMA D, WELLING M. Efficient gradient-based inference through transformations between bayes nets and neural nets[C]//International Conference on Machine Learning. [S.l.]: PMLR, 2014a: 1782-1790.

[10] ALEMI A, POOLE B, FISCHER I, et al. Fixing a broken elbo[C]//International Conference on Machine Learning. [S.l.]: PMLR, 2018: 159-168.

[11] BOWMAN S, VILNIS L, VINYALS O, et al. Generating sentences from a continuous space[C]//Proceedings of The 20th SIGNLL Conference on Computational Natural Language Learning. [S.l.: s.n.], 2016: 10-21.

[12] REZENDE D J, VIOLA F. Taming vaes[J]. arXiv preprint arXiv:1810.00597, 2018.

[13] NALISNICK E, MATSUKAWA A, TEH Y W, et al. Do deep generative models know what they don't know?[C]//International Conference on Learning Representations. [S.l.: s.n.], 2018.

[14] LAN C L, DINH L. Perfect density models cannot guarantee anomaly detection[J]. arXiv preprint arXiv:2012.03808, 2020.

[15] BURDA Y, GROSSE R, SALAKHUTDINOV R. Importance weighted autoencoders[J]. arXiv preprint arXiv:1509.00519, 2015.

[16] VAN DEN BERG R, HASENCLEVER L, TOMCZAK J M, et al. Sylvester normalizing flows for variational inference[C]//34th Conference on Uncertainty in Artificial Intelligence 2018, UAI 2018. [S.l.]: Association For Uncertainty in Artificial Intelligence (AUAI), 2018: 393-402.

[17] HOOGEBOOM E, SATORRAS V G, TOMCZAK J M, et al. The convolution exponential and generalized sylvester flows[J]. arXiv preprint arXiv:2006.01910, 2020.

[18] KINGMA D P, SALIMANS T, JOZEFOWICZ R, et al. Improved variational inference with inverse autoregressive flow[J]. Advances in Neural Information Processing Systems, 2016, 29: 4743-4751.

[19] REZENDE D, MOHAMED S. Variational inference with normalizing flows[C]//International Conference on Machine Learning. [S.l.]: PMLR, 2015: 1530-1538.

[20] TOMCZAK J M, WELLING M. Improving variational auto-encoders using householder flow[J]. arXiv preprint arXiv:1611.09630, 2016.

[21] TOMCZAK J M, WELLING M. Improving variational auto-encoders using convex combination linear inverse autoregressive flow[J]. arXiv preprint arXiv:1706.02326, 2017.

[22] GULRAJANI I, KUMAR K, AHMED F, et al. PixelVAE: A latent variable model for natural images[J]. arXiv preprint arXiv:1611.05013, 2016.

[23] TOMCZAK J, WELLING M. VAE with a VampPrior[C]//International Conference on Artificial Intelligence and Statistics. [S.l.]: PMLR, 2018: 1214-1223.

[24] CHEN X, KINGMA D P, SALIMANS T, et al. Variational lossy autoencoder[J]. arXiv preprint arXiv:1611.02731, 2016.

[25] GATOPOULOS I, TOMCZAK J M. Self-supervised variational auto-encoders[J]. Entropy, 2021, 23(6): 747.

[26] HABIBIAN A, ROZENDAAL T V, TOMCZAK J M, et al. Video compression with rate-distortion autoencoders[C]//Proceedings of the IEEE/CVF International Conference on Computer Vision. [S.l.: s.n.], 2019: 7033-7042.

[27] BAUER M, MNIH A. Resampled priors for variational autoencoders[C]//The 22nd International Conference on Artificial Intelligence and Statistics. [S.l.]: PMLR, 2019: 66-75.

[28] KINGMA D P, REZENDE D J, MOHAMED S, et al. Semi-supervised learning with deep generative models[C]//Proceedings of the 27th International Conference on Neural Information Processing Systems. [S.l.: s.n.], 2014b: 3581-3589.

[29] LOUIZOS C, SWERSKY K, LI Y, et al. The variational fair autoencoder[J]. arXiv preprint arXiv:1511.00830, 2015.

[30] ILSE M, TOMCZAK J M, LOUIZOS C, et al. DIVA: Domain invariant variational autoencoders[C]//Medical Imaging with Deep Learning. [S.l.]: PMLR, 2020: 322-348.

[31] BLUNDELL C, CORNEBISE J, KAVUKCUOGLU K, et al. Weight uncertainty in neural network[C]//International Conference on Machine Learning. [S.l.]: PMLR, 2015: 1613-1622.

[32] JIN W, BARZILAY R, JAAKKOLA T. Junction tree variational autoencoder for molecular graph generation[C]//International Conference on Machine Learning. [S.l.]: PMLR, 2018: 2323-2332.

[33] DAVIDSON T R, FALORSI L, DE CAO N, et al. Hyperspherical variational auto-encoders[C]//34th Conference on Uncertainty in Artificial Intelligence 2018, UAI 2018. [S.l.]: Association For Uncertainty in Artificial Intelligence (AUAI), 2018: 856-865.

[34] DAVIDSON T R, TOMCZAK J M, GAVVES E. Increasing expressivity of a hyperspherical vae[J]. arXiv preprint arXiv:1910.02912, 2019.

[35] MATHIEU E, LAN C L, MADDISON C J, et al. Continuous Hierarchical Representations with Poincaré Variational Auto-Encoders[J]. arXiv preprint arXiv:1901.06033, 2019.

[36] JANG E, GU S, POOLE B. Categorical reparameterization with gumbel-Softmax[J]. arXiv preprint arXiv:1611.01144, 2016.

[37] MADDISON C, MNIH A, TEH Y. The concrete distribution: A continuous relaxation of discrete random variables[C]//Proceedings of the international conference on learning Representations. [S.l.]: International Conference on Learning Representations, 2017.

[38] VAN KRIEKEN E, TOMCZAK J M, TEIJE A T. Storchastic: A framework for general stochastic automatic differentiation[J]. Advances in Neural Information Processing Systems, 2021.

[39] HE J, SPOKOYNY D, NEUBIG G, et al. Lagging inference networks and posterior collapse in variational autoencoders[J]. arXiv preprint arXiv:1901.05534, 2019.

[40] DIENG A B, KIM Y, RUSH A M, et al. Avoiding latent variable collapse with generative skip models[C]//The 22nd International Conference on Artificial Intelligence and Statistics. [S.l.]: PMLR, 2019: 2397-2405.

[41] DIENG A B, TRAN D, RANGANATH R, et al. Variational Inference via χ-Upper Bound Minimization[C]//Proceedings of the 31st International Conference on Neural Information Processing Systems. [S.l.: s.n.], 2017: 2729-2738.

[42] HIGGINS I, MATTHEY L, PAL A, et al. beta-VAE: Learning basic visual concepts with a constrained variational framework[J]. ICLR, 2016.

[43] GHOSH P, SAJJADI M S, VERGARI A, et al. From variational to deterministic autoencoders[C]//International Conference on Learning Representations. [S.l.: s.n.], 2019.

[44] MAALØE L, FRACCARO M, LIÉVIN V, et al. BIVA: A Very Deep Hierarchy of Latent Variables for Generative Modeling[C]//NeurIPS. [S.l.: s.n.], 2019.

[45] VAHDAT A, KAUTZ J. NVAE: A deep hierarchical variational autoencoder[J]. arXiv preprint arXiv:2007.03898, 2020.

[46] CHILD R. Very deep vaes generalize autoregressive models and can outperform them on images[J]. arXiv preprint arXiv:2011.10650, 2020.

[47] MAKHZANI A, SHLENS J, JAITLY N, et al. Adversarial autoencoders[J]. arXiv preprint arXiv:1511.05644, 2015.

[48] HOFFMAN M D, JOHNSON M J. ELBO surgery: Yet another way to carve up the variational evidence lower bound[C]//Workshop in Advances in Approximate Bayesian Inference, NIPS: volume 1. [S.l.: s.n.], 2016: 2.

[49] CHEN R T, LI X, GROSSE R, et al. Isolating sources of disentanglement in vaes[C]//Proceedings of the 32nd International Conference on Neural Information Processing Systems. [S.l.: s.n.], 2018: 2615-2625.

[50] LAVDA F, GREGOROVÁ M, KALOUSIS A. Data-dependent conditional priors for unsupervised learning of multimodal data[J]. Entropy, 2020, 22(8): 888.

[51] LIN S, CLARK R. Ladder: Latent data distribution modelling with a generative prior[J]. arXiv preprint arXiv:2009.00088, 2020.

[52] BISHOP C M, SVENSÉN M, WILLIAMS C K. GTM: The generative topographic mapping[J]. Neural computation, 1998, 10(1): 215-234.

[53] BISCHOF C H, SUN X. On orthogonal block elimination[J]. Preprint MCS-P450-0794, Mathematics and Computer Science Division, Argonne National Laboratory, 1994: 4.

[54] SUN X, BISCHOF C. A basis-kernel representation of orthogonal matrices[J]. SIAM journal on matrix analysis and applications, 1995, 16(4): 1184-1196.

[55] HOUSEHOLDER A S. Unitary triangularization of a nonsymmetric matrix[J]. Journal of the ACM (JACM), 1958, 5(4): 339-342.

[56] HASENCLEVER L, TOMCZAK J, VAN DEN BERG R, et al. Variational inference with orthogonal normalizing flows[J]. 2017.

[57] BJÖRCK Å, BOWIE C. An iterative algorithm for computing the best estimate of an orthogonal matrix[J]. SIAM Journal on Numerical Analysis, 1971, 8(2): 358-364.

[58] KOVARIK Z. Some iterative methods for improving orthonormality[J]. SIAM Journal on Numerical Analysis, 1970, 7(3): 386-389.

[59] ULRICH G. Computer generation of distributions on the m-sphere[J]. Journal of the Royal Statistical Society: Series C (Applied Statistics), 1984, 33(2): 158-163.

[60] NAESSETH C, RUIZ F, LINDERMAN S, et al. Reparameterization gradients through acceptance-rejection sampling algorithms[C]//Artificial Intelligence and Statistics. [S.l.]: PMLR, 2017: 489-498.

[61] BENGIO Y, COURVILLE A, VINCENT P. Representation learning: A review and new perspectives[J]. IEEE transactions on pattern analysis and machine intelligence, 2013, 35 (8): 1798-1828.

[62] HUSZÁR F. Is maximum likelihood useful for representation learning?[Z]. [S.l.: s.n.].

[63] PHUONG M, WELLING M, KUSHMAN N, et al. The mutual autoencoder: Controlling information in latent code representations[Z]. [S.l.: s.n.].

[64] SINHA S, DIENG A B. Consistency regularization for variational auto-encoders[J]. arXiv preprint arXiv:2105.14859, 2021.

[65] TOMCZAK J M. Learning informative features from restricted boltzmann machines[J]. Neural Processing Letters, 2016, 44(3): 735-750.

[66] BENGIO Y. Learning deep architectures for ai[M]. [S.l.]: Now Publishers Inc, 2009.

[67] SALAKHUTDINOV R. Learning deep generative models[J]. Annual Review of Statistics and Its Application, 2015, 2: 361-385.

[68] SALAKHUTDINOV R, HINTON G. Deep boltzmann machines[C]//Artificial intelligence and statistics. [S.l.]: PMLR, 2009: 448-455.

[69] GELMAN A, CARLIN J B, STERN H S, et al. Bayesian data analysis[M]. [S.l.]: Chapman and Hall/CRC, 1995.

[70] MAALØE L, FRACCARO M, WINTHER O. Semi-supervised generation with cluster-aware generative models[J]. arXiv preprint arXiv:1704.00637, 2017.

[71] SØNDERBY C K, RAIKO T, MAALØE L, et al. Ladder variational autoencoders[J]. Advances in Neural Information Processing Systems, 2016, 29: 3738-3746.

[72] PERVEZ A, GAVVES E. Spectral smoothing unveils phase transitions in hierarchical variational autoencoders[C]//International Conference on Machine Learning. [S.l.]: PMLR, 2021: 8536-8545.

[73] WU B, NAIR S, MARTIN-MARTIN R, et al. Greedy hierarchical variational autoencoders for large-scale video prediction[C]//Proceedings of the IEEE/CVF Conference on Computer Vision and Pattern Recognition. [S.l.: s.n.], 2021: 2318-2328.

[74] HO J, JAIN A, ABBEEL P. Denoising diffusion probabilistic models[J]. arXiv preprint arXiv:2006.11239, 2020.

[75] SOHL-DICKSTEIN J, WEISS E, MAHESWARANATHAN N, et al. Deep unsupervised learning using nonequilibrium thermodynamics[C]//International Conference on Machine Learning. [S.l.]: PMLR, 2015: 2256-2265.

[76] KINGMA D P, SALIMANS T, POOLE B, et al. Variational diffusion models[J]. arXiv preprint arXiv:2107.00630, 2021.

[77] SAHARIA C, HO J, CHAN W, et al. Image super-resolution via iterative refinement[J]. arXiv preprint arXiv:2104.07636, 2021.

[78] KONG Z, PING W, HUANG J, et al. DiffWave: A versatile diffusion model for audio synthesis[C]//International Conference on Learning Representations. [S.l.: s.n.], 2020.

[79] AUSTIN J, JOHNSON D, HO J, et al. Structured denoising diffusion models in discrete state-spaces[J]. arXiv preprint arXiv:2107.03006, 2021.

[80] HOOGEBOOM E, NIELSEN D, JAINI P, et al. Argmax flows and multinomial diffusion: Towards non-autoregressive language models[J]. arXiv preprint arXiv:2102.05379, 2021.

[81] HUANG C W, LIM J H, COURVILLE A. A variational perspective on diffusion-based generative models and score matching[J]. arXiv preprint arXiv:2106.02808, 2021.

[82] SONG Y, SOHL-DICKSTEIN J, KINGMA D P, et al. Score-based generative modeling through stochastic differential equations[C]//International Conference on Learning Representations. [S.l.: s.n.], 2020.

[83] TZEN B, RAGINSKY M. Neural stochastic differential equations: Deep latent gaussian models in the diffusion limit[J]. arXiv preprint arXiv:1905.09883, 2019.

[84] NICHOL A, DHARIWAL P. Improved denoising diffusion probabilistic models[J]. arXiv preprint arXiv:2102.09672, 2021.

[85] KONG Z, PING W. On fast sampling of diffusion probabilistic models[J]. arXiv preprint arXiv:2106.00132, 2021.

[86] WATSON D, HO J, NOROUZI M, et al. Learning to efficiently sample from diffusion probabilistic models[J]. arXiv preprint arXiv:2106.03802, 2021.

[87] SONG Y, KINGMA D P. How to train your energy-based models[J]. arXiv preprint arXiv:2101.03288, 2021.

[88] VAHDAT A, KREIS K, KAUTZ J. Score-based generative modeling in latent space[J]. arXiv preprint arXiv:2106.05931, 2021.

[89] WEHENKEL A, LOUPPE G. Diffusion priors in variational autoencoders[C]//ICML Workshop on Invertible Neural Networks, Normalizing Flows, and Explicit Likelihood Models. [S.l.: s.n.], 2021.

第 5 章
CHAPTER 5
混合建模

5.1 简介

第 1 章中已提出，学习条件分布 $p(y|\boldsymbol{x})$ 已经被认为是不足够的，应该更多去关注联合分布 $p(\boldsymbol{x}, y)$，如下所示：

$$p(\boldsymbol{x}, y) = p(y|\boldsymbol{x})p(\boldsymbol{x}). \tag{5.1}$$

这是因为条件分布 $p(y|\boldsymbol{x})$ 并不能给出关于 $\boldsymbol{x}$ 的任何信息，相反它会尽力给出一个最终的决定。结果是可以提供一个从未观察到的对象，并且 $p(y|\boldsymbol{x})$ 仍可以非常确定它的决定（即将高概率分配给一个类）。而一旦训练了 $p(\boldsymbol{x})$，至少在理论上，我们应该能够访问给定对象的概率，并最终确定这个决定是否可靠。

前面的章节完全专注于回答如何单独学习 $p(\boldsymbol{x})$ 的问题。由于考虑到其用来评估概率的必要性，所以我们只讨论了基于似然的模型，即自回归模型（ARM）、流模型和变分自动编码器（VAE）。一个很自然的问题是如何将深度生成模型与分类器（或回归器）一起使用。为了简单起见，我们先专注于分类任务。

5.1.1 方法一：从最简单的情况开始

先从最简单的情况开始，分别训练 $p(y|\boldsymbol{x})$ 和 $p(\boldsymbol{x})$，实现一个分类器，以及目标对象上的边缘分布，如图 5.1 所示。图 5.1 中使用不同的颜色（紫色和蓝色）

来分别表示使用两个不同的神经网络来参数化的两个分布。

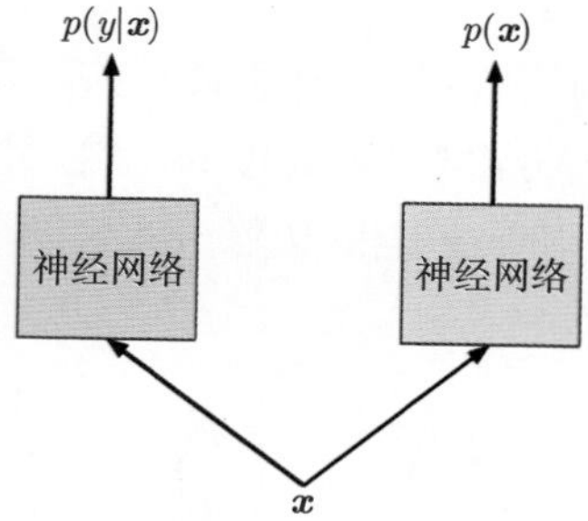

图 5.1 通过分别考虑两个分布来学习联合分布的朴素方法

对联合分布取对数得到：

$$\ln p(\boldsymbol{x}, y) = \ln p_\alpha(y|\boldsymbol{x}) + \ln p_\beta(\boldsymbol{x}), \tag{5.2}$$

其中 α 和 β 表示两个分布的参数化过程（即神经网络）。一旦开始训练并计算关于 α 和 β 的梯度，可以很清楚地看到：

$$\nabla_\alpha \ln p(\boldsymbol{x}, y) = \nabla_\alpha \ln p_\alpha(y|\boldsymbol{x}) + \underbrace{\nabla_\alpha \ln p_\beta(\boldsymbol{x})}_{=0}, \tag{5.3}$$

因为 $\ln p_\beta(\boldsymbol{x})$ 并不依赖于 α。我们还有：

$$\nabla_\beta \ln p(\boldsymbol{x}, y) = \underbrace{\nabla_\beta \ln p_\alpha(y|\boldsymbol{x})}_{=0} + \nabla_\beta \ln p_\beta(\boldsymbol{x}), \tag{5.4}$$

因为 $\ln p_\alpha(y|\boldsymbol{x})$ 并不依赖于 β。

换句话说，可以首先简单使用所有带有标签的数据训练 $p_\alpha(y|\boldsymbol{x})$，然后使用所有可用的数据训练 $p_\beta(\boldsymbol{x})$。这种方法的潜在缺陷是，不能保证两个分布都以相同的方式处理 $\boldsymbol{x}$，因此可能会引入一些错误。此外，由于训练过程中的随机性，随机变量 $\boldsymbol{x}$ 和 y 之间没有信息流动，因此神经网络会去寻求各自的（局部）最小值。打个比方，这就像一只鸟的两只翅膀，完全独立分开，更是完全异步地拍打。此外，分别训练两个模型也是低效的，需要使用两个不同的神经网络而没有任何权重分享。由于训练是随机的，我们本来就会担心可能发生的局部最优问题，现在要加倍小心。

这个方法不能说一定会失败，因为它甚至可以运作良好，但也可能会导致模型远离最佳状态。无论如何，这个方法会让我们不能很好地掌控模型训练的过程。

5.1.2　方法二：共享参数化

既然参数化不被共享会产生问题，那就使用共享参数化。更准确地说，是部分共享的参数化，假设一个神经网络来处理 $\boldsymbol{x}$，然后将其输出送给另两个神经网络：一个用于分类器，一个用于 $\boldsymbol{x}$ 上的边缘分布。图 5.2 描述了这种方法的示例（共享神经网络以紫色表示）。

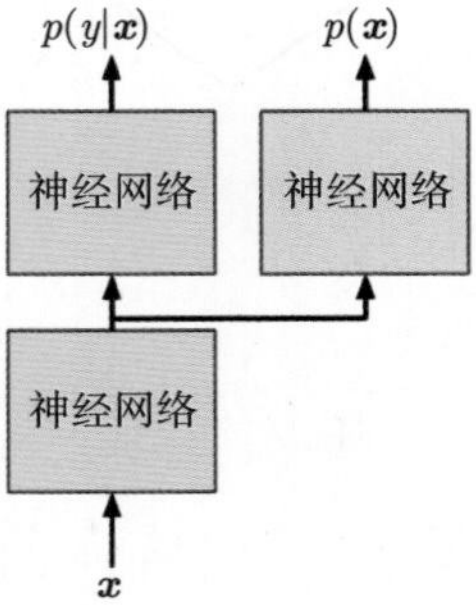

图 5.2　一种通过使用部分共享参数化来学习联合分布的方法

取联合分布的对数有：

$$\ln p(\boldsymbol{x}, y) = \ln p_{\alpha,\gamma}(y|\boldsymbol{x}) + \ln p_{\beta,\gamma}(\boldsymbol{x}), \tag{5.5}$$

注意两个分布都在部分共享参数化 γ（即图 5.2 中的紫色神经网络）。结果，在训练期间，$\boldsymbol{x}$ 和 y 之间存在着明显的信息共享。直观地说，两个分布都以相同的方式对处理后的 $\boldsymbol{x}$ 进行操作，这种表达专门用于给出类和对象的概率。

这样做的原因有两个。首先，现在这两个分布紧密相连，就像以前使用的鸟的比喻一样，两只翅膀现在可以同步一起拍动。其次，从优化的角度来看，梯度流经过 γ 网络，包含了关于 $\boldsymbol{x}$ 和 y 的信息。这可以帮助我们找到更优的解决方案。

5.2 混合建模的方法

使用表示为下面形式的训练目标进行模型学习，看上去似乎并没有错：

$$\ln p(\boldsymbol{x}, y) = \ln p_{\alpha,\gamma}(y|\boldsymbol{x}) + \ln p_{\beta,\gamma}(\boldsymbol{x}). \tag{5.6}$$

然而需要考虑 y 和 $\boldsymbol{x}$ 的维度。举个例子，如果 y 是二进制的，那么有一个表示类别标签的单个比特。对于 $\boldsymbol{x}$ 的二进制向量，则有 D 个比特。因此在尺度上有明显的差异。先来看一下关于 γ 的梯度，即：

$$\nabla_\gamma \ln p(\boldsymbol{x}, y) = \nabla_\gamma \ln p_{\alpha,\gamma}(y|\boldsymbol{x}) + \nabla_\gamma \ln p_{\beta,\gamma}(\boldsymbol{x}). \tag{5.7}$$

在训练期间，γ 网络从 $\ln p_{\beta,\gamma}(\boldsymbol{x})$ 获得了更强的信号。按照二进制变量的例子，假设神经网络返回的所有概率都等于 0.5，对于独立的伯努利变量有：

$$\begin{aligned}\ln \mathrm{Bern}(y|0.5) &= y \ln 0.5 + (1-y) \ln 0.5 \\ &= -\ln 2.\end{aligned}$$

这里使用了对数的特性 $(\ln 0.5 = \ln 2^{-1} = -\ln 2)$ 并且 y 的值并不重要，因为神经网络对 $y=0$ 和 $y=1$ 都会返回 0.5。同样，对于 $\boldsymbol{x}$，我们有：

$$\begin{aligned}\ln \prod_{d=1}^{D} \mathrm{Bern}(x_d|0.5) &= \sum_{d=1}^{D} \ln \mathrm{Bern}(x_d|0.5) \\ &= -D \ln 2.\end{aligned}$$

可以看到 $\ln p_{\beta,\gamma}(\boldsymbol{x})$ 部分比 $\ln p_{\alpha,\gamma}(y|\boldsymbol{x})$ 部分强了 D 倍！这如何影响训练期间最终的梯度？试着想象一个高度为 $\ln 2$ 的条形和另一个 D 倍高的条形，这些条形“流动”通过 γ 神经网络，γ 神经网络将从边缘分布中获得更多信息，而这些信息会削弱分类的部分。换句话说，最终模型将始终**偏向于边缘部分**。有什么办法可以改进这点吗？

在文献 [1] 中，作者提出将 $\ln p(y|\boldsymbol{x})$ 和 $\ln p(\boldsymbol{x})$ 的凸组合作为目标函数，即：

$$\mathcal{L}(\boldsymbol{x}, y; \lambda) = (1-\lambda) \ln p(y|\boldsymbol{x}) + \lambda \ln p(\boldsymbol{x}), \tag{5.8}$$

其中 $\lambda \in [0,1]$。缺点是这种加权方案不是从明确定义的分布中得出的，在一定程度上破坏了基于似然方法的优雅性。如果读者不介意这种优雅性的缺失，那么这种方法其实很有效。

文献 [2] 中提出了一种不同的方法，其中只有 $\ln p(\boldsymbol{x})$ 被加权：

$$\ell(\boldsymbol{x}, y; \lambda) = \ln p(y|\boldsymbol{x}) + \lambda \ln p(\boldsymbol{x}), \tag{5.9}$$

其中 $\lambda \geqslant 0$。这种加权在之前以各种形式提出过（例如文献 [3,4]）。尽管如此，经验因子 λ 并不是从概率的角度推导出来的。文献 [2] 认为可以将 λ 理解为一种提高输入变化鲁棒性的方式，其中还提到缩放 $\ln p(\boldsymbol{x})$ 可以看作基于雅可比的正则惩罚。这仍然不是一个有效的分布［因为其等价于 $p(\boldsymbol{x})^{\lambda}$］，但至少可以提供一些解释。

在文献 [2] 中，混合建模思想已经开始被使用，$p(\boldsymbol{x})$ 由流模型建模（在论文中作者使用了 GLOW [5]），之后生成的隐变量 $\boldsymbol{z}$ 被用作分类器的输入。换句话说，$p(\boldsymbol{x})$ 使用了流模型，并且与分类器共享可逆神经网络（例如由耦合层组成的神经网络）。添加在可逆神经网络上的最后一层用于作出决策 y。目标函数为 $\ell(\boldsymbol{x}, y; \lambda)$，如在式 5.9 中所定义。该方法呈现在图 5.3 中。

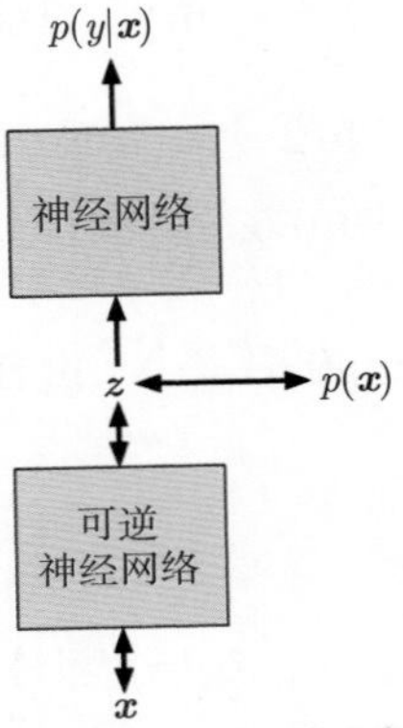

图 5.3　使用可逆神经网络和流模型的混合建模

这种方法有几个有趣的特性。首先，在模型的生成部分和判别部分都使用了可逆神经网络。因此流模型会对数据标签有很好的了解。其次，加权 λ 允许控制模型是更加判别式还是更加生成式。再次，可以使用**任何**流模型！在文献 [2] 中使用了 GLOW，文献 [6] 使用了残差流，而文献 [7] 使用了可逆 DenseNets。最后，正如文献 [2] 所提出的，还可以使用**任何**分类器（或回归器），例如贝叶斯分类器。

这种方法的一个可能缺点在于必须确定 λ。这是需要调整的额外超参数。此外，正如在之前的文献 [2,6,7] 中所注意到的，λ 的值对模型的性能从判别式到生成式会产生巨大影响。如何处理仍然是一个未解的问题。

5.3 代码实现

现在来更为具体地构建混合模型。从分类器开始，考虑一个全连接的神经网络来对条件分布 $p(y|\boldsymbol{x})$ 进行建模，即：

$$\boldsymbol{z} \to \text{Linear}(D, M) \to \text{ReLU} \to \text{Linear}(M, M) \to \text{ReLU} \to$$
$$\to \text{Linear}(M, K) \to \text{Softmax}$$

其中 D 是 $\boldsymbol{x}$ 的维度，K 是类的数量。Softmax 提供了每个类的概率。注意有 $\boldsymbol{z} = f^{-1}(\boldsymbol{x})$，其中 f 是一个可逆神经网络。

我们的例子中使用了分类器，所以要为条件概率 $p(y|\boldsymbol{x})$ 取类别概率：

$$p(y|\boldsymbol{x}) = \prod_{k=1}^{K} \theta_k(\boldsymbol{x})^{[y=k]}, \tag{5.10}$$

其中 $\theta_k(\boldsymbol{x})$ 是第 k 个类别的 Softmax 值，$[y = k]$ 是艾佛森括号（即若 y 等于 k 则 $[y = k] = 1$，否则 y 就为 0）。

接下来专注于为 $p(\boldsymbol{x})$ 建模。可以使用任何边缘模型，例如，应用流模型和变量替换公式，即：

$$p(\boldsymbol{x}) = \pi(\boldsymbol{z} = f^{-1}(\boldsymbol{x}))|\boldsymbol{J}_f(\boldsymbol{x})|^{-1}, \tag{5.11}$$

其中 $\boldsymbol{J}_f(\boldsymbol{x})$ 表示在 $\boldsymbol{x}$ 处得到的变换（即神经网络）f 的雅可比行列式。在流模型的情况下，通常使用 $\pi(\boldsymbol{z}) = \mathcal{N}(\boldsymbol{z}|0, 1)$，即标准高斯分布。

把所有这些分布插入混合模型的目标函数 $\ell(\boldsymbol{x}, y; \lambda)$ 中，有：

$$\ell(\boldsymbol{x}, y; \lambda) = \sum_{k=1}^{K} [y = k] \ln \theta_{k,g,f}(\boldsymbol{x}) + \lambda \mathcal{N}(\boldsymbol{z} = f^{-1}(\boldsymbol{x})|0, 1) - \ln |\boldsymbol{J}_f(\boldsymbol{x})|. \tag{5.12}$$

要注意 $\theta_{k,g,f}$ 是由两个神经网络参数化的：来自流模型的 f 和用于最终分类的 g。

现在，如果遵循文献 [2] 中的方法，可以选择**耦合层**作为 f 的组件，最终将使用 RealNVP 或 GLOW 来为 $p(\boldsymbol{x})$ 建模。如果再复杂些，就可以使用整数离散流（Integer Discrete Flows，IDF）[8,9]。因为这么做是可行的，而且 IDF 也不需要计算雅可比行列式，同时还可以练习一下构建各种不同的混合模型。

快速回忆一下 IDF。首先，它们是在 $\mathbb{Z}^D$ 即整数域上进行运算的。其次，需要选择一个合适的 $\pi(\boldsymbol{z})$，在这种情况下可以是**离散逻辑分布**（Discretized Logistic，DL），$\text{DL}(\boldsymbol{z}|\mu, \nu)$，平均值是 μ，缩放为 ν。由于离散随机变量的变量替换公式不需要计算雅可比行列式（注意这里并没有体积变化），所以可以将混合建模的目标重写如下：

$$\ell(\boldsymbol{x}, y; \lambda) = \sum_{k=1}^{K}[y = k] \ln \theta_{k,g,f}(\boldsymbol{x}) + \lambda \mathrm{DL}(\boldsymbol{z} = f^{-1}(\boldsymbol{x})|\mu, \nu). \tag{5.13}$$

如果读者一路跟上所有这些步骤，那么就已经获得了一个新的混合模型，该模型使用 IDF 对 $\boldsymbol{x}$ 的分布进行建模。注意分类器是将整数作为输入。

5.4 代码

现在有了所有组件来实现混合整数离散流（HybridIDF）。下面有一个包含很多注释的代码，有助于读者理解代码背后的逻辑。

代码清单 5.1　HybridIDF 类

```
class HybridIDF(nn.Module):
    def __init__(self, netts, classnet, num_flows, alpha=1., D=2):
        super(HybridIDF, self).__init__()

        print('HybridIDF by JT.')

        # 这里使用前面讨论的两个选项：耦合层或广义可逆变换
        # 这些组件构成了变换 f
        # 注意这里有一个新变量，即 beta。这是 (van den Berg et al., 2020) 中使用的重新归零技巧
        if len(netts) == 1:
            self.t = torch.nn.ModuleList([netts[0]() for _ in range(num_flows)])
            self.idf_git = 1
            self.beta = nn.Parameter(torch.zeros(len(self.t)))

        elif len(netts) == 4:
            self.t_a = torch.nn.ModuleList([netts[0]() for _ in range(num_flows)])
            self.t_b = torch.nn.ModuleList([netts[1]() for _ in range(num_flows)])
            self.t_c = torch.nn.ModuleList([netts[2]() for _ in range(num_flows)])
            self.t_d = torch.nn.ModuleList([netts[3]() for _ in range(num_flows)])
            self.idf_git = 4
            self.beta = nn.Parameter(torch.zeros(len(self.t_a)))

        else:
            raise ValueError('You can provide either 1 or 4 translation nets.')

        # 这包含了在z之上的额外层来做分类
        self.classnet = classnet

        # 流的数量（即f）
        self.num_flows = num_flows
```

```python

        # 舍入符
        self.round = RoundStraightThrough.apply

        # 基础分布pi的均值和log-scale
        self.mean = nn.Parameter(torch.zeros(1, D))
        self.logscale = nn.Parameter(torch.ones(1, D))

        # 输入维度
        self.D = D

        # Python中使用"lambda"容易混淆（Python有lambda 函数）
        # 所以我们在代码中用alpha来代替之前公式中的lambda（希望不要更混淆。）
        self.alpha = alpha

        # 这里使用PyTorch自带的损失函数，仅为了教学，实际应该使用对数类别的损失函数
        self.nll = nn.NLLLoss(reduction='none') #要求log-Softmax作为输入

    # 之前介绍过的耦合层
    # 注意：使用了重新归零技巧
    def coupling(self, x, index, forward=True):

        if self.idf_git == 1:
            (xa, xb) = torch.chunk(x, 2, 1)

            if forward:
                yb = xb + self.beta[index] * self.round(self.t[index](xa))
            else:
                yb = xb - self.beta[index] * self.round(self.t[index](xa))

            return torch.cat((xa, yb), 1)

        elif self.idf_git == 4:
            (xa, xb, xc, xd) = torch.chunk(x, 4, 1)

            if forward:
                ya = xa + self.beta[index] * self.round(self.t_a[index](torch.cat((xb, xc, xd), 1)))
                yb = xb + self.beta[index] * self.round(self.t_b[index](torch.cat((ya, xc, xd), 1)))
                yc = xc + self.beta[index] * self.round(self.t_c[index](torch.cat((ya, yb, xd), 1)))
                yd = xd + self.beta[index] * self.round(self.t_d[index](torch.cat((ya, yb, yc), 1)))
            else:
                yd = xd - self.beta[index] * self.round(self.t_d[index](torch.cat((xa, xb, xc), 1)))
```

```
                yc = xc - self.beta[index] * self.round(self.t_c[index](torch.cat((xa, xb, yd), 1)))
                yb = xb - self.beta[index] * self.round(self.t_b[index](torch.cat((xa, yc, yd), 1)))
                ya = xa - self.beta[index] * self.round(self.t_a[index](torch.cat((yb, yc, yd), 1)))

            return torch.cat((ya, yb, yc, yd), 1)

    # 置换层
    def permute(self, x):
        return x.flip(1)

    # 流变换: 前向传导
    def f(self, x):
        z = x
        for i in range(self.num_flows):
            z = self.coupling(z, i, forward=True)
            z = self.permute(z)

        return z
    # 反向传导
    def f_inv(self, z):
        x = z
        for i in reversed(range(self.num_flows)):
            x = self.permute(x)
            x = self.coupling(x, i, forward=False)

        return x

    # 这是一个新函数，用于分类。首先预测概率，然后选择最可能的值
    def classify(self, x):
        z = self.f(x)
        y_pred = self.classnet(z) #output: probabilities (i.e., Softmax)
        return torch.argmax(y_pred, dim=1)

    # 一个辅助函数：用它来计算分类损失，即 p(y|x) 的负对数似然
    # 注意：要先应用可逆变换 f
    def class_loss(self, x, y):
        z = self.f(x)
        y_pred = self.classnet(z) #output: probabilities (i.e., Softmax)
        return self.nll(torch.log(y_pred), y)

    def sample(self, batchSize):
        # 抽样出z
        z = self.prior_sample(batchSize=batchSize, D=self.D)
        # x = f^-1(z)
```

```
        x = self.f_inv(z)
        return x.view(batchSize, 1, self.D)

    # 基础分布（即先验）的对数概率
    def log_prior(self, x):
        log_p = log_integer_probability(x, self.mean, self.logscale)
        return log_p.sum(1)

    # 从基础分布中抽样
    def prior_sample(self, batchSize, D=2):
        # 从逻辑分布中抽样
        y = torch.rand(batchSize, self.D)
        x = torch.exp(self.logscale) * torch.log(y / (1. - y)) + self.mean
        # 将其舍入为一个整数
        return torch.round(x)

    # 前向传导：现在使用混合模型的目标函数
    def forward(self, x, y, reduction='avg'):
        z = self.f(x)
        y_pred = self.classnet(z) #output: probabilities (i.e., Softmax)

        idf_loss = -self.log_prior(z)
        class_loss = self.nll(torch.log(y_pred), y) #记住在Softmax上使用对数

        if reduction == 'sum':
            return (class_loss + self.alpha * idf_loss).sum()
        else:
            return (class_loss + self.alpha * idf_loss).mean()
```

代码清单 5.2 神经网络示例

```
# 可逆变换的数量
num_flows = 2

# 这里只展示选项1的IDF
nett = lambda:nn.Sequential(nn.Linear(D // 2, M), nn.LeakyReLU(),
                            nn.Linear(M, M), nn.LeakyReLU(),
                            nn.Linear(M, D // 2))
netts = [nett]

# 三层的分类器
classnet = nn.Sequential(nn.Linear(D, M), nn.LeakyReLU(),
                         nn.Linear(M, M), nn.LeakyReLU(),
                         nn.Linear(M, K),
                         nn.Softmax(dim=1))

# 初始化 HybridIDF
model = HybridIDF(netts, classnet, num_flows, D=D, alpha=alpha)
```

这就完成了。运行代码并训练 HybridIDF 后，可以获得类似于图 5.4 中的结果。

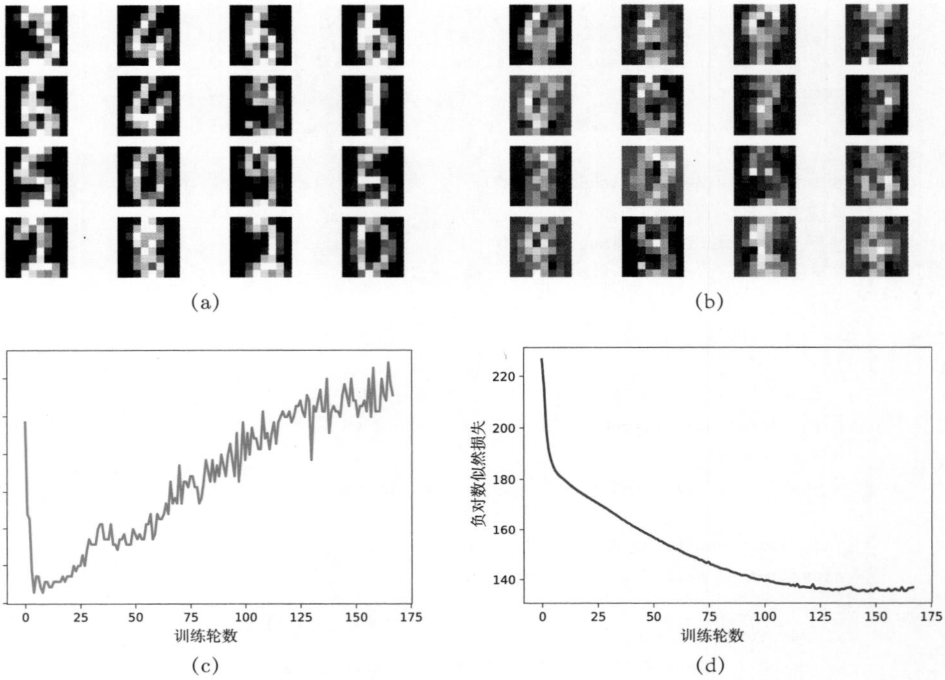

图 5.4　训练之后的结果示例。(a) 随机选取的真实图像。(b) HybridIDE 的非条件生成结果。(c) 分类错误的验证曲线示例。(d) 负对数似然，即 $-\ln p(\boldsymbol{x})$ 的验证曲线示例

5.5 后续

混合 VAE

混合建模的思想已经超越了使用 $p(\boldsymbol{x})$ 的流模型。相反，我们可以选择 VAE，然后在应用变分推理之后得到混合建模目标的下限：

$$\tilde{\ell}(\boldsymbol{x}, y; \lambda) = \ln p(y|\boldsymbol{x}) + \lambda \mathbb{E}_{\boldsymbol{z} \sim q(\boldsymbol{z}|\boldsymbol{x})}[\ln p(\boldsymbol{x}|\boldsymbol{z}) + \ln p(\boldsymbol{z}) - \ln q(\boldsymbol{z}|\boldsymbol{x})]. \tag{5.14}$$

这里 $p(y|\boldsymbol{x})$ 使用了其中的编码器，即 $q(\boldsymbol{z}|\boldsymbol{x})$。

半监督混合学习

混合建模的思想非常适合半监督场景。对于标记数据，可以使用目标函数

$\ell(\boldsymbol{x}, y; \lambda) = \ln p(y|\boldsymbol{x}) + \lambda \ln p(\boldsymbol{x})$。但是，对于未标记的数据，则可以只考虑 $\ln p(\boldsymbol{x})$ 的部分。例如在文献 [10] 中就将这种方法用于 VAE。

文献 [11] 中提出了学习半监督 VAE 的一个非常有趣的方法，作者最终得到一个类似于混合建模目标的目标函数，但却没有烦琐的 λ 因子！

λ 因子

如前所述，经验因子 λ 可能很麻烦。首先，它没有遵循适当的概率分布。其次，每次都要学习和调整它，这是额外的麻烦。但是如前所述，文献 [11] 表明其实是可以摆脱 λ 因子的。

新参数化

一个有趣开放的研究方向是，是否可以通过使用不同的学习算法或者其他参数化方法（例如一些特殊的神经网络）来摆脱掉 λ 因子。这很有可能实现。

好的分解

读者可能想知道联合分布的分解即 $p(\boldsymbol{x}, y) = p(y|\boldsymbol{x})p(\boldsymbol{x})$ 是否确实比 $p(\boldsymbol{x}, y) = p(\boldsymbol{x}|y)p(y)$ 要好。如果要从特定的类别 y 中采样 $\boldsymbol{x}$，那么后者会更好。然而，如果回到第 1 章，会注意到我们并不关心生成部分。我们更偏向于有一个好的模型可以分配适当的概率。这也是为什么我们更喜欢 $p(\boldsymbol{x}, y) = p(y|\boldsymbol{x})p(\boldsymbol{x})$。

5.6 参考文献

[1] BOUCHARD G, TRIGGS B. The tradeoff between generative and discriminative classifiers[C]//16th IASC International Symposium on Computational Statistics (COMPSTAT'04). [S.l.: s.n.], 2004: 721-728.

[2] NALISNICK E, MATSUKAWA A, TEH Y W, et al. Hybrid models with deep and invertible features[C]//International Conference on Machine Learning. [S.l.]: PMLR, 2019: 4723-4732.

[3] KINGMA D P, REZENDE D J, MOHAMED S, et al. Semi-supervised learning with deep generative models[C]//Proceedings of the 27th International Conference on Neural Information Processing Systems. [S.l.: s.n.], 2014: 3581-3589.

[4] TULYAKOV S, FITZGIBBON A, NOWOZIN S. Hybrid vae: Improving deep generative models using partial observations[J]. arXiv preprint arXiv:1711.11566, 2017.

[5] KINGMA D P, DHARIWAL P. Glow: generative flow with invertible 1× 1 convolu-

tions[C]//Proceedings of the 32nd International Conference on Neural Information Processing Systems. [S.l.: s.n.], 2018: 10236-10245.

[6] CHEN R T, BEHRMANN J, DUVENAUD D, et al. Residual flows for invertible generative modeling[J]. arXiv preprint arXiv:1906.02735, 2019.

[7] PERUGACHI-DIAZ Y, TOMCZAK J M, BHULAI S. Invertible densenets with concatenated lipswish[J]. Advances in Neural Information Processing Systems, 2021.

[8] VAN DEN BERG R, GRITSENKO A A, DEHGHANI M, et al. Idf++: Analyzing and improving integer discrete flows for lossless compression[J]. arXiv e-prints, 2020: arXiv-2006.

[9] HOOGEBOOM E, PETERS J W, BERG R V D, et al. Integer discrete flows and lossless compression[J]. arXiv preprint arXiv:1905.07376, 2019.

[10] ILSE M, TOMCZAK J M, LOUIZOS C, et al. DIVA: Domain invariant variational autoencoders[C]//Medical Imaging with Deep Learning. [S.l.]: PMLR, 2020: 322-348.

[11] JOY T, SCHMON S M, TORR P H, et al. Rethinking semi-supervised learning in vaes[J]. arXiv preprint arXiv:2006.10102, 2020.

第 6 章

CHAPTER 6

基于能量的模型

6.1 简介

到目前为止，我们已经讨论了各种深度生成模型，用于对可观察变量（例如图像）$p(\boldsymbol{x})$ 上的边缘分布进行建模，如自回归模型（ARM）、流模型、变分自动编码器（VAE）、分层模型如分层 VAE，以及基于扩散的深度生成模型（DDGM）。从最初开始，我们就提倡使用深度生成模型来寻找可观察变量和决策变量的联合分布，这个分布被分解为 $p(\boldsymbol{x}, y) = p(y|\boldsymbol{x})p(\boldsymbol{x})$。取联合分布的对数，得到两个相加的分量：$\ln p(\boldsymbol{x}, y) = \ln p(y|\boldsymbol{x}) + \ln p(\boldsymbol{x})$。我们概述了如何在混合建模设定中构建和训练这样的联合模型（参见第 5 章）。混合建模的缺点是需要对两个分布都进行加权，即 $\ell(\boldsymbol{x}, y\lambda) = \ln p(y|\boldsymbol{x}) + \lambda \ln p(\boldsymbol{x})$，且对于 $\lambda \neq 1$，这个目标函数并不对应于联合分布的对数似然。问题变成，是否有可能构建在 $\lambda = 1$ 情况下的模型。在这里来讨论使用概率的**基于能量的模型**（Energy-Based Model，EBM）[1]。

EBM 的历史很长，可以追溯到 20 世纪 80 年代，当时提出了称为**玻尔兹曼机**（Boltzmann Machine）的模型 [2,3]。有趣的是，玻尔兹曼机背后的想法来自统计物理学，是由科学家们制订的。简单说，相比于像高斯或者伯努利这样的特定分布，我们可以定义一个**能量函数**，$E(\boldsymbol{x})$。能量函数分配一个值（能量）到给定的状态。能量函数没有限制，因此可以考虑使用神经网络进行参数化，然后通过将能量转换为非归一化的概率 $\mathrm{e}^{-E(\boldsymbol{x})}$，并通过 $Z = \sum_{\boldsymbol{x}} \mathrm{e}^{-E(\boldsymbol{x})}$（又名配分函数）对其进行归一化来获得概率分布，产生玻尔兹曼［也称为吉布斯（Gibbs）］分布：

$$p(\boldsymbol{x}) = \frac{\mathrm{e}^{-E(\boldsymbol{x})}}{Z}. \tag{6.1}$$

如果考虑连续随机变量，则求和符号应该用积分代替。在物理学中，能量是由温度倒数来衡量的 [4]，但是这里略过这部分以保持表达符号的整洁。了解玻尔兹曼分布的工作原理很简单。想象一个 5×5 的网格，为其 25 个点中的每个点分配一些值（能量），其中较大的值意味着该点具有较高的能量。对能量求幂可确保不会获得负值。为了计算每个点的概率，需要将所有指数能量除以它们的总和，就像计算 Softmax 一样。在连续随机变量的情况下，必须通过计算积分（即所有无穷小区域的总和）来归一化。例如，高斯分布也可以表示为玻尔兹曼分布，具有可解析的配分函数，以及如下形式的能量函数：

$$E(x;\mu,\sigma^2) = \frac{1}{2\sigma^2}(x-\mu)^2, \tag{6.2}$$

可以得到：

$$p(x) = \frac{\mathrm{e}^{-E(x)}}{\int \mathrm{e}^{-E(x)}\mathrm{d}x} \tag{6.3}$$

$$= \frac{\mathrm{e}^{\frac{1}{2\sigma^2}(x-\mu)^2}}{\sqrt{2\pi\sigma^2}}. \tag{6.4}$$

在实践中，大多数能量函数并不会产生很好的可计算的配分函数，而且配分函数是学习基于能量的模型中最关键也最有可能出现问题的部分。另外，我们很难从这些模型中进行抽样。这是因为我们知道每个点的概率，但并没有像 ARM、流模型或 VAE 那样的生成过程。我们不清楚如何处理它，以及 EBM 的图模型是什么。可以将 EBM 视为一个盒子，对于给定的 $\boldsymbol{x}$ 可以得到该点的（非标准化）概率。注意能量函数不以任何方式来区分变量，它不关心 $\boldsymbol{x}$ 中的任何结构。能量函数仅仅是获得 $\boldsymbol{x}$ 然后给出返回值。换句话说，能量函数定义了随机变量空间里的高峰和低谷。

既然如此，为什么还要去考虑 EBM？前面讨论的模型至少在定义了一些随机依赖关系的意义上是易于理解和处理的。现在突然改变逻辑，不关心对结构的建模，而只是想对返回非归一化概率的能量函数进行建模。这样至少有三个方面的好处。首先，原则上，能量函数是不受约束的，可以是任何函数，所以也完全可以是一个神经网络。其次，注意到能量函数可以是多峰的，但并不需要被如此定义（与混合分布相反）。最后，定义在离散变量，还是连续变量上，并不会有什么区别。可以看到 EBM 有很多优势！当然也有不足，我们先聚焦其优势。

6.2 模型构建

如前所述，在可观察对象和决策随机变量 $E(\boldsymbol{x}, y; \theta)$ 上构建了带有参数 θ 的能量函数，它分配一个值（能量）到一对 $(\boldsymbol{x}, y)$，其中 $\boldsymbol{x} \in \mathbb{R}^D$ 以及 $y \in \{0, 1, \cdots, K-1\}$。让 $E(\boldsymbol{x}, y; \theta)$ 由返回 K 个值的神经网络 $\mathrm{NN}_\theta(\boldsymbol{x})$ 参数化：$\mathrm{NN}_\theta : \mathbb{R}^D \to \mathbb{R}^K$。换句话说，可以将能量定义如下：

$$E(\boldsymbol{x}, y; \theta) = -\mathrm{NN}_\theta(\boldsymbol{x})[y] \tag{6.5}$$

用 $[y]$ 表示神经网络 $\mathrm{NN}_\theta(\boldsymbol{x})$ 的特定输出。联合概率分布可以被定义为玻尔兹曼分布：

$$p_\theta(\boldsymbol{x}, y) = \frac{\exp\{\mathrm{NN}_\theta(\boldsymbol{x})[y]\}}{\sum_{\boldsymbol{x},y} \exp\{\mathrm{NN}_\theta(\boldsymbol{x})[y]\}} \tag{6.6}$$

$$= \frac{\exp\{\mathrm{NN}_\theta(\boldsymbol{x})[y]\}}{Z_\theta} \tag{6.7}$$

其中配分函数定义为 $Z_\theta = \sum_{\boldsymbol{x},y} \exp\{\mathrm{NN}_\theta(\boldsymbol{x})[y]\}$。

由于有联合分布，可以计算出边缘分布和条件分布。首先来看边缘分布 $p(\boldsymbol{x})$。将加法法则应用于联合分布得到：

$$p_\theta(\boldsymbol{x}) = \sum_y p_\theta(\boldsymbol{x}, y) \tag{6.8}$$

$$= \frac{\sum_y \exp\{\mathrm{NN}_\theta(\boldsymbol{x})[y]\}}{\sum_{\boldsymbol{x},y} \exp\{\mathrm{NN}_\theta(\boldsymbol{x})\}[y]} \tag{6.9}$$

$$= \frac{\sum_y \exp\{\mathrm{NN}_\theta(\boldsymbol{x})[y]\}}{Z_\theta}. \tag{6.10}$$

注意到可以用不同的方式表达这种分布。首先，可以用以下方式重写分子：

$$\sum_y \exp\{\mathrm{NN}_\theta(\boldsymbol{x})[y]\} = \exp\left\{\log\left(\sum_y \exp\{\mathrm{NN}_\theta(\boldsymbol{x})[y]\}\right)\right\} \tag{6.11}$$

$$= \exp\left\{\mathrm{LogSumExp}_y\{\mathrm{NN}_\theta(\boldsymbol{x})[y]\}\right\} \tag{6.12}$$

定义 $\mathrm{LogSumExp}_y\{f(y)\} = \ln \sum_y \exp\{f(y)\}$。换句话说，可以把边缘分布的能量函数表示为 $-\mathrm{LogSumExp}_y\{\mathrm{NN}_\theta(\boldsymbol{x})[y]\}$。那么边缘分布可以定义如下：

$$p_\theta(\boldsymbol{x}) = \frac{\exp\left\{\mathrm{LogSumExp}_y\{\mathrm{NN}_\theta(\boldsymbol{x})[y]\}\right\}}{Z_\theta}. \tag{6.13}$$

现在可以计算条件分布 $p_\theta(y|\boldsymbol{x})$。有 $p_\theta(\boldsymbol{x},y)=p_\theta(y|\boldsymbol{x})p_\theta(\boldsymbol{x})$，因此有：

$$p_\theta(y|\boldsymbol{x}) = \frac{p_\theta(\boldsymbol{x},y)}{p_\theta(\boldsymbol{x})} \tag{6.14}$$

$$= \frac{\frac{\exp\{\mathrm{NN}_\theta(\boldsymbol{x})[y]\}}{Z_\theta}}{\frac{\sum_y \exp\{\mathrm{NN}_\theta(\boldsymbol{x})[y]\}}{Z_\theta}} \tag{6.15}$$

$$= \frac{\exp\{\mathrm{NN}_\theta(\boldsymbol{x})[y]\}}{\sum_y \exp\{\mathrm{NN}_\theta(\boldsymbol{x})[y]\}}. \tag{6.16}$$

最后一行应该似曾相识。是的，就是 Softmax 函数。我们已经表明，基于能量的模型既可以用作分类器也可以用作边缘分布。为此定义一个神经网络就足够了。这很优雅。文献 [5] 的作者有相同的观察，即任何分类器都可以被视为基于能量的模型。

有趣的是，对联合分布取对数得到下面的结果：

$$\ln p_\theta(\boldsymbol{x},y) = \ln p_\theta(y|\boldsymbol{x}) + \ln p_\theta(\boldsymbol{x}) \tag{6.17}$$

$$= \ln \frac{\exp\{\mathrm{NN}_\theta(\boldsymbol{x})[y]\}}{\sum_y \exp\{\mathrm{NN}_\theta(\boldsymbol{x})[y]\}} + \ln \frac{\sum_y \exp\{\mathrm{NN}_\theta(\boldsymbol{x})[y]\}}{Z_\theta} \tag{6.18}$$

$$= \ln \mathrm{Softmax}\{\mathrm{NN}_\theta(\boldsymbol{x})[y]\} + (\mathrm{LogSumExp}_y\{\mathrm{NN}_\theta(\boldsymbol{x})[y]\} - \ln Z_\theta), \tag{6.19}$$

其中定义 $\mathrm{LogSumExp}_y\{f(y)\} = \ln\sum_y \exp\{f(y)\}$。可以清楚看到，该模型需要一个共享神经网络，用于计算两个分布。为了获得特定的分布，选择最终的激活函数。该模型展现在图 6.1 中。

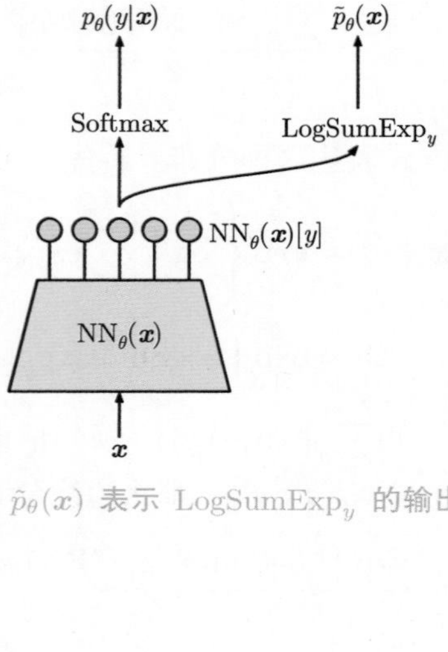

图 6.1　EBM 的示意图。用 $\tilde{p}_\theta(x)$ 表示 $\mathrm{LogSumExp}_y$ 的输出，以强调它是非归一化分布，因为计算配分函数是很麻烦的

6.3 训练

现在有一个要训练的神经网络，其训练目标是联合分布的对数。由于训练目标是条件分布 $p_\theta(y|\boldsymbol{x})$ 的对数和边缘分布 $p_\theta(\boldsymbol{x})$ 的对数之和，因此计算关于参数 θ 的梯度需要分别获取每个组件的梯度。训练出分类器是没有问题的，所以仔细研究第二个组件，即：

$$\nabla_\theta \ln p_\theta(\boldsymbol{x}) = \nabla_\theta \text{LogSumExp}_y\{\text{NN}_\theta(\boldsymbol{x})[y]\} - \nabla_\theta \ln Z_\theta \tag{6.20}$$

$$= \nabla_\theta \text{LogSumExp}_y\{\text{NN}_\theta(\boldsymbol{x})[y]\} + \\ - \nabla_\theta \ln \sum_{\boldsymbol{x}} \exp\left\{\text{LogSumExp}_y\{\text{NN}_\theta(\boldsymbol{x})[y]\}\right\} \tag{6.21}$$

$$= \nabla_\theta \text{LogSumExp}_y\{\text{NN}_\theta(\boldsymbol{x})[y]\} + \\ - \sum_{\boldsymbol{x}'} \frac{\exp\{\text{LogSumExp}_y\{\text{NN}_\theta(\boldsymbol{x}')[y]\}\}}{\sum_{\boldsymbol{x}'', y''} \exp\{\text{NN}_\theta(\boldsymbol{x}'')[y'']\}} \nabla_\theta \text{LogSumExp}_y\{\text{NN}_\theta(\boldsymbol{x}')[y]\} \tag{6.22}$$

$$= \nabla_\theta \text{LogSumExp}_y\{\text{NN}_\theta(\boldsymbol{x})[y]\} + \\ - \mathbb{E}_{\boldsymbol{x}' \sim p_\theta(\boldsymbol{x})}\left[\nabla_\theta \text{LogSumExp}_y\{\text{NN}_\theta(\boldsymbol{x}')[y]\}\right]. \tag{6.23}$$

仔细看看这一块。第一部分的梯度 $\nabla_\theta \text{LogSumExp}_y\{\text{NN}_\theta(\boldsymbol{x})[y]\}$ 是针对给定数据点 $\boldsymbol{x}$ 计算出来的。LogSumExp 函数是可微分的，所以可以应用自动微分（autograd）工具。然而第二部分 $\mathbb{E}_{\boldsymbol{x}' \sim p_\theta(\boldsymbol{x})}\left[\nabla_\theta \text{LogSumExp}_y\{\text{NN}_\theta(\boldsymbol{x}')[y]\}\right]$ 是完全不同的情况，原因有二：

- 首先，配分函数的对数梯度变成了跟随模型分布的 $\boldsymbol{x}$ 上的期望值。我们无法解析计算出期望值，并且从边缘分布 $p_\theta(\boldsymbol{x})$ 中采样并非易事。
- 其次，需要计算 $\text{NN}_\theta(\boldsymbol{x})$ 的 LogSumExp 的期望值，可以使用 autograd 工具来做到这一点。

因此，现在主要问题在于期望值。可以通过蒙特卡罗抽样对其进行近似，但是尚不清楚如何从 EBM 中有效且高效地进行采样。文献 [5] 建议使用朗格文动力学（Langevine dynamics），这是一种马尔可夫链蒙特卡罗（Markov Chain Monte Carlo，MCMC）方法。在这里的例子中，朗格文动力学从一个随机初始化的 $\boldsymbol{x}_0$ 开始，然后使用能量函数空间的信息（即梯度）来寻找新的 $\boldsymbol{x}$，即：

$$\boldsymbol{x}_{t+1} = \boldsymbol{x}_t + \alpha \nabla_{\boldsymbol{x}_t} \text{LogSumExp}_y\left\{\text{NN}_\theta(\boldsymbol{x})[y]\right\} + \sigma \cdot \boldsymbol{\epsilon}, \tag{6.24}$$

其中 $\alpha > 0, \sigma > 0$，以及 $\boldsymbol{\epsilon} \sim \mathcal{N}(0, \boldsymbol{I})$。朗格文动力学可以看作是可观察空间中的随机梯度下降，每一步都添加一个小的高斯噪声。一旦将此过程应用于 η 个步骤，可以近似梯度如下：

$$\nabla_\theta \ln p_\theta(\boldsymbol{x}) \approx \nabla_\theta \text{LogSumExp}_y\{\text{NN}_\theta(\boldsymbol{x})[y]\} - \nabla_\theta \text{LogSumExp}_y\{\text{NN}_\theta(\boldsymbol{x}_\eta)[y]\}, \tag{6.25}$$

其中 $\boldsymbol{x}_\eta$ 是朗格文动力学步骤的最后一步。

现在可以把之前讨论的所有部分结合起来。训练目标如下：

$$\ln p_\theta(\boldsymbol{x}, y) = \ln \text{Softmax}\{\text{NN}_\theta(\boldsymbol{x})[y]\} + (\text{LogSumExp}_y\{\text{NN}_\theta(\boldsymbol{x})[y]\} - \ln Z_\theta), \tag{6.26}$$

其中第一部分用于学习一个分类器，第二部分用于学习一个生成器。因此可以说，对一个完全共享的模型有两个目标函数的叠加。关于参数的梯度如下：

$$\begin{aligned}\nabla_\theta \ln p_\theta(\boldsymbol{x}, y) = \nabla_\theta \ln \text{Softmax}\{\text{NN}_\theta(\boldsymbol{x})[y]\} + \\ + \nabla_\theta \text{LogSumExp}_y\{\text{NN}_\theta(\boldsymbol{x})[y]\} + \\ - \mathbb{E}_{\boldsymbol{x}' \sim p_\theta(\boldsymbol{x})}\left[\nabla_\theta \text{LogSumExp}_y\{\text{NN}_\theta(\boldsymbol{x}')[y]\}\right].\end{aligned} \tag{6.27}$$

最后两个组件来自计算边缘分布的梯度。请记住，有问题的只是最后一个组件。这里将使用朗格文动力学（即一个采样步骤）和单个样本来近似这个部分。最终的训练步骤如下：

（1） 从数据集中采样 $\boldsymbol{x}_n$ 和 y_n；
（2） 计算 $\text{NN}_\theta(\boldsymbol{x}_n)[y]$；
（3） 使用比如均匀分布来初始化 $\boldsymbol{x}_0$；
（4） 应用朗格文动力学 η 步：

$$\boldsymbol{x}_{t+1} = \boldsymbol{x}_t + \alpha \nabla_{\boldsymbol{x}_t} \text{LogSumExp}_y\{\text{NN}_\theta(\boldsymbol{x})[y]\} + \sigma \cdot \boldsymbol{\epsilon}. \tag{6.28}$$

（5） 计算目标函数：

$$L_{\text{clf}}(\theta) = \sum_y \mathbf{1}[y = y_n]\theta_y \ln\{\text{NN}_\theta(\boldsymbol{x}_n)[y]\} \tag{6.29}$$

$$L_{\text{gen}}(\theta) = \text{LogSumExp}_y\{\text{NN}_\theta(\boldsymbol{x})[y]\} - \text{LogSumExp}_y\{\text{NN}_\theta(\boldsymbol{x}_\eta)[y]\} \tag{6.30}$$

$$L(\theta) = L_{\text{clf}}(\theta) + L_{\text{gen}}(\theta). \tag{6.31}$$

（6） 使用 autograd 工具来计算梯度 $\nabla_\theta L(\theta)$ 并更新神经网络。

注意，$L_{\text{clf}}(\theta)$ 只不过是交叉熵损失，而 $L_{\text{gen}}(\theta)$ 是 $\boldsymbol{x}$ 上的对数边缘分布的（粗略）近似。

6.4 代码

代码需要实现以下部分。首先，必须指定一个可以定义能量函数的神经网络（称之为能量网络）。使用能量网络进行分类很简单。主要的问题是使用朗格文动力学从模型中采样。autograd 工具恰恰可以轻松访问 $\boldsymbol{x}$ 的梯度。实际上这只是下面代码中的一行。

然后需要编写一个循环来运行朗格文动力学，进行 η 次迭代，步长为 α，噪声级别等于 σ。在代码中假设数据被归一化并缩放到 $[-1,1]$，类似于文献 [5] 中的方法。

代码清单 6.1 EBM 类

```
class EBM(nn.Module):
    def __init__(self, energy_net, alpha, sigma, ld_steps, D):
        super(EBM, self).__init__()

        print('EBM by JT.')

        # EBM使用的神经网络
        self.energy_net = energy_net

        # 分类器的损失函数
        self.nll = nn.NLLLoss(reduction='none')  # it requires log-Softmax as input!!

        # 超参数
        self.D = D

        self.sigma = sigma

        self.alpha = torch.FloatTensor([alpha])

        self.ld_steps = ld_steps

    def classify(self, x):
        f_xy = self.energy_net(x)
        y_pred = torch.Softmax(f_xy, 1)
        return torch.argmax(y_pred, dim=1)

    def class_loss(self, f_xy, y):
        # 计算logits (分类器)
        y_pred = torch.Softmax(f_xy, 1)

        return self.nll(torch.log(y_pred), y)
```

```python

    def gen_loss(self, x, f_xy):
        # 使用Langevine dynamics进行采样
        x_sample = self.sample(x=None, batch_size=x.shape[0])

        # calculate f(x_sample)[y]
        f_x_sample_y = self.energy_net(x_sample)

        return -(torch.logsumexp(f_xy, 1) - torch.logsumexp(f_x_sample_y, 1))

    def forward(self, x, y, reduction='avg'):
        # =====
        # 网络的前向传导
        # 计算 f(x)[y]
        f_xy = self.energy_net(x)

        # =====
        # 判别部分
        # 计算判别损失：交叉熵
        L_clf = self.class_loss(f_xy, y)

        # =====
        # 生成部分
        # 计算生成损失： E(x) - E(x_sample)
        L_gen = self.gen_loss(x, f_xy)

        # =====
        # 最终的目标
        if reduction == 'sum':
            loss = (L_clf + L_gen).sum()
        else:
            loss = (L_clf + L_gen).mean()

        return loss

    def energy_gradient(self, x):
        self.energy_net.eval()

        # 把不需要梯度的原始数据复制一份
        x_i = torch.FloatTensor(x.data)
        x_i.requires_grad = True  # 必须加上这个，不然autograd工具不能正常工作

        # 计算梯度
        x_i_grad = torch.autograd.grad(torch.logsumexp(self.energy_net(x_i), 1).sum(), [x_i], retain_graph=True)[0]

        self.energy_net.train()
```

```python
        return x_i_grad

    def langevine_dynamics_step(self, x_old, alpha):
        # 计算x_old的梯度
        grad_energy = self.energy_gradient(x_old)
        # 采样 eta ~ Normal(0, alpha)
        epsilon = torch.randn_like(grad_energy) * self.sigma

        # 新样本
        x_new = x_old + alpha * grad_energy + epsilon

        return x_new

    def sample(self, batch_size=64, x=None):
        # 1) 从均匀分布中采样
        x_sample = 2. * torch.rand([batch_size, self.D]) - 1.

        # 2) 跑 Langevine Dynamics
        for i in range(self.ld_steps):
            x_sample = self.langevine_dynamics_step(x_sample, alpha=self.alpha)

        return x_sample
```

跑完代码，训练好 EBM，可以得到图 6.2 中类似的结果。

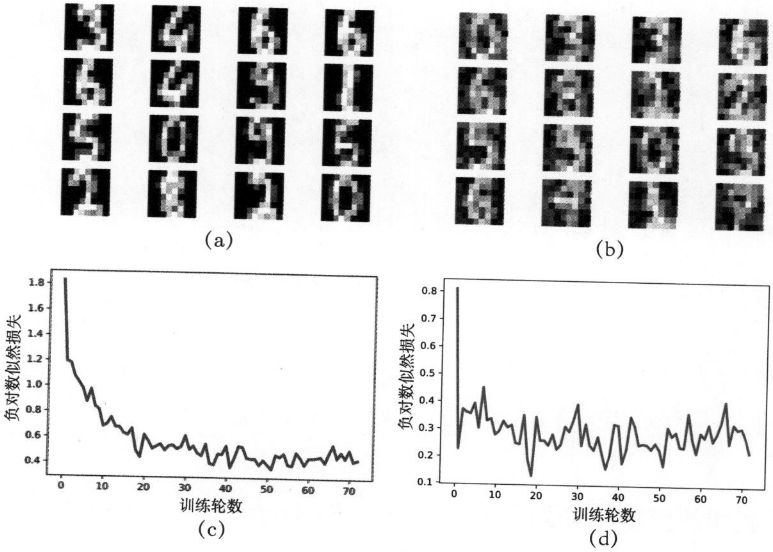

图 6.2　训练之后的结果示例。（a）随机选取的真实图像。（b）在应用了朗格文动力学的 $\eta = 20$ 步后 EBM 的无条件生成结果。（c）目标函数（$L_{\text{clf}} + L_{\text{gen}}$）的验证曲线示例。（d）生成目标 L_{gen} 的验证曲线示例

6.5 受限玻尔兹曼机

通过能量函数定义模型的思想是一系列玻尔兹曼机（Boltzmann Machine, BM）的基础 [2,7]。玻尔兹曼机将能量函数定义如下：

$$E(\boldsymbol{x};\boldsymbol{\theta}) = -(\boldsymbol{x}^\top \boldsymbol{W}\boldsymbol{x} + \boldsymbol{b}^\top \boldsymbol{x}), \tag{6.32}$$

其中 $\boldsymbol{\theta} = \{\boldsymbol{W}, \boldsymbol{b}\}$ 和 $\boldsymbol{W}$ 是权重矩阵，$\boldsymbol{b}$ 是偏置向量（偏置权重），这与 Hopfield 网络和 Ising 模型相同。BM 的问题在于它们很难训练（原因在配分函数）。可以通过引入隐变量和限制其与可观察对象之间的连接来缓解这个问题。

限制玻尔兹曼机

考虑一个由二进制可观察变量 $\boldsymbol{x} \in \{0,1\}^D$ 和二进制隐变量（隐藏的）$\boldsymbol{z} \in \{0,1\}^M$ 组成的 BM。变量之间的关系通过以下能量函数指定：

$$E(\boldsymbol{x},\boldsymbol{z};\boldsymbol{\theta}) = -\boldsymbol{x}^\top \boldsymbol{W}\boldsymbol{z} - \boldsymbol{b}^\top \boldsymbol{x} - \boldsymbol{c}^\top \boldsymbol{z}, \tag{6.33}$$

其中 $\boldsymbol{\theta} = \{\boldsymbol{W}, \boldsymbol{b}, \boldsymbol{c}\}$ 是一组参数，$\boldsymbol{W} \in \mathbb{R}^{D\times M}$、$\boldsymbol{b} \in \mathbb{R}^D$ 和 $\boldsymbol{c} \in \mathbb{R}^M$ 分别是权重、被观察对象的偏差, 以及隐藏的偏差。对于式 (6.33) 中的能量函数，RBM 由吉布斯分布定义：

$$p(\boldsymbol{x},\boldsymbol{z}|\boldsymbol{\theta}) = \frac{1}{Z_\theta}\exp(-E(\boldsymbol{x},\boldsymbol{z};\boldsymbol{\theta})), \tag{6.34}$$

其中

$$Z_\theta = \sum_{\boldsymbol{x}}\sum_{\boldsymbol{z}}\exp(-E(\boldsymbol{x},\boldsymbol{z};\boldsymbol{\theta})) \tag{6.35}$$

是配分函数。可观察对象的边缘概率（即此观察的似然）是：

$$p(\boldsymbol{x}|\boldsymbol{\theta}) = \frac{1}{Z_\theta}\exp(-F(\boldsymbol{x};\boldsymbol{\theta})), \tag{6.36}$$

其中 $F(\cdot)$ 是自由能①：

$$F(\boldsymbol{x};\boldsymbol{\theta}) = -\boldsymbol{b}^\top \boldsymbol{x} - \sum_j \log(1 + \exp(c_j + (\boldsymbol{W}_{\cdot j})^\top \boldsymbol{x})). \tag{6.37}$$

这里提出的模型称为受限玻尔兹曼机（Restricted Boltzmann Machine, RBM）。

① 我们使用以下符号：对于给定的矩阵 $\boldsymbol{A}$, $\boldsymbol{A}_{ij}$ 是它在 (i,j) 位置的元素，$\boldsymbol{A}_{\cdot j}$ 表示它的 j^{th} 列，$\boldsymbol{A}_{i\cdot}$ 表示它的 i^{th} 行，对于给定的向量 $\boldsymbol{a}$, a_i 是它的第 i^{th} 个元素。

它非常有用，用处在于在给定可观察变量的情况下，隐藏变量上的条件分布可以被分解（反之亦然），从而有以下结果：

$$p(z_m = 1|\boldsymbol{x}, \boldsymbol{\theta}) = \mathrm{sigm}(c_m + (\boldsymbol{W}_{\cdot m})^\top \boldsymbol{x}), \tag{6.38}$$

$$p(x_d = 1|\boldsymbol{z}, \boldsymbol{\theta}) = \mathrm{sigm}(b_d + \boldsymbol{W}_{d\cdot} \boldsymbol{z}). \tag{6.39}$$

学习 RBM

对于给定的数据 $\mathcal{D} = \{\boldsymbol{x}_n\}_{n=1}^N$，可以使用最大似然方法来训练 RBM，去寻找对数似然函数的最大值：

$$\ell(\boldsymbol{\theta}) = \frac{1}{N} \sum_{\boldsymbol{x}_n \in \mathcal{D}} \log p(\boldsymbol{x}_n|\boldsymbol{\theta}). \tag{6.40}$$

学习目标 $\ell(\boldsymbol{\theta})$ 相对于 $\boldsymbol{\theta}$ 的梯度采用以下形式：

$$\nabla_\theta \ell(\boldsymbol{\theta}) = -\frac{1}{N} \sum_{n=1}^N \left(\nabla_\theta F(\boldsymbol{x}_n; \boldsymbol{\theta}) - \sum_{\hat{\boldsymbol{x}}} p(\hat{\boldsymbol{x}}|\boldsymbol{\theta}) \nabla_\theta F(\hat{\boldsymbol{x}}; \boldsymbol{\theta}) \right). \tag{6.41}$$

一般来说，式 (6.41) 中的梯度无法解析计算，因为第二项需要对所有可观察对象的可能配置求和。绕开这个问题的方法是标准随机近似，将 $p(\boldsymbol{x}|\boldsymbol{\theta})$ 下的期望替换为 S 个样本 $\{\hat{\boldsymbol{x}}_1, \cdots, \hat{\boldsymbol{x}}_S\}$ 的总和，这些样本根据 $p(\boldsymbol{x}|\theta)$ 抽取出来 [8]：

$$\nabla_\theta \ell(\boldsymbol{\theta}) \approx -\left(\frac{1}{N} \sum_{n=1}^N \nabla_\theta F(\boldsymbol{x}_n; \boldsymbol{\theta}) - \frac{1}{S} \sum_{s=1}^S \nabla_\theta F(\hat{\boldsymbol{x}}_s; \boldsymbol{\theta}) \right). \tag{6.42}$$

另一种方法，对比散度（Contrastive civergence，CD）近似计算式 (6.41) 中 $p(\boldsymbol{x}|\boldsymbol{\theta})$ 下的期望，方法是通过对样本 $\bar{\boldsymbol{x}}_n$ 的求和，应用 block-Gibbs 采样过程 K 步获得分布，从而得到这些样本：

$$\nabla_\theta \ell(\boldsymbol{\theta}) \approx -\frac{1}{N} \sum_{n=1}^N \left(\nabla_\theta F(\boldsymbol{x}_n; \boldsymbol{\theta}) - \nabla_\theta F(\bar{\boldsymbol{x}}_n; \boldsymbol{\theta}) \right). \tag{6.43}$$

最原始的对比散度 [9] 使用了吉布斯链的 K 步，从每个数据点 $\boldsymbol{x}_n$ 开始得到一个样本 $\bar{\boldsymbol{x}}_n$，并在每次参数更新后重新启动。另一种方法，持续对比散度（Persistent Contrastive Divergence，PCD）不会在每次更新后重新启动链。这通常会导致较慢的收敛速度，但最终会获得更好的结果 [10]。

通过能量函数定义高阶关系

能量函数是有趣的概念，允许对变量之间的高阶依赖关系进行建模。举个例子，通过引入两种隐藏变量，即子空间单元和门单元，可以将二进制 RBM 扩展到三阶相乘交互。子空间单元是反映特征变化的隐藏变量，因此它们对不变量更加鲁棒。门单元负责激活子空间单元，可以看作由子空间特征组成的池化特征。

考虑以下的随机变量：$\boldsymbol{x} \in \{0,1\}^D, \boldsymbol{h} \in \{0,1\}^M, \boldsymbol{S} \in \{0,1\}^{M\times K}$。我们感兴趣的是三个变量相连的情况，包含了一个可观察的 x_i 和两种类型的隐藏二进制单元，以及一个门单元 h_j 和一个子空间单元 s_{jk}。每个门单元与一组子空间隐藏单元相关联。联合配置的能量函数定义如下②：

$$E(\boldsymbol{x},\boldsymbol{h},\boldsymbol{S};\boldsymbol{\theta}) = -\sum_{i=1}^{D}\sum_{j=1}^{M}\sum_{k=1}^{K} W_{ijk}x_ih_js_{jk} - \sum_{i=1}^{D} b_ix_i - \sum_{j=1}^{M} c_jh_j - \sum_{j=1}^{M} h_j \sum_{k=1}^{K} D_{jk}s_{jk}, \tag{6.44}$$

其中参数是 $\boldsymbol{\theta} = \{\boldsymbol{W},\boldsymbol{b},\boldsymbol{c},\boldsymbol{D}\}$，其中 $\boldsymbol{W} \in \mathbb{R}^{D\times M\times K}$，$\boldsymbol{b} \in \mathbb{R}^D$，$\boldsymbol{c} \in \mathbb{R}^M$，以及有 $\boldsymbol{D} \in \mathbb{R}^{M\times K}$。

能量函数的吉布斯分布在式 (6.44) 中被称为子空间受限玻尔兹曼机（subspace Restricted Boltzmann Machine，subspaceRBM）[11]。对于 subspaceRBM，下面的条件依赖关系成立③：

$$p(x_i = 1|\boldsymbol{h},\boldsymbol{S}) = \text{sigm}\left(\sum_j\sum_k W_{ijk}h_js_{jk} + b_i\right), \tag{6.45}$$

$$p(s_{jk} = 1|\boldsymbol{x},h_j) = \text{sigm}\left(\sum_i W_{ijk}x_ih_j + h_jD_{jk}\right), \tag{6.46}$$

$$p(h_j = 1|\boldsymbol{x}) = \text{sigm}\left(-K\log 2 + c_j + \sum_{k=1}^{K}\text{Softplus}\left(\sum_i W_{ijk}x_i + D_{jk}\right)\right), \tag{6.47}$$

这可以直接用于构建类似对比散度的学习算法。注意，在式 (6.47) 中，$-K\log 2$ 项对隐藏单元激活施加了一个很自然的惩罚，该惩罚与子空间隐藏变量的数量呈线性关系。因此，除非所有输入的 Softplus 之和超过了惩罚项和偏置项，否则门单元是不被激活的。

subspaceRBM 的例子表明用能量函数很方便，并且允许对各种随机关系进行建模。subsapceRBM 用于对不变量特征进行建模，但可以对 RBM 中的能量函数作出其他修改，以允许训练空间上的变换 [12] 或者“钉与板”（spike-and-slab）的特征 [13]。

② 与其他情况不同，这里使用求和而不是矩阵乘积，因为现在有三阶乘法，所以会令符号的写法更复杂。

③ $\text{Softplus}(a) = \log(1 + \exp(a))$。

6.6 结语

文献 [5] 是 EBM 文献中的里程碑，因为它表明可以使用由神经网络参数化的任何能量函数。为了实现这一点，研究者们在基于能量的模型上做了大量工作。

受限玻尔兹曼机：RBM 具有几个有用的特征。首先，其二分结构有助于训练，可以进一步用于为 RBM 制订有效的成为对比散度的训练步骤 [9]，其中用到了块吉布斯采样。如前所述，有一条链在随机点或隐变量样本处初始化，然后有条件地训练另一组变量。与乒乓球游戏类似，在给定其他变量的情况下对一些变量进行采样，直到收敛或提前停止。其次，可以分析计算隐变量的分布。更进一步，它可以被视为是通过逻辑回归参数化的。这是个有趣的事实：sigmoid 函数是从能量函数的定义中自然产生的！最后，连接之间的限制表明我们仍然可以构建强大的模型，这些模型（部分）在解析上是易于处理的。

这开辟了一个新的研究方向，旨在构建具有更复杂结构的模型，例如 spike-and-slab RBM [13] 和高阶 RBM [11,12]，或用于类别型可观察对象的 RBM [14] 或实值型的可观察对象 [15]。此外，还可以修改 RBM 以处理时间数据 [16]，可用于比如人体运动跟踪这样的应用 [17]。文献 [5] 中提出的想法是基于关于分类 RBM 工作的 [18,19]。RBM 的训练是基于 MCMC 技术的，例如对比散度算法。有一些方法可以令 RBM 训练出特定的特征，比如正则化 [20] 或其他学习算法（如 Perturb-and-MAP 方法 [21,22]、最小概率流 [23] 或其他算法 [8,24]。

深度玻尔兹曼机：BM 可被自然地扩展为具有深度架构的模型或分层结构的 BM。很多研究都指出，分层模型的概念在 AI 中起着至关重要的作用 [25]，因此 BM 有许多具有分层（深度）架构的扩展 [15,26,27]。

由于配分函数的复杂性，深度 BM 的训练更具挑战性 [28]。训练深度 BM 的主要方法是把每一对前后相连的层视为一个 RBM，并逐层训练，其中较低的层视为可观察对象 [27]。这个过程成功地应用于神经网络无监督预训练的开创性论文中 [29]。

近似分配函数：EBM 的关键在于配分函数，因为它使得我们可以计算玻尔兹曼分布。但是对随机变量的所有值求和在计算上是不可行的。可以使用一些计算近似的技术。

- *变分方法*：有一些变分方法可以使用 Bethe 近似 [30,31] 来计算对数配分函数的下限，或者使用树重加权的求和乘积（tree-reweighted sum-product）算法来提高对数配分函数的上限 [32]。

- Perturb-and-MAP 方法：将配分函数与随机变量的最大统计量相关联，然后应用 Perturb-and-MAP 方法 [33]。
- 随机近似：这可能是最直接的方法，就是利用抽样程序。广泛使用的技术是重要性退火抽样（Annealed Importance Sampling）[28]。

一些近似方法对特定的 BM 很有用，例如具有二进制变量的 BM 和具有特定结构的 BM。一般来说，近似配分函数仍然是一个未解的问题，并且是在实践中大规模使用 EBM 的主要障碍。

EBM 是未来吗

EBM 潜力巨大，有以下两个原因：

（1）不需要像在混合建模方法中那样使用敷衍因子来平衡分类损失和生成损失。

（2）文献 [5] 获得的结果清楚表明，EBM 可以达到最先进的分类任务水平，可以合成高保真图像，对分布以外的数据选择也有很大的帮助。

然而，还有一个主要问题尚未解决：$p(\boldsymbol{x})$ 的计算。我们一直强调，深度生成模型的范式很有用，不仅因为其可以合成漂亮的图像，还因为可以评估周围环境的不确定性，并与人类或其他人工智能系统共享这些信息。然而，在 EBM 中计算边缘分布很麻烦，并不知道是否可以在应用中使用这些模型。但弄清楚如何有效地计算配分函数，以及如何有效地从模型中采样，对于训练强大的 EBM 至关重要，这是非常有趣的研究方向。

6.7 参考文献

[1] LECUN Y, CHOPRA S, HADSELL R, et al. A tutorial on energy-based learning[J]. Predicting structured data, 2006, 1(0).

[2] ACKLEY D H, HINTON G E, SEJNOWSKI T J. A learning algorithm for boltzmann machines[J]. Cognitive science, 1985, 9(1): 147-169.

[3] SMOLENSKY P. Information processing in dynamical systems: Foundations of harmony theory[R]. [S.l.]: Colorado Univ at Boulder Dept of Computer Science, 1986.

[4] JAYNES E T. Probability theory: The logic of science[M]. [S.l.]: Cambridge university press, 2003.

[5] GRATHWOHL W, WANG K C, JACOBSEN J H, et al. Your classifier is secretly an energy based model and you should treat it like one[C]//International Conference on Learning Representations. [S.l.: s.n.], 2019.

[6] WELLING M, TEH Y W. Bayesian learning via stochastic gradient langevin dynamics[C]//Proceedings of the 28th international conference on machine learning (ICML-11). [S.l.]: Citeseer, 2011: 681-688.

[7] HINTON G E, SEJNOWSKI T J, et al. Learning and relearning in boltzmann machines[J]. Parallel distributed processing: Explorations in the microstructure of cognition, 1986, 1(282-317): 2.

[8] MARLIN B, SWERSKY K, CHEN B, et al. Inductive principles for restricted boltzmann machine learning[C]//Proceedings of the thirteenth International Conference on Artificial Intelligence and Statistics. [S.l.: s.n.], 2010: 509-516.

[9] HINTON G E. Training products of experts by minimizing contrastive divergence[J]. Neural computation, 2002, 14(8): 1771-1800.

[10] TIELEMAN T. Training restricted Boltzmann machines using approximations to the likelihood gradient[C]//ICML. [S.l.: s.n.], 2008: 1064-1071.

[11] TOMCZAK J M, GONCZAREK A. Learning invariant features using subspace restricted boltzmann machine[J]. Neural Processing Letters, 2017, 45(1): 173-182.

[12] MEMISEVIC R, HINTON G E. Learning to represent spatial transformations with factored higher-order boltzmann machines[J]. Neural computation, 2010, 22(6): 1473-1492.

[13] COURVILLE A, BERGSTRA J, BENGIO Y. A spike and slab restricted boltzmann machine[C]//Proceedings of the fourteenth international conference on artificial intelligence and statistics. [S.l.]: JMLR Workshop and Conference Proceedings, 2011: 233-241.

[14] SALAKHUTDINOV R, MNIH A, HINTON G. Restricted boltzmann machines for collaborative filtering[C]//Proceedings of the 24th international conference on Machine learning. [S.l.: s.n.], 2007: 791-798.

[15] CHO K H, RAIKO T, ILIN A. Gaussian-bernoulli deep boltzmann machine[C]//The 2013 International Joint Conference on Neural Networks (IJCNN). [S.l.]: IEEE, 2013: 1-7.

[16] SUTSKEVER I, HINTON G E, TAYLOR G W. The recurrent temporal restricted boltzmann machine[C]//Advances in Neural Information Processing Systems. [S.l.: s.n.], 2009: 1601-1608.

[17] TAYLOR G W, SIGAL L, FLEET D J, et al. Dynamical binary latent variable models for 3d human pose tracking[C]//2010 IEEE Computer Society Conference on Computer Vision and Pattern Recognition. [S.l.]: IEEE, 2010: 631-638.

[18] LAROCHELLE H, BENGIO Y. Classification using discriminative restricted boltzmann machines[C]//Proceedings of the 25th international conference on Machine learning. [S.l.: s.n.], 2008: 536-543.

[19] LAROCHELLE H, MANDEL M, PASCANU R, et al. Learning algorithms for the classification restricted boltzmann machine[J]. The Journal of Machine Learning Research, 2012, 13(1): 643-669.

[20] TOMCZAK J M. Learning informative features from restricted boltzmann machines[J]. Neural Processing Letters, 2016a, 44(3): 735-750.

[21] TOMCZAK J M. On some properties of the low-dimensional Gumbel perturbations in the Perturb-and-MAP model[J]. Statistics & Probability Letters, 2016b, 115: 8-15.

[22] TOMCZAK J M, ZARĘBA S, RAVANBAKHSH S, et al. Low-dimensional perturb-and-map approach for learning restricted boltzmann machines[J]. Neural Processing Letters, 2019, 50(2): 1401-1419.

[23] SOHL-DICKSTEIN J, BATTAGLINO P B, DEWEESE M R. New method for parameter estimation in probabilistic models: Minimum Probability Flow[J]. Physical review letters, 2011, 107(22): 220601.

[24] SONG Y, KINGMA D P. How to train your energy-based models[J]. arXiv preprint arXiv:2101.03288, 2021.

[25] BENGIO Y. Learning deep architectures for ai[M]. [S.l.]: Now Publishers Inc, 2009.

[26] LEE H, GROSSE R, RANGANATH R, et al. Convolutional deep belief networks for scalable unsupervised learning of hierarchical representations[C]//Proceedings of the 26th annual international conference on machine learning. [S.l.: s.n.], 2009: 609-616.

[27] SALAKHUTDINOV R. Learning deep generative models[J]. Annual Review of Statistics and Its Application, 2015, 2: 361-385.

[28] SALAKHUTDINOV R, MURRAY I. On the quantitative analysis of deep belief networks[C]//Proceedings of the 25th international conference on Machine learning. [S.l.: s.n.], 2008: 872-879.

[29] HINTON G E, SALAKHUTDINOV R R. Reducing the dimensionality of data with neural networks[J]. science, 2006, 313(5786): 504-507.

[30] WELLING M, TEH Y W. Approximate inference in boltzmann machines[J]. Artificial Intelligence, 2003, 143(1): 19-50.

[31] YEDIDIA J S, FREEMAN W T, WEISS Y. Constructing free-energy approximations and generalized belief propagation algorithms[J]. IEEE Transactions on information theory, 2005, 51(7): 2282-2312.

[32] WAINWRIGHT M J, JAAKKOLA T S, WILLSKY A S. A new class of upper bounds on the log partition function[J]. IEEE Transactions on Information Theory, 2005, 51(7): 2313-2335.

[33] HAZAN T, JAAKKOLA T. On the partition function and random maximum a-posteriori perturbations[C]//Proceedings of the 29th International Coference on International Conference on Machine Learning. [S.l.: s.n.], 2012: 1667-1674.

第 7 章

CHAPTER 7

生成对抗网络

7.1 简介

之前讨论过隐变量模型，它们自然地定义了一个生成过程：首先采样隐变量 $\boldsymbol{z} \sim p(\boldsymbol{z})$，然后生成可观察值 $\boldsymbol{x} \sim p_\theta(\boldsymbol{x}|\boldsymbol{z})$。但开始考虑训练模型时，关于训练目标的问题就出现了。概率论告诉我们，可以通过边缘化来摆脱所有未观察到的随机变量。在隐变量模型中，这等效于计算以下形式的（边缘）对数似然函数：

$$\log p_\theta(\boldsymbol{x}) = \log \int p_\theta(\boldsymbol{x}|\boldsymbol{z})p(\boldsymbol{z})\mathrm{d}\boldsymbol{z}. \tag{7.1}$$

在关于 VAE 的部分中已经提到（参见 4.3 节），有问题的部分在于积分计算，因为除非所有分布都是高斯分布并且 $\boldsymbol{x}$ 和 $\boldsymbol{z}$ 之间的依赖关系是线性的，否则这在计算上是不可行的。现在暂时忘记所有这些问题，看看还能做些什么。首先，可以使用来自先验 $p(\boldsymbol{z})$ 的蒙特卡罗抽样来近似这个积分：

$$\log p_\theta(\boldsymbol{x}) = \log \int p_\theta(\boldsymbol{x}|\boldsymbol{z})p(\boldsymbol{z})\mathrm{d}\boldsymbol{z} \tag{7.2}$$

$$\approx \log \frac{1}{S}\sum_{s=1}^{S} p_\theta(\boldsymbol{x}|\boldsymbol{z}_s) \tag{7.3}$$

$$= \log \sum_{s=1}^{S} \exp(\log p_\theta(\boldsymbol{x}|\boldsymbol{z}_s)) - \log S \tag{7.4}$$

$$= \text{LogSumExp}_s\{p_\theta(\boldsymbol{x}|\boldsymbol{z}_s)\} - \log S, \tag{7.5}$$

其中 $\text{LogSumExp}_s\{f(s)\} = \log\sum_{s=1}^{S}\exp(f(s))$ 是 log-sum-exp 函数.

假设这是一个很好的（即严格的）近似，将计算积分的问题变成了从先验采样的问题。为简单起见，可以假设一个相对容易采样的先验，例如标准高斯，$p(\boldsymbol{z}) = \mathcal{N}(\boldsymbol{z}|0, \boldsymbol{I})$。换句话说，只需要对 $p_\theta(\boldsymbol{x}|\boldsymbol{z})$ 建模，即为它选择一个参数化方法。我们会再次使用神经网络。在对图像进行建模时，可以使用条件似然的分类分布，然后使用神经网络参数化这些概率。如果使用高斯分布，例如基于能量的模型或基于扩散的深度生成模型，那么 $p_\theta(\boldsymbol{x}|\boldsymbol{z})$ 也可以是高斯分布，由神经网络来输出方差和平均值。由于 LogSumExp 函数是可微的（并且应用 LogSumExp 技巧可以使其在数值上更加稳定），端到端学习这个模型没有问题。这种方法是许多深度生成模型的先驱，被称为密度网络（Density Network）[1]，可以参考图 7.1 所示密度网络。

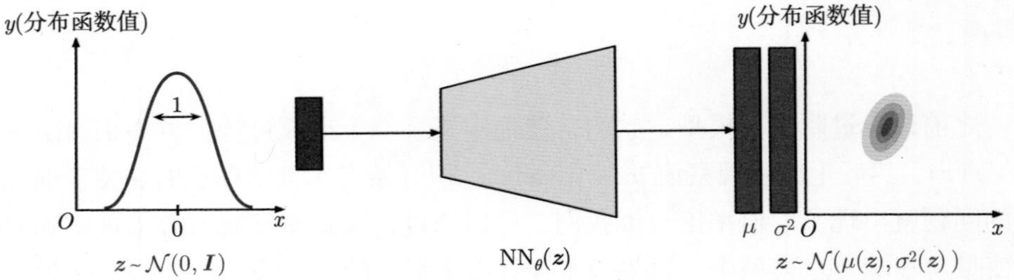

图 7.1　密度网络的示意图

密度网络很重要，通常在深度生成模型中被低估了。有三个原因值得我们了解它。首先，了解其工作原理有助于理解其他隐变量模型，以及如何作出改进。其次，这是理解限定模型（Prescribed Model）和隐含模型（Implicit Model）之间区别的一个很好起点。最后，这允许我们构建非线性隐变量模型，并使用反向传导（或更一般地来讲，梯度下降）来进行训练。

总结一下，这里所做的主要假设如下：

- 需要指定先验分布 $p(\boldsymbol{z})$，例如标准高斯分布。
- 需要指定条件似然 $p(\boldsymbol{x}|\boldsymbol{z})$，通常会使用高斯分布或混合高斯分布。密度网络是限定模型，因此需要提前解析地构建所有分布形式。

可以得到以下几个结论：

- 目标函数是（近似的）对数似然函数；

- 可以使用基于梯度的优化方法和 autograd 工具来优化目标；
- 可以使用深度神经网络来参数化条件似然。

但是，我们也因为如此构建密度网络而付出了以下代价：

- 无法得到解析解（与概率 PCA 等价的情况除外）；
- 只是得到了对数似然函数的近似值；
- 需要大量的先验样本来获得对数似然函数的可靠近似；
- 维数灾难问题。

可以看到维数问题会带来很多限制。如果模型不能有效地解决高维问题，那么其可用性就会大大降低。所有有趣的应用程序，如图像或音频分析或合成都不能运作了。有两个解决方向：一个方向是继续使用限定模型并应用变分推理（参见 4.3 节）；另一个方向是放弃基于似然的方法。这听起来有些不太可能，但在实践中其实效果很好。

7.2 使用生成对抗网络做隐含建模

抛弃 Kullback-Leibler 散度

再来思考下密度网络可以带来什么。首先，它定义了一个很好的生成过程：先采样隐变量，之后生成可观察对象。这很清楚。然后，为了训练，它使用了（边缘）对数似然函数。换句话说，对数似然函数评估了训练数据和生成对象之间的差异。更准确地，先选择条件似然 $p_{\theta}(\boldsymbol{x}|\boldsymbol{z})$ 的特定概率分布，它定义了如何计算训练数据和生成对象之间的差异。

是否有不同的方式来计算真实数据和生成对象之间的*差别*？如果回想一下对分层 VAE 的讨论（参见 4.5.2 节），学习基于似然的模型等同于优化经验分布和模型之间的 Kullback-Leibler（KL）散度 $\mathrm{KL}[p_{\mathrm{data}}(\boldsymbol{x})||p_{\theta}(\boldsymbol{x})]$。因为对数的特性，基于 KL 的方法需要有良好的分布。此外，可以将其视为用来比较经验分布（即给定数据）和生成数据（即由限定模型生成的数据）的*局域性*方式。*局域性*的意思是一次只考虑一个点，然后将所有的个体错误相加，而不是用称为*全体比较*的方法去看所有样本（即个体的集合）。然而我们也并不需要坚持使用 KL 散度。相反，可以使用其他指标来查看一组点（即由一组点表示的分布），如积分概率指标 [2]［例如，最大均值差异（Maximum Mean Discrepancy，MMD）[3]］或其他

散度 [4]。

尽管如此，所有提到的指标都必须首先明确定义衡量错误的方法。问题在于是否可以参数化损失函数并与模型一起学习它。既然一直都在谈论神经网络，是否可以更进一步，利用神经网络来计算差异？

摆脱限定好的分布

我们已经同意 KL 散度只是许多可能的损失函数之一。此外，我们也在探究是否可以使用可学习的损失函数。还有一个没有解决的问题，就是是否一开始就需要使用限定好的模型？既然密度网络会吸收噪声并将其转化为可观察空间中的分布，那么是否真的需要输出完整的分布？如果只返回一个点会怎样？换句话说，将条件似然定义为狄拉克 Delta 函数：

$$p_\theta(\boldsymbol{x}|\boldsymbol{z}) = \delta(\boldsymbol{x} - \mathrm{NN}_\theta(\boldsymbol{z})). \tag{7.6}$$

这相当于 $\mathrm{NN}_\theta(\boldsymbol{z})$ 仅输出均值而不是高斯分布（即均值和方差）。有趣的是，如果考虑 $\boldsymbol{x}$ 上的边缘分布，就会得到表现良好的分布。首先计算边缘分布：

$$p_\theta(\boldsymbol{x}) = \int \delta(\boldsymbol{x} - \mathrm{NN}_\theta(\boldsymbol{z}))p(\boldsymbol{z})\mathrm{d}\boldsymbol{z}. \tag{7.7}$$

边缘分布是 delta 峰的无限混合。换句话说，它采用单个 $\boldsymbol{z}$ 并在可观察空间中画出了一个峰（或更容易地想象 2D 中的一个点）。可以前进到无穷大，而一旦这样做，可观察空间会被越来越多的点覆盖，并且一些区域将比其他区域*更稠密*。这种对分布的建模也称为*隐式建模*。

问题在于，在限定建模的设置中，$\log\delta(\boldsymbol{x} - \mathrm{NN}_\theta(\boldsymbol{z}))$ 这一项的定义并不明确，不能用于很多概率的度量，包括 KL 项，因为无法计算出损失函数，也可以思考是否要定义出自己的损失函数。更重要的是，使用神经网络对其进行参数化，这听起来很吸引人，而如何实现呢？

对抗损失

我们来讲个故事。故事主角是一个骗子和他的朋友（对艺术有一点点了解，被称为专家）。骗子试图尽可能模仿毕加索的画作风格。专家浏览毕加索的画作，并将其与骗子提供的画作进行比较。骗子试图欺骗专家，而专家则试图区分毕加索的真品和骗子给的赝品。随着时间的推移，骗子变得越来越厉害，而专家也学会如何判断一幅画是不是假的。最终，骗子的作品可能已经与毕加索的画作无法区分，而专家也可能完全不确定这些画作是否为赝品。

现在来正式描述这个诡异的故事。称专家为判别器，它接收对象 $\boldsymbol{x}$ 并返回其是否为真实（即来自于经验分布）的概率，$D_\alpha : \mathcal{X} \to [0,1]$。将骗子称为生成器，它将噪声转化为对象 $\boldsymbol{x}, G_\beta : \mathcal{Z} \to \mathcal{X}$。所有来自经验分布 $p_{\text{data}}(\boldsymbol{x})$ 的 $\boldsymbol{x}$ 都被称为真的，而所有由 $G_\beta(\boldsymbol{z})$ 生成的 $\boldsymbol{x}$ 被称为假的。然后构造目标函数如下：

- 有两个数据源：$\boldsymbol{x} \sim p_\theta(\boldsymbol{x}) = \int G_\beta(\boldsymbol{z})p(\boldsymbol{z})\mathrm{d}\boldsymbol{z}$ 和 $\boldsymbol{x} \sim p_{\text{data}}(\boldsymbol{x})$。
- 判别器通过将所有假数据点赋为 0 并将所有真实数据点赋为 1 来完成这个分类任务。
- 由于判别器可以被看作分类器，使用如下形式的二进制交叉熵损失函数：

$$\ell(\alpha, \beta) = \mathbb{E}_{\boldsymbol{x}\sim p_{\text{real}}}[\log D_\alpha(\boldsymbol{x})] + \mathbb{E}_{\boldsymbol{z}\sim p(\boldsymbol{z})}[\log(1 - D_\alpha(G_\beta(\boldsymbol{z})))]. \tag{7.8}$$

  左边部分对应真实数据源，右边部分包含假数据源。
- 尝试相对于 α（即判别器）来最大化 $\ell(\alpha, \beta)$。简而言之，我们希望判别器尽可能好。
- 生成器试图欺骗判别器，因此，它试图相对于 β（即生成器）去最小化 $\ell(\alpha, \beta)$。

最终有如下形式的学习目标：

$$\min_\beta \max_\alpha \mathbb{E}_{\boldsymbol{x}\sim p_{\text{real}}}[\log D_\alpha(\boldsymbol{x})] + \mathbb{E}_{\boldsymbol{z}\sim p(\boldsymbol{z})}[\log(1 - D_\alpha(G_\beta(\boldsymbol{z})))]. \tag{7.9}$$

我们将 $\ell(\alpha, \beta)$ 称为对抗损失，因为有两个参与者试图实现两个相反的目标。

生成对抗网络

总结一下：

- 有一个生成器，可以将噪声转化为假数据；
- 有一个判别器，可以将给定的输入分类为真的或假的；
- 使用深度神经网络来参数化生成器和判别器。
- 使用对抗损失来学习神经网络（即要优化一个最小—最大问题）。

这一类模型被称为生成对抗网络（Generative Adversarial Networks, GAN）[5]。在图 7.2 中展示了 GAN 的概念及其与密度网络的关联。注意，生成器部分构成了一个隐式分布，即来自未知分布族的分布，其解析形式也是未知的，但是我们可以从中采样。

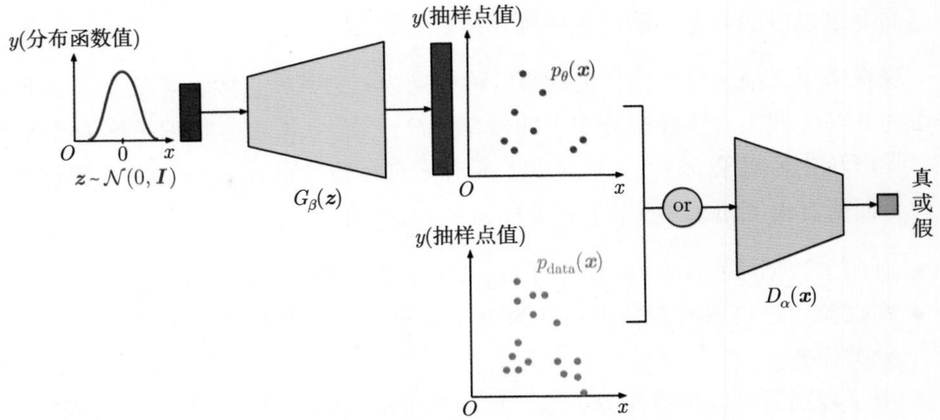

图 7.2　GAN 的示意图。注意生成器部分及其与密度网络的相似性

7.3 代码实现

我们已经拥有了实现 GAN 的所有组件。现在一步一步地过一遍这些组件，理解它们最简单的方法就是代码实现。

生成器

第一部分是生成器，$G_\beta(z)$，这就是一个深度神经网络。生成器类的代码如下所示。注意，这里区分了用于生成的函数（即将 z 转换为 x 的部分）和采样的方法（首先采样 $z \sim \mathcal{N}(0, I)$，然后调用 generate）。

代码清单 7.1　生成器类

```
class Generator(nn.Module):
    def __init__(self, generator_net, z_size):
        super(Generator, self).__init__()

        # 需要初始化生成器神经网络
        self.generator_net = generator_net
        # 还要知道隐变量的大小
        self.z_size = z_size

    def generate(self, z):
        # 对于给定的z来做生成等价于应用这个神经网络
        return self.generator_net(z)

    def sample(self, batch_size=16):
```

```
        # 对于抽样过程，我们需要首先抽样最初的隐变量
        z = torch.randn(batch_size, self.z_size)
        return self.generate(z)

    def forward(self, z=None):
        if z is None:
            return self.sample()
        else:
            return self.generate(z)
```

判别器

第二个组件是判别器。这里的代码更加简单，因为它由单个神经网络组成。下面提供了判别器类的代码。

代码清单 7.2 判别器类

```
class Discriminator(nn.Module):
    def __init__(self, discriminator_net):
        super(Discriminator, self).__init__()
        # 初始化判别器神经网络
        self.discriminator_net = discriminator_net

    def forward(self, x):
        # 前向传导就是应用这个神经网络
        return self.discriminator_net(x)
```

GAN

现在准备好将这两个组件结合起来。在这里的实现中，GAN 为生成器或判别器输出对抗性损失。下面的代码不是最优的，多写了几行来帮助读者正确理解背后的逻辑，而非直接应用一些我们还未讨论到的技巧。

代码清单 7.3 GAN 类

```
class GAN(nn.Module):
    def __init__(self, generator, discriminator, EPS=1.e-5):
        super(GAN, self).__init__()

        print('GAN by JT.')

        # 把不同部分组装起来，我们需要生成器和判别器
        # 注意这两个都是其对应类的实例
        self.generator = generator
        self.discriminator = discriminator

```

```
        # 因为数值化的问题，引入一个小的epsilon
        self.EPS = EPS

    def forward(self, x_real, reduction='avg', mode='discriminator'):
        # 前向传导计算对抗损失
        # 更准确地说，是其关于生成器的部分
        # 或是关于判别器的部分
        if mode == 'generator':
            # 对于生成器，首先采样假数据
            x_fake_gen = self.generator.sample(x_real.shape[0])

            # 然后为假数据计算判别器的输出
            # 注意：这里的操作是为了后面的数值稳定性
            d_fake = torch.clamp(self.discriminator(x_fake_gen), self.EPS, 1. - self.EPS)

            # 生成器的损失为log(1 - D(G(z))).
            loss = torch.log(1. - d_fake)

        elif mode == 'discriminator':
            # 对于判别器，首先采样假数据
            x_fake_gen = self.generator.sample(x_real.shape[0])

            # 然后为假数据计算判别器的输出
            # 注意：这里的操作是为了后面的数值稳定性
            d_fake = torch.clamp(self.discriminator(x_fake_gen), self.EPS, 1. - self.EPS)

            # 更进一步，计算真实数据的判别器输出
            # 注意：这里的操作又一次是为了数值稳定性
            d_real = torch.clamp(self.discriminator(x_real), self.EPS, 1. - self.EPS)

            # 判别器的最终损失为log(1 - D(G(z))) + log D(x).
            # 注意：使用负号，因为要去相对于判别器最大化对抗损失
            # 所以要相对于判别器最小化负的对抗损失
            loss = -(torch.log(d_real) + torch.log(1. - d_fake))

        if reduction == 'sum':
            return loss.sum()
        else:
            return loss.mean()

    def sample(self, batch_size=64):
        return self.generator.sample(batch_size=batch_size)
```

下面代码给出了一个生成器和一个判别器的架构示例。

代码清单 7.4 架构示例

```
# 首先初始化生成器和判别器
# 生成器
generator_net = nn.Sequential(nn.Linear(L, M), nn.ReLU(),
                              nn.Linear(M, D), nn.Tanh())

generator = Generator(generator_net, z_size=L)

# 判别器
discriminator_net = nn.Sequential(nn.Linear(D, M), nn.ReLU(),
                                  nn.Linear(M, 1), nn.Sigmoid())

discriminator = Discriminator(discriminator_net)

# 最终初始化整个模型
model = GAN(generator=generator, discriminator=discriminator)
```

训练

很多人觉得 GAN 的训练过程比任何基于似然的模型都复杂。事实并非如此。唯一的区别是需要**两个优化器**而不是一个。下面给出了一个带有训练循环的代码示例。

代码清单 7.5 一个训练循环

```
# 使用两个优化器:
# optimizer_dis - 负责判别器参数的优化器
# optimizer_gen - 负责生成器参数的优化器
for indx_batch, batch in enumerate(training_loader):

    # 判别器
    # 注意使用“判别器”(discriminator)模式调用我们的模型
    loss_dis = model.forward(batch, mode='discriminator')

    optimizer_dis.zero_grad()
    optimizer_gen.zero_grad()
    loss_dis.backward(retain_graph=True)
    optimizer_dis.step()

    # 生成器
    # 注意使用“生成器”(generator)模式调用我们的模型
    loss_gen = model.forward(batch, mode='generator')

    optimizer_dis.zero_grad()
    optimizer_gen.zero_grad()
    loss_gen.backward(retain_graph=True)
    optimizer_gen.step()
```

结果和评论

在实验中，我们对图像进行归一化并将它们缩放到 $[-1,1]$，和在 EBM 中所做的一样。运行代码后可以得到与图 7.3 中类似的结果。

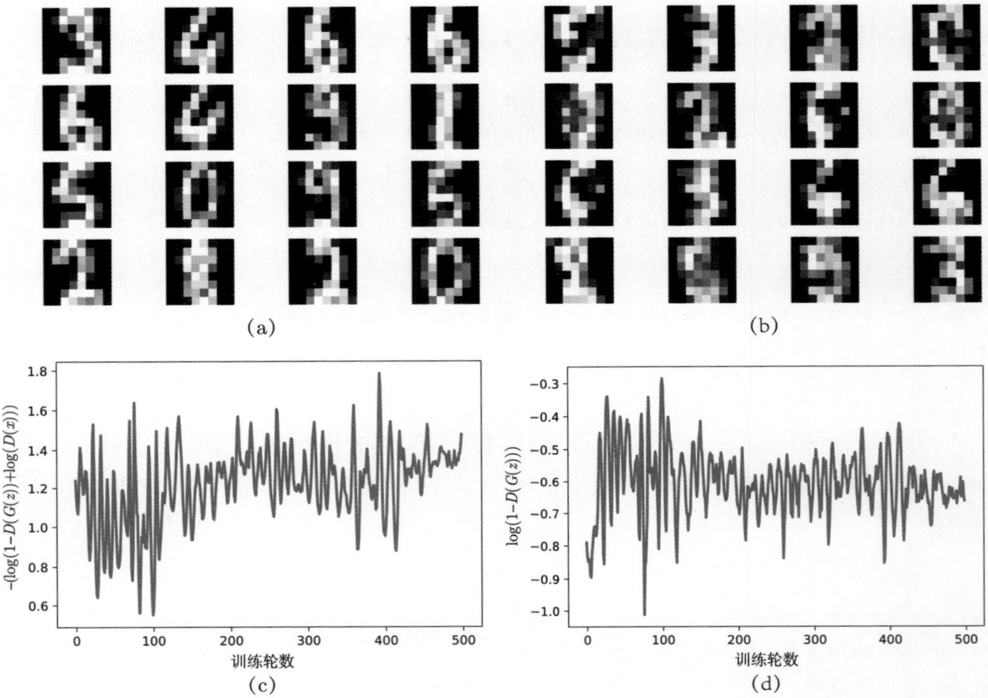

图 7.3　运行 GAN 代码之后的结果示例。（a）真实图片。（b）假的图片。（c）判别器的验证曲线。（d）生成器的验证曲线

在前面的章节中并没有对结果特别讨论，但这里要讨论下。关键问题是在这里我们没有很好的收敛目标。相反，对抗损失或其生成部分跳上跳下，很不稳定。这是最小—最大优化问题的已知事实。此外，损失现在是可学习的，所以很难讲最佳解决方案是什么，因为我们也更新了损失函数。

另外，训练 GAN 是很令人痛苦的。首先，我们很难正确理解对抗损失的价值。其次，学习过程相当缓慢，需要多次迭代（数百甚至数千次）。如果查看前几个训练轮次的生成结果（请参见图 7.4），我们可能会感到气馁，因为模型看起来是过拟合的。我们必须非常耐心地等待训练是否真的走上了正轨。此外还需要特别注意超参数，例如学习率。这往往需要我们有一些实际经验并且花时间来找到适合某个特定问题的学习率值。

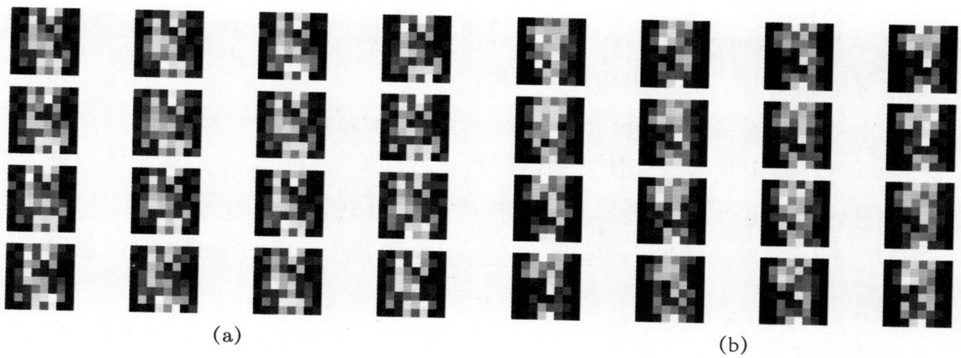

图 7.4 生成图片：(a) 10 次训练迭代后和 (b) 50 次训练迭代后

一旦完成了 GAN 的学习，可以获得惊人的回报。在上面展示的问题中只是使用非常简单的神经网络就能合成高质量的数字图像。这是 GAN 的最大优势！

7.4 不同种类的生成对抗网络

自从关于 GAN 的开创性文献 [5] 发表以后（其实对抗性问题的思想可以追溯到文献 [6]），基于 GAN 的思想和论文大量涌现。使用 GAN 进行隐式建模的领域正在不断发展。这里给出一些重要论文。

- 条件 GAN：GAN 的一个重要扩展是允许它们有条件地生成数据 [7]。
- 添加了编码器的 GAN：可以将条件 GAN 扩展到带有编码器的框架中。详情可参阅 BiGAN [8] 和 ALI [9]。
- StyleGAN 和 CycleGAN：GAN 的灵活性可用于构建专门的图像合成器。例如，StyleGAN 可在图像之间转移风格 [10]，而 CycleGAN 试图将一个图像"翻译"成另一个图像，例如将马转换成斑马 [11]。
- Wasserstein GAN：在文献 [12] 中，作者提出对抗损失可以使用 Wasserstein 距离（又名推土机距离）以不同方式来表述，即：

$$\ell_W(\alpha,\beta) = \mathbb{E}_{\boldsymbol{x}\sim p_{\text{real}}}[D_\alpha(\boldsymbol{x})] - \mathbb{E}_{\boldsymbol{z}\sim p(\boldsymbol{z})}[D_\alpha(G_\beta(\boldsymbol{z}))]. \tag{7.10}$$

其中 $D_\alpha(\cdot)$ 必须是 1-Lipschitz 函数。实现这一点的更简单方法是将判别器的权重限制为某个较小的值 c。另外还可以通过使用幂迭代方法来应用谱归一化（spectral normalization）[13]。总体而言，将判别器限制为 1-Lipshitz 函数可以稳定训练，但是我们仍然很难理解学习过程。

- f-GAN：Wasserstein GAN 表明可以在其他地方寻找对抗损失的替代表述。在文献 [14] 中，作者提出使用 f-散度。
- 生成矩匹配网络（Generative Moment Matching Networks）[15,16]：如前所述，可以使用其他指标代替似然函数。可以固定判别器并将其定义为具有给定核函数的最大均值差异。由此产生的问题更简单，因为不用训练判别器，所以摆脱了烦琐的最小—最大优化。但这种方法合成图像的最终质量通常较差。
- 密度差与密度比：文献 [17,18] 中提出了一个有趣的观点，可以将各种 GAN 视为密度异或是密度比。读者可以参考原始论文以获取更多详细信息。
- 分层隐式模型：定义隐式模型的想法可以扩展到分层模型 [19]。
- GAN 和 EBM：如果回想 EBM，可以注意到对抗性损失和玻尔兹曼分布的对数之间存在明显联系。在文献 [20,21] 中，我们注意到，在可观察对象 $q(\boldsymbol{x})$ 上引入变分分布会带来以下的目标函数：

$$\mathcal{J}(\boldsymbol{x}) = \mathbb{E}_{\boldsymbol{x}\sim p_{\text{data}}(\boldsymbol{x})}[E(\boldsymbol{x})] - \mathbb{E}_{\boldsymbol{x}\sim q(\boldsymbol{x})}[E(\boldsymbol{x})] + \mathbb{H}[q(\boldsymbol{x})], \tag{7.11}$$

  其中 $E(\cdot)$ 是能量函数，$\mathbb{H}[\cdot]$ 是熵。该问题再次归结为最小—最大优化问题，即关于能量函数的最小化和关于变分分布的最大化。对抗损失和变分下限之间的第二个区别是熵项，通常难以处理。
- 使用哪一种 GAN：这个问题很重要。训练 GAN在很大程度上取决于初始化情况和神经网络的选择，而不是对抗损失的种类或其他技巧。可以在文献 [22] 中获取更多相关信息。
- 训练过程的不稳定：GAN的主要问题是学习过程不稳定，以及称为模式塌缩（mode collapse）的现象，即 GAN 仅从可观察空间的某些区域抽样出漂亮的图像。这个问题已经被研究了很长时间（例如文献 [23–25]），但是仍然是一个未解的问题。
- 限定的 GAN：有趣的是，我们仍然可以计算 GAN 的似然！参阅文献 [26] 了解更多详情。
- 正则化的 GAN：有很多想法可以正则化 GAN 以实现特定目标。例如，InfoGAN 通过引入基于互信息的正则化器来学习解构化的表征 [27]。

在这些想法中，每个都构成了数千名研究人员的独立研究方向。如果读者有兴趣追求其中任何一个，可以选择上面提到的相应论文进行深入研究！

7.5 参考文献

[1] MACKAY D J, GIBBS M N. Density networks[J]. Statistics and neural networks: advances at the interface, 1999: 129-145.

[2] SRIPERUMBUDUR B K, FUKUMIZU K, GRETTON A, et al. On integral probability metrics, ϕ-divergences and binary classification[J]. arXiv preprint arXiv:0901.2698, 2009.

[3] GRETTON A, BORGWARDT K, RASCH M, et al. A kernel method for the two-sample-problem[J]. Advances in Neural Information Processing Systems, 2006, 19: 513-520.

[4] VAN ERVEN T, HARREMOS P. Rényi divergence and kullback-leibler divergence[J]. IEEE Transactions on Information Theory, 2014, 60(7): 3797-3820.

[5] GOODFELLOW I J, POUGET-ABADIE J, MIRZA M, et al. Generative adversarial networks[J]. arXiv preprint arXiv:1406.2661, 2014.

[6] SCHMIDHUBER J. Making the world differentiable: On using fully recurrent self-supervised neural networks for dynamic reinforcement learning and planning in non-stationary environments[J]. Institut für Informatik, Technische Universität München. Technical Report FKI-126, 1990, 90.

[7] MIRZA M, OSINDERO S. Conditional generative adversarial nets[J]. arXiv preprint arXiv:1411.1784, 2014.

[8] DONAHUE J, KRÄHENBÜHL P, DARRELL T. Adversarial feature learning[J]. arXiv preprint arXiv:1605.09782, 2016.

[9] DUMOULIN V, BELGHAZI I, POOLE B, et al. Adversarially learned inference[J]. arXiv preprint arXiv:1606.00704, 2016.

[10] KARRAS T, LAINE S, AILA T. A style-based generator architecture for generative adversarial networks[C]//Proceedings of the IEEE/CVF Conference on Computer Vision and Pattern Recognition. [S.l.: s.n.], 2019: 4401-4410.

[11] ZHU J Y, PARK T, ISOLA P, et al. Unpaired image-to-image translation using cycle-consistent adversarial networks[C]//Proceedings of the IEEE international conference on computer vision. [S.l.: s.n.], 2017: 2223-2232.

[12] ARJOVSKY M, CHINTALA S, BOTTOU L. Wasserstein generative adversarial networks[C]//International conference on machine learning. [S.l.]: PMLR, 2017: 214-223.

[13] MIYATO T, KATAOKA T, KOYAMA M, et al. Spectral normalization for generative adversarial networks[J]. arXiv preprint arXiv:1802.05957, 2018.

[14] NOWOZIN S, CSEKE B, TOMIOKA R. f-GAN: Training generative neural samplers using variational divergence minimization[C]//Advances in Neural Information Processing Systems. [S.l.: s.n.], 2016: 271-279.

[15] DZIUGAITE G K, ROY D M, GHAHRAMANI Z. Training generative neural networks via maximum mean discrepancy optimization[C]//Proceedings of the Thirty-First Conference on Uncertainty in Artificial Intelligence. [S.l.: s.n.], 2015: 258-267.

[16] LI Y, SWERSKY K, ZEMEL R. Generative moment matching networks[C]//International Conference on Machine Learning. [S.l.]: PMLR, 2015: 1718-1727.

[17] HUSZÁR F. Variational inference using implicit distributions[J]. arXiv preprint arXiv:1702.08235, 2017.

[18] MOHAMED S, LAKSHMINARAYANAN B. Learning in implicit generative models[J]. arXiv preprint arXiv:1610.03483, 2016.

[19] TRAN D, RANGANATH R, BLEI D M. Hierarchical implicit models and likelihood-free variational inference[J]. Advances in Neural Information Processing Systems, 2017, 2017: 5524-5534.

[20] KIM T, BENGIO Y. Deep directed generative models with energy-based probability estimation[J]. arXiv preprint arXiv:1606.03439, 2016.

[21] ZHAI S, CHENG Y, FERIS R, et al. Generative adversarial networks as variational training of energy based models[J]. arXiv preprint arXiv:1611.01799, 2016.

[22] LUCIC M, KURACH K, MICHALSKI M, et al. Are gans created equal? a large-scale study[J]. Advances in Neural Information Processing Systems, 2018, 31.

[23] SALIMANS T, GOODFELLOW I, ZAREMBA W, et al. Improved techniques for training gans[J]. Advances in neural information processing systems, 2016, 29: 2234-2242.

[24] MESCHEDER L, GEIGER A, NOWOZIN S. Which training methods for gans do actually converge?[C]//International Conference on Machine Learning. [S.l.]: PMLR, 2018: 3481-3490.

[25] ODENA A, OLAH C, SHLENS J. Conditional image synthesis with auxiliary classifier gans[C]//International conference on machine learning. [S.l.]: PMLR, 2017: 2642-2651.

[26] DIENG A B, RUIZ F J, BLEI D M, et al. Prescribed generative adversarial networks[J]. arXiv preprint arXiv:1910.04302, 2019.

[27] CHEN X, DUAN Y, HOUTHOOFT R, et al. Infogan: Interpretable representation learning by information maximizing generative adversarial nets[C]//Proceedings of the 30th International Conference on Neural Information Processing Systems. [S.l.: s.n.], 2016: 2180-2188.

第 8 章
CHAPTER 8

用于神经压缩的深度生成模型

8.1 简介

早在 2020 年 12 月，Facebook 报告称拥有约 18 亿日活跃用户和约 28 亿月活跃用户 [1]。假设用户平均每天上传一张照片，由此产生的数据量**很粗糙**地估计为每天约 3000TB 的新图像。仅 Facebook 这个单一案例就已经向我们展示了存储和传输数据的巨大成本。在数字时代，可以简单说：处理数据的高效和有效方式（即**更快**和**更小**）直接意味着可以节省更多的钱。

最直接的方法（即更快和更小）是应用压缩，特别是图像压缩的算法（编解码器，codec），这允许我们减少图像的大小，无须更改基础架构，让图像的存储和传输更有效！一般来讲，图像压缩得越多，就发送得越多越快，需要的磁盘内存就越少！

谈及图像压缩，可能我们第一个想到的是 JPEG 或 PNG，这是我们日常使用的标准。这里不详细介绍这些标准（读者可以参考文献 [2, 3] 的介绍），它们使用了一些预定义的数学方法，例如离散余弦变换。JPEG 等标准编解码器的主要优点是它们是可解释的，即所有步骤都是手工设计的，行为可以预测。然而这是以灵活性不足为代价，会大大降低其性能。如何才能增加转换的灵活性呢？本书在讨论深度学习 [4,5]，而确实当今的许多图像压缩算法都通过神经网络得到了增强。

使用神经网络作为压缩算法的新兴领域称为**神经压缩**。神经压缩成为开发新编解码器的主要趋势，其中有些使用神经网络取代部分标准编解码器 [6]，或者使用基于神经的编解码器与量化部分 [7] 和熵编码 [8–11] 一起训练 [12]。我们会在下一节中详细讨论一般压缩方案。最重要的是要理解为什么深度生成模型在神经压缩的背景下很重要。很久以前 Claude Shannon 给出了答案，他在文献 [13] 中表明（非正式）：

表示源数据的消息的长度与该数据的熵成正比。

我们不知道数据的熵，因为我们不知道数据的概率分布 $p(\boldsymbol{x})$，但是可以使用讨论过的深度生成模型来近似它！正因为如此，近年来人们对使用深度生成模型来改善神经压缩越来越感兴趣。我们可以使用深度生成模型为熵编码器的概率分布建模 [8–11]，还可以通过引入新的推理 [14] 和重建方案 [15] 来明显提高最终重建和压缩的质量。

8.2 通用压缩方案

在开始讨论神经压缩之前，我们先来讨论什么是图像（或一般而言，数据）压缩。可以区分两种图像压缩方法 [16]：

- *无损压缩*：保留所有信息且重建无误差的方法。
- *有损压缩*：信息没有通过压缩方法完整保存。

设计压缩算法依赖于设计特定的可解码的编码，其预期长度尽可能接近数据的熵 [13]。一般的压缩系统由两个组件组成 [16,17]：**编码器**和**解码器**。这与确定性的 VAE 不是同一件事情。两者有相似之处，但在压缩任务中，我们对发送**比特流**（bitstream）更感兴趣，而在 VAE 中根本不关心这一点。我们使用浮点数并讨论到编码，只是为了使其更直观，但需要一些额外的步骤才能将其变成“真正的”压缩方案。我们会在下一节中解释这些内容。

编码器

编码器的目标是将图像转换为离散信号。注意信号不一定是二进制的。使用的转换可能是可逆的，但这不是必需的。如果变换是可逆的，则可以在解码器中使用它的逆，从而原则上可以探讨无损压缩。可以回顾之前关于流模型可逆性的讨论。但是如果变换是不可逆的，则过程中就会丢失一些信息，落入有损压缩方法的组别。在对输入图像应用变换后，离散信号以无损方式被编码为比特流。换句话说，离散符号被映射到二进制变量（比特）。通常熵编码器会利用有关符号出现概率的信息，例如霍夫曼编码器或算术编码器 [16]。重要的是，对于许多熵编码器需要知道 $p(\boldsymbol{x})$，而在这里可以使用深度生成模型。

解码器

一旦消息（即比特）被发送和接收，比特流就被熵解码器解码为离散信号。熵解码器是熵编码器的逆。熵编码方法可以从比特流中接收到原始信息。最终可以应用逆变换（不一定是编码器变换的逆变换）来重建原始图像。

完整方案

可以参阅图 8.1 来了解图像压缩系统（编解码器 codec）的一般方案。标准编解码器主要利用多尺度图像分解，例如进一步量化的小波表征 [3,18]。特定的离散变换［例如离散余弦变换（Discrete Cosine Transform，DCT）］会产生特定的编解码器（例如 JPEG [2]）。

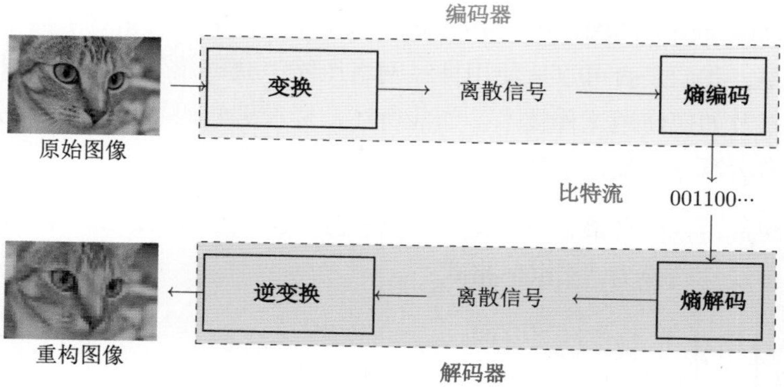

图 8.1 通用图像压缩系统（编解码器）

目标

编解码器的最终性能是由重构误差和压缩比率来评估的。重构误差称为**失真**度量，即用均方误差（MSE）（通常是峰值信噪比 PSNR 表示为 $10\log_{10}\frac{255^2}{\text{MSE}}$），或是如多尺度结构相似度指数（MS-SSIM）等感知指标计算原始图像和重建图像之间的差异 [19]。压缩比，或者**比率**，通常由**单位像素比特数**（bits per pixel，bpp）来表示，即编码器输出以比特为单位的总量除以编码器输入以像素为单位的总量 [17]。通常，编解码器的性能用比率失真平面来评估（即在平面上绘制曲线，

x 轴为比率，y 轴为失真）。

正式来讲，假设一个自动编码器架构（可以再次参考图 8.1）带有编码变换 $f_{\mathrm{e}}:\mathcal{X}\to\mathcal{Y}$，它接受输入 $\boldsymbol{x}$ 并返回离散信号 $\boldsymbol{y}$（编码）。发送消息后，重构 $\hat{\boldsymbol{x}}$ 由解码器给出 $f_{\mathrm{d}}:\mathcal{Y}\to\mathcal{X}$。此外，还有（自适应）熵编码器可以学习分布 $p(\boldsymbol{y})$，并进一步用于将离散信号 $\boldsymbol{y}$ 转换为比特流（例如，霍夫曼编码、算术编码）。如果压缩方法具有任何自适应（超）参数，则可以通过优化以下目标函数来学习：

$$\mathcal{L}(\boldsymbol{x})=d(\boldsymbol{x},\hat{\boldsymbol{x}})+\beta r(\boldsymbol{y}), \tag{8.1}$$

其中 $d(\cdot,\cdot)$ 是**失真**度量（例如 PSNR、MS-SSIM），$r(\cdot)$ 是**比率**度量［例如 $r(\boldsymbol{y})=-\ln p(\boldsymbol{y})$］，$\beta>0$ 是控制比率和失真之间平衡的权重因子。请注意，失真需要编码器和解码器，而比率需要编码器和熵模型。

8.3 简短介绍：JPEG

我们已经讨论了图像压缩的必要概念。在深入讨论神经压缩之前，首先要解决的问题是，我们是否可以从使用神经网络压缩中获得额外的好处，以及我们可以在哪里以及如何使用这种技术。如前所述，标准编解码器用到一系列预定义的转换和数学运算，现在讨论其工作原理。

我们快速讨论一种最常用的编解码器：JPEG。在 JPEG 编解码器中，RGB 图像首先被线性转换为 YCbCr 格式：

$$\begin{bmatrix} Y \\ \mathrm{Cb} \\ \mathrm{Cr} \end{bmatrix}=\begin{bmatrix} 0 \\ 128 \\ 128 \end{bmatrix}+\begin{bmatrix} 0.299 & 0.587 & 0.114 \\ -0.168736 & -0.331264 & 0.5 \\ 0.5 & -0.48688 & -0.081312 \end{bmatrix}\begin{bmatrix} R \\ G \\ B \end{bmatrix} \tag{8.2}$$

然后，Cb 和 Cr 通道通常被缩小两到三倍（第一压缩阶段）。之后，每个通道被分成例如 8×8 块，并输入最终量化的离散余弦变换（Discrete Cosine Transform，DCT）（第二个压缩阶段）。这里还是可以使用霍夫曼编码。要解码信号，需要使用逆 DCT，对 Cb 和 Cr 通道进行放大，并恢复 RGB 表示。整个系统如图 8.2 所示。这里的每个步骤都很直观，如果知道 DCT 的工作原理，整个过程就是简单易懂的白盒。还有一些超参数，但同样，这些超参数有非常清晰的解释（例如 Cb 和 Cr 通道缩小了多少次、块的大小等）。

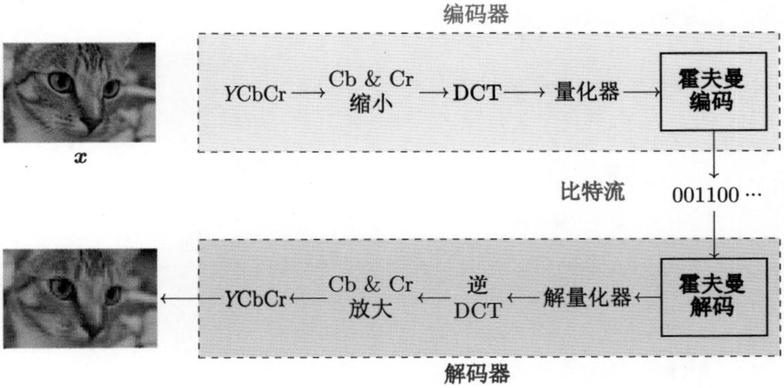

图 8.2 JPEG 压缩系统

8.4 神经压缩：组件

现在知道了标准编解码器是如何工作的。标准编解码器的问题之一是不够灵活。DCT 不一定是所有图像的最佳变换。如果我们愿意放弃上面的简单步骤的白盒，就可以通过将所有数学运算替换为神经网络，将其变成黑盒。这样做会有更多的灵活性和更好的性能（失真和压缩比率两方面都有）。

我们知道学习神经网络需要整个方法是**可微**的。但是这里需要神经网络有离散的输出，这就破坏了反向传导的过程。为此必须构建一个**可微的量化过程**。此外，为了获得强大的模型，还需要一个自适应的熵编码模型。这是神经压缩流程的重要组成部分，因为这不仅优化了压缩比（即压缩率），而且有助于学习有用的码本（Codebook）。接下来详细讨论这两个组件。

编码器和解码器

在神经压缩中，与 VAE 不同，编码器和解码器由没有附加功能的神经网络组成。因此要专注于架构，而不是如何参数化分布。编码器的输出是连续编码（浮点数），解码器的输出是重建的图像。下面介绍用于编码器和解码器的 PyTroch 类及神经网络示例。

代码清单 8.1 编码器类和解码器类

```
# 编码器就是一个获取图像并输出相应编码的神经网络
class Encoder(nn.Module):
    def __init__(self, encoder_net):
```

```
        super(Encoder, self).__init__()

        self.encoder = encoder_net

    def encode(self, x):
        h_e = self.encoder(x)
        return h_e

    def forward(self, x):
        return self.encode(x)

# 解码器就是一个接受量化编码并返回图像的神经网络
class Decoder(nn.Module):
    def __init__(self, decoder_net):
        super(Decoder, self).__init__()

        self.decoder = decoder_net

    def decode(self, z):
        h_d = self.decoder(z)
        return h_d

    def forward(self, z, x=None):
        x_rec = self.decode(z)
        return x_rec
```

代码清单 8.2　用于编码器和解码器的神经网络示例

```
# 编码器
e_net = nn.Sequential(
            nn.Linear(D, M*2), nn.BatchNorm1d(M*2), nn.ReLU(),
            nn.Linear(M*2, M), nn.BatchNorm1d(M), nn.ReLU(),
            nn.Linear(M, M//2), nn.BatchNorm1d(M//2), nn.ReLU(),
            nn.Linear(M//2, C))

encoder = Encoder(encoder_net=e_net)

# 解码器
d_net = nn.Sequential(
            nn.Linear(C, M//2), nn.BatchNorm1d(M//2), nn.ReLU(),
            nn.Linear(M//2, M), nn.BatchNorm1d(M), nn.ReLU(),
            nn.Linear(M, M*2), nn.BatchNorm1d(M*2), nn.ReLU(),
            nn.Linear(M*2, D))

decoder = Decoder(decoder_net=d_net)
```

可微的量化

在压缩中使用神经网络，必须确保仍然可以通过反向传导进行训练，因此，只能使用可微分的操作。然而使用神经网络的离散输出会破坏可微性，并且需要应用到梯度的近似值（例如直通估计器）。可以使用编码 $\boldsymbol{y}$ 的量化形式，并通过简单技巧使其可微。

假设编码器给到一个编码 $\boldsymbol{y} \in \mathbb{R}^M$。此外，假设有一个码本 $\boldsymbol{c} \in \mathbb{R}^K$。我们可以将码本视为附加参数的向量（这些参数也可以去学习）。现在的想法是要将 $\boldsymbol{y}$ 量化为码本 $\boldsymbol{c}$ 中的值。这看上去很容易，但仍然没有告诉我们什么有用的信息。在这种情况下量化意味着我们将获取 $\boldsymbol{y}$ 中的每个元素，并在码本中找到最接近的值，并将其替换为该码本值。

可以通过以下方式使用矩阵演算来实现。首先，重复 $\boldsymbol{y}K$ 次并重复 $\boldsymbol{c}M$ 次来分别得到两个矩阵：$\boldsymbol{Y} \in \mathbb{R}^{M\times K}$ 和 $\boldsymbol{C} \in \mathbb{R}^{M\times K}$。然而，计算一个相似度矩阵，例如：$\boldsymbol{S} = \exp\{-\sqrt{(\boldsymbol{Y}-\boldsymbol{C})^2}\} \in \mathbb{R}^{M\times K}$。矩阵 $\boldsymbol{S}$ 具有最大值，其中 $\boldsymbol{y}$ 的第 m 个值 y_m 最接近 $\boldsymbol{c}$ 的第 k 个值 c_k。到现在所有操作都是可微的，但这里还没有量化（即值不是离散的）。由于有相似矩阵 $\boldsymbol{S} \in \mathbb{R}^{M\times K}$，所以我们可以将 Softmax 的带有温度参数的非线性应用到 $\boldsymbol{S}$ 的第二维，即 $\hat{\boldsymbol{S}} = \text{Softmax}_2(\tau \cdot \boldsymbol{S})$（这里的下标表示计算第二维的 Softmax 函数），其中有 $\tau \gg 1$（例如，$\tau = 10^7$）。由于将 Softmax 函数应用于乘以一个非常大数字的相似度矩阵，所以生成的矩阵 $\hat{\boldsymbol{S}}$ 仍将由浮点数组成，但在数值上，这些值会是一些 0 和单独的 1。这种量化的例子如图 8.3 所示。

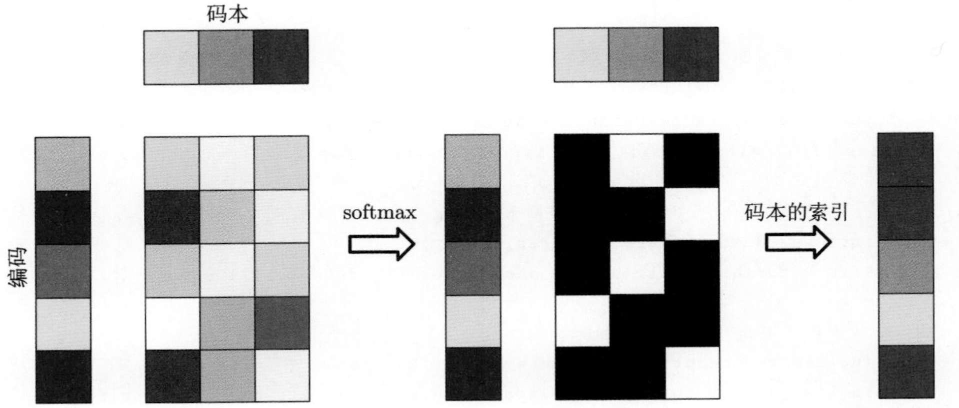

(a) 距离　(b) 索引　(c) 量化的编码

图 8.3　编码量化的示例

重点是 Softmax 函数的非线性是可微的，最终使得整个过程都是可微的。最后可以通过将码本乘以 0-1 相似度矩阵来计算量化编码，即

$$\hat{\boldsymbol{y}} = \hat{\boldsymbol{S}}\boldsymbol{c}. \tag{8.3}$$

最终得到的编码 $\hat{\boldsymbol{y}}$ 就只含有码本中的值。

$\hat{\boldsymbol{y}}$ 的值仍然是浮点数。换句话说，想要转换成比特流的离散信号在哪里呢？可以从两个方面来回答。首先，码本中只有 K 个可能的值。因此，这些值是离散的，但由有限数量的浮点数表示。其次，这样做的重点是在计算矩阵 $\hat{\boldsymbol{S}}$ 时，而这个矩阵确实是离散的，在每一行中有一个位置是 1 而其他地方为 0。因此，无论是从码本的角度还是从相似度矩阵的角度来看，确实可以将任何实值向量转换为由有限集中的实值组成的向量。而且，最重要的是，整个量化过程允许应用反向传导算法。这种量化方法（或类似方法）被用于许多神经压缩中，例如文献 [7]、文献 [10] 或文献 [9]。我们还可以使用其他差分量化技术，例如矢量量化 [16]。这里还是继续使用在实践中很有效的简单码本。

代码清单 8.3　量化器类

```
class Quantizer(nn.Module):
    def __init__(self, input_dim, codebook_dim, temp=1.e7):
        super(Quantizer, self).__init__()
        #Softmax的温度参数
        self.temp = temp

        # 输入和码本的维度
        self.input_dim = input_dim
        self.codebook_dim = codebook_dim

        # 码本层（即码本）
        # 使用均匀分布来初始化码本，作为一个可学习的参数
        self.codebook = nn.Parameter(torch.FloatTensor(1, self.codebook_dim,).
    uniform_(-1/self.codebook_dim, 1/self.codebook_dim))

    # 该方法将码本的索引（由one-hot表示）转化为码本中的值
    def indices2codebook(self, indices_onehot):
        return torch.matmul(indices_onehot, self.codebook.t()).squeeze()

    # 该方法将整数转化为one-hot表示
    def indices_to_onehot(self, inputs_shape, indices):
        indices_hard = torch.zeros(inputs_shape[0], inputs_shape[1], self.
    codebook_dim)
        indices_hard.scatter_(2, indices, 1)

```

```
    # 前向传导方法:
    # 首先，计算输入值和码本值的距离
    # 其次，计算编码值和码本值之间的索引（soft表示其是可微的，hard表示其是不可微的）
    # 再次，量化器返回索引和量化后的编码（编码器的输出）
    # 最后，解码器将量化编码映射到可观察空间中（即将编码重新解码回去）
    def forward(self, inputs):
        # 输入 - 一个浮点数组成的 B × M 矩阵
        inputs_shape = inputs.shape
        # 重复输入
        inputs_repeat = inputs.unsqueeze(2).repeat(1, 1, self.codebook_dim)
        # 计算输入值和码本值之间的距离
        distances = torch.exp(-torch.sqrt(torch.pow(inputs_repeat - self.codebook.unsqueeze(1), 2)))

        # 索引（hard，即是不可微的）
        indices = torch.argmax(distances, dim=2).unsqueeze(2)
        indices_hard = self.indices_to_onehot(inputs_shape=inputs_shape, indices=indices)

        # 索引（soft，即是可微的）
        indices_soft = torch.Softmax(self.temp * distances, -1)

        # 量化值：使用soft索引，从而可以使用反向传导
        quantized = self.indices2codebook(indices_onehot=indices_soft)

        return (indices_soft, indices_hard, quantized)
```

自适应熵编码模型

整个问题的最后一部分是熵编码器，如霍夫曼编码或算术编码。这些熵编码器都需要先估计代码的概率分布 $p(\boldsymbol{y})$。有了这个分布，熵编码器就可以将离散信号无损地压缩成比特流。通常可以将离散符号分别编码为比特（例如霍夫曼编码），或将整个离散信号编码为比特表示（例如，算术编码）。在压缩系统中，算术编码优于霍夫曼编码，因为它更快、更准确（即是更好的压缩）[16]。

这里不去详细回顾和解释算术编码的工作原理。详细信息可以参阅文献 [16]（或任何其他有关数据压缩的书）。我们需要知道两个事实。首先，如果提供了符号的概率，那么算术编码不需要额外通过信号来估计它们。其次，算术编码的自适应变体允许在顺序压缩符号的同时修改概率（也称为*渐进式编码*）。

这两点很重要，因为如前所述，可以使用深度生成模型来估计 $p(\boldsymbol{y})$。一旦学习到了这个深度生成模型，算术编码就可以将其用于编码的无损压缩。此外，如果

使用可以分解分布的模型，例如自回归模型，那么还可以利用渐进式编码的思想。

在示例中，会用到自回归模型，该模型采用量化编码并返回码本中每个值的概率（即索引）。换句话说，自回归模型会产生基于码本值的概率。在实现中使用了术语“熵编码”，指的是整个熵编码模型。此外，还存在用于压缩目的的专门分布，例如尺度超先验 [8]，在这里特别地只对神经压缩的深度生成建模感兴趣。

代码清单 8.4　使用了自回归模型类的自适应熵编码模型

```
class ARMEntropyCoding(nn.Module):
    def __init__(self, code_dim, codebook_dim, arm_net):
        super(ARMEntropyCoding, self).__init__()
        self.code_dim = code_dim
        self.codebook_dim = codebook_dim
        self.arm_net = arm_net # it takes B x 1 x code_dim and outputs B x
   codebook_dim x code_dim

    def f(self, x):
        h = self.arm_net(x.unsqueeze(1))
        h = h.permute(0, 2, 1)
        p = torch.Softmax(h, 2)

        return p

    def sample(self, quantizer=None, B=10):
        x_new = torch.zeros((B, self.code_dim))

        for d in range(self.code_dim):
            p = self.f(x_new)
            indx_d = torch.multinomial(p[:, d, :], num_samples=1)
            codebook_value = quantizer.codebook[0, indx_d].squeeze()
            x_new[:, d] = codebook_value

        return x_new

    def forward(self, z, x):
        p = self.f(x)
        return -torch.sum(z * torch.log(p), 2)
```

神经压缩系统

我们已经讨论了神经压缩系统的所有组件，并给出了一些很具体的例子来解释它们是如何实现的。还有许多其他关于如何构建这些组件的想法，比如为编码器和解码器精心设计的神经网络架构，或者各种量化方案和熵编码模型。尽管如此，这里的神经压缩模型已经可以很好展示如何利用神经网络进行图像压缩（或更一般的数据压缩）。

在图 8.4 中展示了一个神经压缩系统，其中图 8.1 中的变换被神经网络及（可微分的）量化过程所取代。其中还强调了浮点数被量化，从而获得离散信号。比较图 8.1 和图 8.4，可以注意到整个流程都是相同的，不同之处在于变换的实现方式。

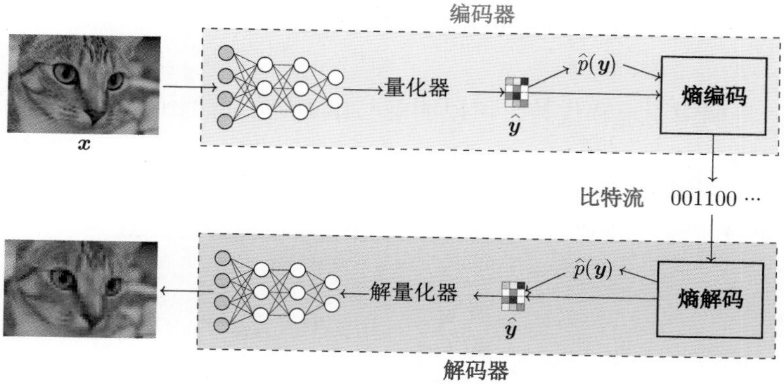

图 8.4 神经压缩系统

主要区别在于，神经压缩可以进行端到端的训练，并可专门针对给定的数据。神经压缩的目标函数可以看作自动编码器的惩罚性重构误差。假设已经给出了训练数据 $\mathcal{D} = \{\boldsymbol{x}_1, \cdots, \boldsymbol{x}_N\}$ 和相应的经验分布 $p_{\text{data}}(\boldsymbol{x})$。有一个权重为 $\phi, \boldsymbol{y} = f_{\text{e},\phi}(\boldsymbol{x})$ 的编码器网络，一个带有码本的可微量化器 $\boldsymbol{c}, \hat{\boldsymbol{y}} = Q(\boldsymbol{y}; \boldsymbol{x})$，一个权重为 $\theta, \hat{\boldsymbol{x}} = f_{\text{d},\theta}(\hat{\boldsymbol{y}})$ 的解码器网络，以及权重为 $\lambda, p_\lambda(\hat{\boldsymbol{y}})$ 的熵编码模型。可以通过最小化以下目标函数（$\beta > 0$）以端到端的方式训练模型：

$$\mathcal{L}(\theta, \phi, \lambda, \boldsymbol{c}) = \mathbb{E}_{\boldsymbol{x}\sim p_{\text{data}}(\boldsymbol{x})}[(\boldsymbol{x} - f_{\text{d},\theta}(Q(f_{\text{e},\phi}(\boldsymbol{x}); \boldsymbol{c})))^2] + \tag{8.4}$$
$$+ \beta \mathbb{E}_{\hat{\boldsymbol{y}}\sim p_{\text{data}}(\boldsymbol{x})\delta(Q(f_{\text{e},\phi}(\boldsymbol{x});\boldsymbol{c})-\hat{\boldsymbol{y}})}[-\ln p_\lambda(\hat{\boldsymbol{y}})]$$

$$= \mathbb{E}_{\boldsymbol{x}\sim p_{\text{data}}(\boldsymbol{x})}[(\boldsymbol{x} - \hat{\boldsymbol{x}})^2] + \beta \mathbb{E}_{\hat{\boldsymbol{y}}\sim p_{\text{data}}(\boldsymbol{x})\delta(Q(f_{\text{e},\phi}(\boldsymbol{x});\boldsymbol{c})-\hat{\boldsymbol{y}})}[-\ln p_\lambda(\hat{\boldsymbol{y}})]. \tag{8.5}$$

如果仔细研究这个目标函数，可以注意到第一个分量 $\mathbb{E}_{\boldsymbol{x}\sim p_{\text{data}}(\boldsymbol{x})}[(\boldsymbol{x} - \hat{\boldsymbol{x}})^2]$ 是均方误差（Mean Squared Error，MSE）损失。换句话说，这就是重构误差。第二部分，$\mathbb{E}_{\boldsymbol{x}\sim p_{\text{data}}(\boldsymbol{x})}[-\ln p_\lambda(\hat{\boldsymbol{y}})]$ 是 $q(\hat{\boldsymbol{y}}) = p_{\text{data}}(\boldsymbol{x})\delta(Q(f_{\text{e},\phi}(\boldsymbol{x}); \boldsymbol{c}) - \hat{\boldsymbol{y}})$ 和 $p_\lambda(\hat{\boldsymbol{y}})$ 之间的交叉熵，其中 $\delta(\cdot)$ 表示狄拉克函数。为了清楚地看到这一点，我们一步一

步来推导：

$$\mathbb{CE}[q(\hat{\boldsymbol{y}})||p_\lambda(\hat{\boldsymbol{y}})] = -\sum_{\hat{\boldsymbol{y}}} q(\hat{\boldsymbol{y}}) \ln p_\lambda(\hat{\boldsymbol{y}}) \tag{8.6}$$

$$= -\sum_{\hat{\boldsymbol{y}}} p_{\text{data}}(\boldsymbol{x}) \delta(Q(f_{\text{e},\phi}(\boldsymbol{x}); \boldsymbol{c}) - \hat{\boldsymbol{y}}) \ln p_\lambda(\hat{\boldsymbol{y}}) \tag{8.7}$$

$$= -\frac{1}{N} \sum_{n=1}^{N} \ln p_\lambda(Q(f_{\text{e},\phi}(\boldsymbol{x}_n); \boldsymbol{c})). \tag{8.8}$$

最终，将期望用求和代替，可以明确写出训练的目标函数：

$$\mathcal{L}(\theta, \phi, \lambda, \boldsymbol{c}) = \underbrace{\frac{1}{N} \sum_{n=1}^{N} (\boldsymbol{x}_n - f_{\text{d},\theta}(Q(f_{\text{e},\phi}(\boldsymbol{x}_n); \boldsymbol{c})))^2 +}_{\text{distortion}}$$

$$+ \underbrace{\frac{\beta}{N} \sum_{n=1}^{N} [-\ln p_\lambda(Q(f_{\text{e},\phi}(\boldsymbol{x}_n); \boldsymbol{c}))]}_{\text{rate}}. \tag{8.9}$$

在训练的目标函数中有失真和压缩比率的和。注意在训练期间根本不需要用到熵编码。但是如果想在实践中使用神经压缩，熵编码就是必要的。

现在来讨论如何计算**单位像素比特数**（bits per pixel，bpp）。bpp 的定义是编码器输出的总量（以比特为单位）除以编码器输入的总量（以像素为单位）。在这里的例子中，编码器返回一个大小为 M 的编码，每个值都映射到 K 个值之一。假设 $K = 2^\kappa$。由此可以使用索引（即整数）来表示量化后的编码。由于有 K 个可能的整数，可以使用 κ 个比特位来表示它们中的每一个。因此，编码由 $\kappa \times M$ 个比特位来描述。换句话说，可以使用概率等于 $1/(\kappa \times M)$ 的均匀分布，使得 bpp 等于 $-\log_2(1/(\kappa \times M)/D$。还可以使用熵编码来改进这个分数。可以使用比率值除以图像的大小 D，从而得到 bpp，即 $-\log_2 p(\hat{\boldsymbol{y}})/D$。

代码清单 8.5　神经压缩类

```
class NeuralCompressor(nn.Module):
    def __init__(self, encoder, decoder, entropy_coding, quantizer, beta=1.,
     detaching=False):
        super(NeuralCompressor, self).__init__()

        print('Neural Compressor by JT.')

        # 初始化
```

```
        self.encoder = encoder
        self.decoder = decoder
        self.entropy_coding = entropy_coding
        self.quantizer = quantizer

        # beta决定了相比重构质量，我们有多么更加重视压缩
        self.beta = beta

        # 可以把输入与比率分开，这样可以分别学习比率和失真
        self.detaching = detaching

    def forward(self, x, reduction='avg'):
        # 编码
        #-非量化值
        z = self.encoder(x)
        #-量化
        quantizer_out = self.quantizer(z)

        # 解码
        x_rec = self.decoder(quantizer_out[2])

        # 失真（即MSE)
        Distortion = torch.mean(torch.pow(x - x_rec, 2), 1)

        # 比率：在这里使用熵编码
        Rate = torch.mean(self.entropy_coding(quantizer_out[0], \cdotsntizer_out
    [2]), 1)

        # 目标函数
        objective = Distortion + self.beta * Rate

        if reduction == 'sum':
            return objective.sum(), Distortion.sum(), Rate.sum()
        else:
            return objective.mean(), Distortion.mean(), Rate.mean()
```

总结一下神经压缩，假设模型已经训练完成，整个压缩过程由以下步骤组成：

（1） 对输入图像进行编码，$\boldsymbol{y} = f_{\mathrm{e},\phi}(\boldsymbol{x})$；

（2） 量化编码，$\hat{\boldsymbol{y}} = Q(\hat{\boldsymbol{y}}; \boldsymbol{c})$；

（3） 使用 $p_\lambda(\hat{\boldsymbol{y}})$ 和例如算术编码将量化编码 $\hat{\boldsymbol{y}}$ 转换为比特流；

（4） 发送比特值；

（5） 使用 $p_\lambda(\hat{\boldsymbol{y}})$ 和例如算术解码将比特值解码为 $\hat{\boldsymbol{y}}$；

（6） 解码 $\hat{\boldsymbol{y}}$, $\hat{\boldsymbol{x}} = f_{\mathrm{d},\theta}(\hat{\boldsymbol{y}})$。

示例

读者可以在`https://github.com/jmtomczak/intro_dgm`找到这里展示的神经压缩的代码实现，获得如图 8.5 中所示的结果（对于 $\beta = 1$）。

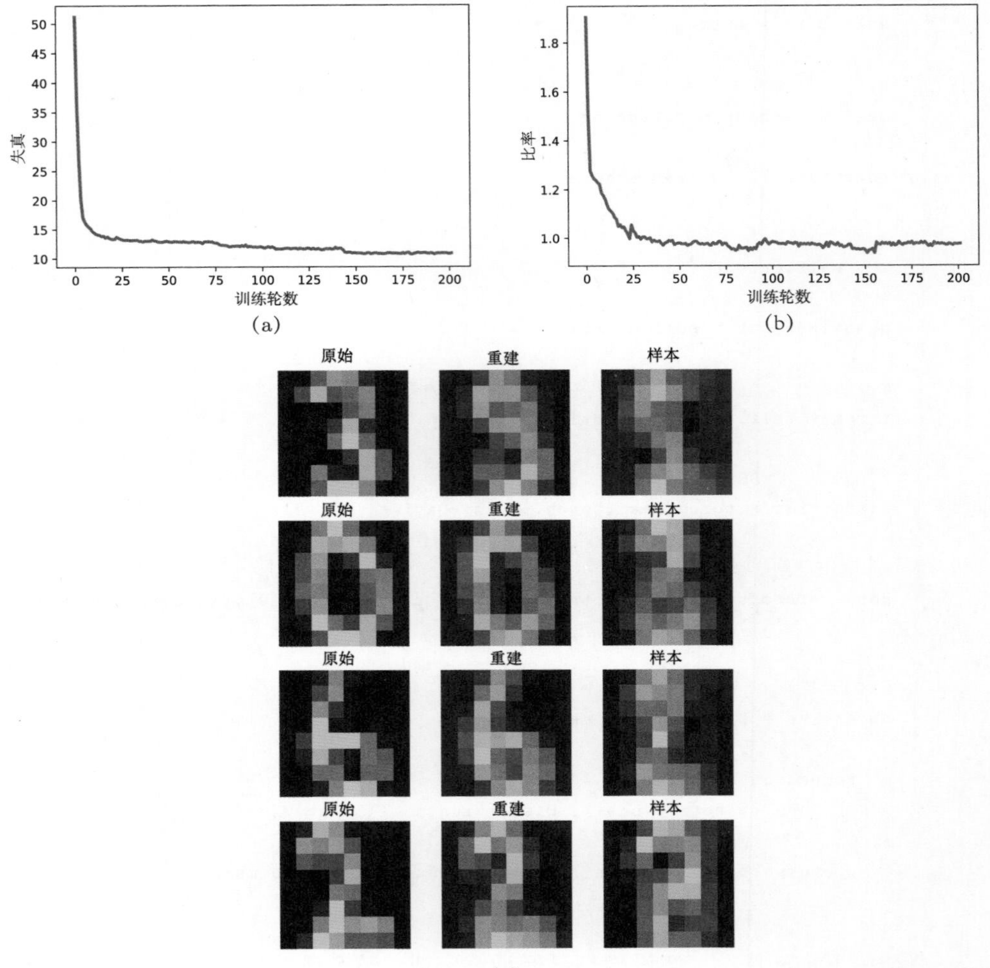

图 8.5　训练之后的结果示例。（a）失真曲线。（b）比率曲线。（c）真实图像（左侧列）及其重建（中间列），以及来自自回归熵编码器的样本（右侧列）

有趣的是，由于熵编码器也是一个深度生成模型，我们可以从中采样。在图 8.5（c）中展示了四个样本。这表明该模型确实可以学习到量化代码的数据分布！

8.5 后续

神经压缩是一个迷人的领域。利用神经网络进行压缩为开发新编码方案开辟了全新的可能性。神经压缩在图像压缩上取得了与标准编解码器相当或更好的结果[20]。视频压缩或音频压缩仍有改进的空间[21,22]。在这里还有许多有趣的研究方向没有介绍到。建议读者阅读关于神经压缩方法的一篇很好的概述论文 [20]。最后想强调的是，这里使用了深度自回归生成模型，但是也可以使用很多其他的深度生成模型（例如流模型、VAE 等）。

8.6 参考文献

[1] FACEBOOK. Facebook reports fourth quarter and full year 2020 results[Z]. [S.l.: s.n.].

[2] ANSARI R, GUILLEMOT C, MEMON N. Jpeg and jpeg2000[M]//The Essential Guide to Image Processing. [S.l.]: Elsevier, 2009: 421-461.

[3] XIONG Z, RAMCHANDRAN K. Wavelet image compression[M]//The Essential Guide to Image Processing. [S.l.]: Elsevier, 2009: 463-493.

[4] LECUN Y, BENGIO Y, HINTON G. Deep learning[J]. nature, 2015, 521(7553): 436-444.

[5] SCHMIDHUBER J. Deep learning in neural networks: An overview[J]. Neural networks, 2015, 61: 85-117.

[6] GUEGUEN L, SERGEEV A, KADLEC B, et al. Faster neural networks straight from jpeg[J]. Advances in Neural Information Processing Systems, 2018, 31: 3933-3944.

[7] AGUSTSSON E, MENTZER F, TSCHANNEN M, et al. Soft-to-hard vector quantization for end-to-end learning compressible representations[C]//Proceedings of the 31st International Conference on Neural Information Processing Systems. [S.l.: s.n.], 2017: 1141-1151.

[8] BALLÉ J, MINNEN D, SINGH S, et al. Variational image compression with a scale hyperprior[C]//International Conference on Learning Representations. [S.l.: s.n.], 2018.

[9] HABIBIAN A, ROZENDAAL T V, TOMCZAK J M, et al. Video compression with rate-distortion autoencoders[C]//Proceedings of the IEEE/CVF International Conference on Computer Vision. [S.l.: s.n.], 2019: 7033-7042.

[10] MENTZER F, AGUSTSSON E, TSCHANNEN M, et al. Conditional probability models for deep image compression[C]//Proceedings of the IEEE Conference on Computer Vision and Pattern Recognition. [S.l.: s.n.], 2018: 4394-4402.

[11] MINNEN D, BALLÉ J, TODERICI G. Joint autoregressive and hierarchical priors for learned image compression[J]. arXiv preprint arXiv:1809.02736, 2018.

[12] THEIS L, SHI W, CUNNINGHAM A, et al. Lossy image compression with compressive autoencoders[J]. arXiv preprint arXiv:1703.00395, 2017.

[13] SHANNON C E. A mathematical theory of communication[J]. The Bell system technical journal, 1948, 27(3): 379-423.

[14] YANG Y, BAMLER R, MANDT S. Improving inference for neural image compression[J]. Advances in Neural Information Processing Systems, 2020a, 33.

[15] MENTZER F, TODERICI G D, TSCHANNEN M, et al. High-fidelity generative image compression[J]. Advances in Neural Information Processing Systems, 2020, 33.

[16] SALOMON D. Data compression: the complete reference[M]. [S.l.]: Springer Science & Business Media, 2004.

[17] KARAM L. Lossless image compression[C]//BOVIK A. The Essential Guide to Image Processing. [S.l.]: Elsevier Academic Press, 2009.

[18] MOULIN P. Multiscale image decompositions and wavelets[M]//The essential guide to image processing. [S.l.]: Elsevier, 2009: 123-142.

[19] WANG Z, SIMONCELLI E P, BOVIK A C. Multiscale structural similarity for image quality assessment[C]//The Thrity-Seventh Asilomar Conference on Signals, Systems & Computers, 2003: volume 2. [S.l.]: IEEE, 2003: 1398-1402.

[20] BALLÉ J, CHOU P A, MINNEN D, et al. Nonlinear transform coding[J]. IEEE Journal of Selected Topics in Signal Processing, 2020, 15(2): 339-353.

[21] GOLINSKI A, POURREZA R, YANG Y, et al. Feedback recurrent autoencoder for video compression[C]//Proceedings of the Asian Conference on Computer Vision. [S.l.: s.n.], 2020.

[22] YANG Y, SAUTIÈRE G, RYU J J, et al. Feedback recurrent autoencoder[C]//ICASSP 2020-2020 IEEE International Conference on Acoustics, Speech and Signal Processing (ICASSP). [S.l.]: IEEE, 2020b: 3347-3351.

附录 A

APPENDIX A

一些有用的代数与运算知识

A.1 范数与内积

范数定义

范数是一个函数 $\|\cdot\| : \mathbb{X} \to \mathbb{R}_+$，有如下特性：

1. $\|\boldsymbol{x}\| = 0 \Leftrightarrow \boldsymbol{x} = \boldsymbol{0}$
2. $\|\alpha\boldsymbol{x}\| = |\alpha|\|\boldsymbol{x}\|$，其中 $\alpha \in \mathbb{R}$
3. $\|\boldsymbol{x} + \boldsymbol{y}\| \leqslant \|\boldsymbol{x}\| + \|\boldsymbol{y}\|$

内积定义

内积是一个函数 $\langle\cdot,\cdot\rangle : \mathbb{X} \times \mathbb{X} \to \mathbb{R}$，有如下特性：

1. $\langle\boldsymbol{x}, \boldsymbol{x}\rangle \geqslant 0$
2. $\langle\boldsymbol{x}, \boldsymbol{y}\rangle = \langle\boldsymbol{y}, \boldsymbol{x}\rangle$
3. $\langle\alpha\boldsymbol{x}, \boldsymbol{y}\rangle = \alpha\langle\boldsymbol{x}, \boldsymbol{y}\rangle$
4. $\langle\boldsymbol{x} + \boldsymbol{z}, \boldsymbol{y}\rangle = \langle\boldsymbol{x}, \boldsymbol{y}\rangle + \langle\boldsymbol{z}, \boldsymbol{y}\rangle$

范数与内积的一些特性

- $\langle\boldsymbol{x}, \boldsymbol{x}\rangle = \|\boldsymbol{x}\|^2$
- $|\langle\boldsymbol{x}, \boldsymbol{y}\rangle| \leqslant \|\boldsymbol{x}\|\|\boldsymbol{y}\|$（对于 $\mathbb{R}^D$ 中的一个向量 $\langle\boldsymbol{x}, \boldsymbol{y}\rangle = \|\boldsymbol{x}\|\|\boldsymbol{y}\|\cos\theta$）
- $\|\boldsymbol{x} + \boldsymbol{y}\|^2 = \|\boldsymbol{x}\|^2 + 2\langle\boldsymbol{x}, \boldsymbol{y}\rangle + \|\boldsymbol{y}\|^2$

- $\|\boldsymbol{x}-\boldsymbol{y}\|^2=\|\boldsymbol{x}\|^2-2\langle\boldsymbol{x},\boldsymbol{y}\rangle+\|\boldsymbol{y}\|^2$

A.2 矩阵运算

线性依赖

让 ϕ_m 为非线性变换，并且有 $\boldsymbol{x}\in\mathbb{R}^M$。这两个向量的线性乘积是：

$$\begin{aligned}\boldsymbol{\phi}(\boldsymbol{x})^\top\boldsymbol{w}&=w_0\phi_0(\boldsymbol{x})+w_1\phi_1(\boldsymbol{x})+\cdots+w_{M-1}\phi_{M-1}(\boldsymbol{x})\\&=\sum_{m=0}^{M-1}w_m\phi_m(\boldsymbol{x}),\end{aligned}$$

其中 $\boldsymbol{w}=(w_0\quad w_1\quad\cdots\quad w_{M-1})^\top$，$\boldsymbol{\phi}(\boldsymbol{x})=(\phi_0(\boldsymbol{x})\quad\phi_1(\boldsymbol{x})\quad\cdots\quad\phi_{M-1}(\boldsymbol{x}))^\top$。

正交和标准正交向量

如果 $\langle\boldsymbol{x},\boldsymbol{y}\rangle=0$，向量 $\boldsymbol{x}$ 和 $\boldsymbol{y}$ 是正交向量。更进一步，如果 $\|\boldsymbol{x}\|=\|\boldsymbol{y}\|=1$，那么这些向量被称为标准正交。

矩阵运算的一些特性

- $(\boldsymbol{AB})^{-1}=\boldsymbol{B}^{-1}\boldsymbol{A}^{-1}$
- $(\boldsymbol{AB})^\top=\boldsymbol{B}^\top\boldsymbol{A}^\top$
- 矩阵 $\boldsymbol{A}$ 是正定的 $\Leftrightarrow$ 对于所有向量，如果 $\boldsymbol{x}\neq 0$，则后面这个不等式成立 $\boldsymbol{x}^\top\boldsymbol{A}\boldsymbol{x}>0$。
- $\nabla_{\boldsymbol{x}}\boldsymbol{x}^\top\boldsymbol{x}=2\boldsymbol{x}$
- $\nabla_{\boldsymbol{x}}\|\boldsymbol{W}^{\frac{1}{2}}(\boldsymbol{b}-\boldsymbol{A}\boldsymbol{x})\|_2^2=-2\boldsymbol{A}^\top\boldsymbol{W}(\boldsymbol{b}-\boldsymbol{A}\boldsymbol{x})$，其中 $\boldsymbol{W}$ 是一个对称矩阵。

对于给定的向量 $\boldsymbol{x}$、$\boldsymbol{y}$，以及一个对称和正定的矩阵 $\boldsymbol{A}$，我们有：

- $\dfrac{\partial}{\partial\boldsymbol{y}}(\boldsymbol{x}-\boldsymbol{y})^\top\boldsymbol{A}(\boldsymbol{x}-\boldsymbol{y})=-2\boldsymbol{A}(\boldsymbol{x}-\boldsymbol{y})$
- $\dfrac{\partial(\boldsymbol{x}-\boldsymbol{y})^\top\boldsymbol{A}^{-1}(\boldsymbol{x}-\boldsymbol{y})}{\partial\boldsymbol{A}}=-\boldsymbol{A}^{-1}(\boldsymbol{x}-\boldsymbol{y})(\boldsymbol{x}-\boldsymbol{y})^\top\boldsymbol{A}^{-1}$
- $\dfrac{\partial\ln\det(\boldsymbol{A})}{\partial\boldsymbol{A}}=\boldsymbol{A}^{-1}$

可逆矩阵的特殊情况

$$\boldsymbol{A}^{-1} = \begin{bmatrix} a & b \\ c & d \end{bmatrix}^{-1} = \frac{1}{ad - bc}\begin{bmatrix} d & -b \\ -c & a \end{bmatrix}$$

$$\boldsymbol{A}^{-1} = \begin{bmatrix} a & b & c \\ d & e & f \\ g & h & k \end{bmatrix}^{-1} = \frac{1}{\det \boldsymbol{A}}\begin{bmatrix} (ek - fh) & (ch - bk) & (bf - ce) \\ (fg - dk) & (ak - cg) & (cd - af) \\ (dh - eg) & (bg - ah) & (ae - bd) \end{bmatrix}$$

附录 B

APPENDIX B

一些有用的概率论和统计学知识

B.1 常用概率分布

伯努利分布

$\mathrm{B}(x|\theta) = \theta^x(1-\theta)^{1-x}$，其中 $x \in \{0,1\}$，$\theta \in [0,1]$

$\mathbb{E}[x] = \theta$

$\mathrm{Var}[x] = \theta(1-\theta)$

分类（Multinoulli）分布

$\mathrm{M}(\boldsymbol{x}|\boldsymbol{\theta}) = \prod_{d=1}^{D} \theta_d^{x_d}$, 其中 $x_d \in \{0,1\}$，$\theta_d \in [0,1]$ 对于所有 $d = 1,2,\cdots,D$, $\sum_{d=1}^{D} \theta_d = 1$

$\mathbb{E}[x_d] = \theta_d$

$\mathrm{Var}[x_d] = \theta_d(1-\theta_d)$

正态分布

$\mathcal{N}(x|\mu,\sigma^2) = \frac{1}{\sqrt{2\pi}\sigma} \exp\left\{-\frac{(x-\mu)^2}{2\sigma^2}\right\}$

$\mathbb{E}[x] = \mu$

$\mathrm{Var}[x] = \sigma^2$

多元正态分布

$$\mathcal{N}(\boldsymbol{x}|\boldsymbol{\mu}, \boldsymbol{\Sigma}) = \frac{1}{(2\pi)^{D/2}} \frac{1}{|\boldsymbol{\Sigma}|^{1/2}} \exp\left\{-\frac{1}{2}(\boldsymbol{x}-\boldsymbol{\mu})^\top \boldsymbol{\Sigma}^{-1}(\boldsymbol{x}-\boldsymbol{\mu})\right\},$$

其中 $\boldsymbol{x}$ 是 D 维的向量，$\boldsymbol{\mu}$ 是 D 维的均值向量，$\boldsymbol{\Sigma}$ 是 $D \times D$ 协方差矩阵。

$$\mathbb{E}[\boldsymbol{x}] = \boldsymbol{\mu}$$

$$\mathrm{Cov}[\boldsymbol{x}] = \boldsymbol{\Sigma}$$

贝塔分布

$$\mathrm{Beta}(x|a,b) = \frac{\Gamma(a+b)}{\Gamma(a)\Gamma(b)} x^{a-1}(1-x)^{b-1},$$

其中 $x \in [0,1]$ 且 $a > 0$，$b > 0$，$\Gamma(x) = \int_0^\infty t^{x-1}\mathrm{e}^{-t}\mathrm{d}t$

$\mathbb{E}[x] = \dfrac{a}{a+b}$

$\mathrm{Var}[x] = \dfrac{ab}{(a+b)^2(a+b+1)}$

边缘分布

在连续情况下：

$$p(x) = \int p(x,y)\mathrm{d}y$$

在离散情况下：

$$p(x) = \sum_y p(x,y)$$

条件分布

$$p(y|x) = \frac{p(x,y)}{p(x)}$$

多元正态分布的边缘分布和条件分布

假设 $\boldsymbol{x} \sim \mathcal{N}(\boldsymbol{x}|\boldsymbol{\mu}, \boldsymbol{\Sigma})$，其中

$$\boldsymbol{x} = \begin{bmatrix} \boldsymbol{x}_a \\ \boldsymbol{x}_b \end{bmatrix}, \quad \boldsymbol{\mu} = \begin{bmatrix} \boldsymbol{\mu}_a \\ \boldsymbol{\mu}_b \end{bmatrix}, \quad \boldsymbol{\Sigma} = \begin{bmatrix} \boldsymbol{\Sigma}_a & \boldsymbol{\Sigma}_c \\ \boldsymbol{\Sigma}_c^T & \boldsymbol{\Sigma}_b \end{bmatrix},$$

那么我们有下面的依赖关系：

$$p(\boldsymbol{x}_a) = \mathcal{N}(\boldsymbol{x}_a|\boldsymbol{\mu}_a, \boldsymbol{\Sigma}_a),$$
$$p(\boldsymbol{x}_a|\boldsymbol{x}_b) = \mathcal{N}(\boldsymbol{x}_a|\hat{\boldsymbol{\mu}}_a, \hat{\boldsymbol{\Sigma}}_a),$$

其中

$$\hat{\boldsymbol{\mu}}_a = \boldsymbol{\mu}_a + \boldsymbol{\Sigma}_c\boldsymbol{\Sigma}_b^{-1}(\boldsymbol{x}_b - \boldsymbol{\mu}_b),$$
$$\hat{\boldsymbol{\Sigma}}_a = \boldsymbol{\Sigma}_a - \boldsymbol{\Sigma}_c\boldsymbol{\Sigma}_b^{-1}\boldsymbol{\Sigma}_c^{\mathrm{T}}.$$

加法定理

$$p(x) = \sum_y p(x, y)$$

乘法定理

$$\begin{aligned} p(x, y) &= p(x|y)p(y) \\ &= p(y|x)p(x) \end{aligned}$$

贝叶斯定理

$$p(y|x) = \frac{p(x|y)p(y)}{p(x)}$$

B.2 统计学

最大似然估计

从相同分布 $p(\boldsymbol{x}|\theta)$, $\mathcal{D} = \{x_1, \cdots, x_N\}$ 中给出 N 个独立的 $\boldsymbol{x}$ 的样本。似然函数如下：

$$p(\mathcal{D}|\theta) = \prod_{n=1}^{N} p(x_n|\theta).$$

似然函数 $p(\mathcal{D}|\theta)$ 的对数形式给出如下：

$$\log p(\mathcal{D}|\theta) = \sum_{n=1}^{N} \log p(x_n|\theta).$$

参数 θ_{ML} 的最大似然估计器会最小化似然函数：

$$p(\mathcal{D}|\theta_{ML}) = \max_{\theta} p(\mathcal{D}|\theta).$$

最大后验估计

从相同分布 $p(\boldsymbol{x}|\theta)$, $\mathcal{D} = \{x_1, \cdots, x_N\}$ 中给出 N 个独立的 $\boldsymbol{x}$ 的样本。参数 θ_{MAP} 的最大后验（Maximum A Posteriori，MAP）估计器会最小化后验分布：

$$p(\theta_{\mathrm{MAP}}|\mathcal{D}) = \max_{\theta} p(\theta|\mathcal{D}).$$

决策风险

风险（损失期望）定义如下：

$$\mathcal{R}[\overline{y}] = \iint L(y, \overline{y}(\boldsymbol{x}))p(\boldsymbol{x}, y)\mathrm{d}\boldsymbol{x}\mathrm{d}y,$$

其中 $L(\cdot,\cdot)$ 是损失函数。

索引

INDEX

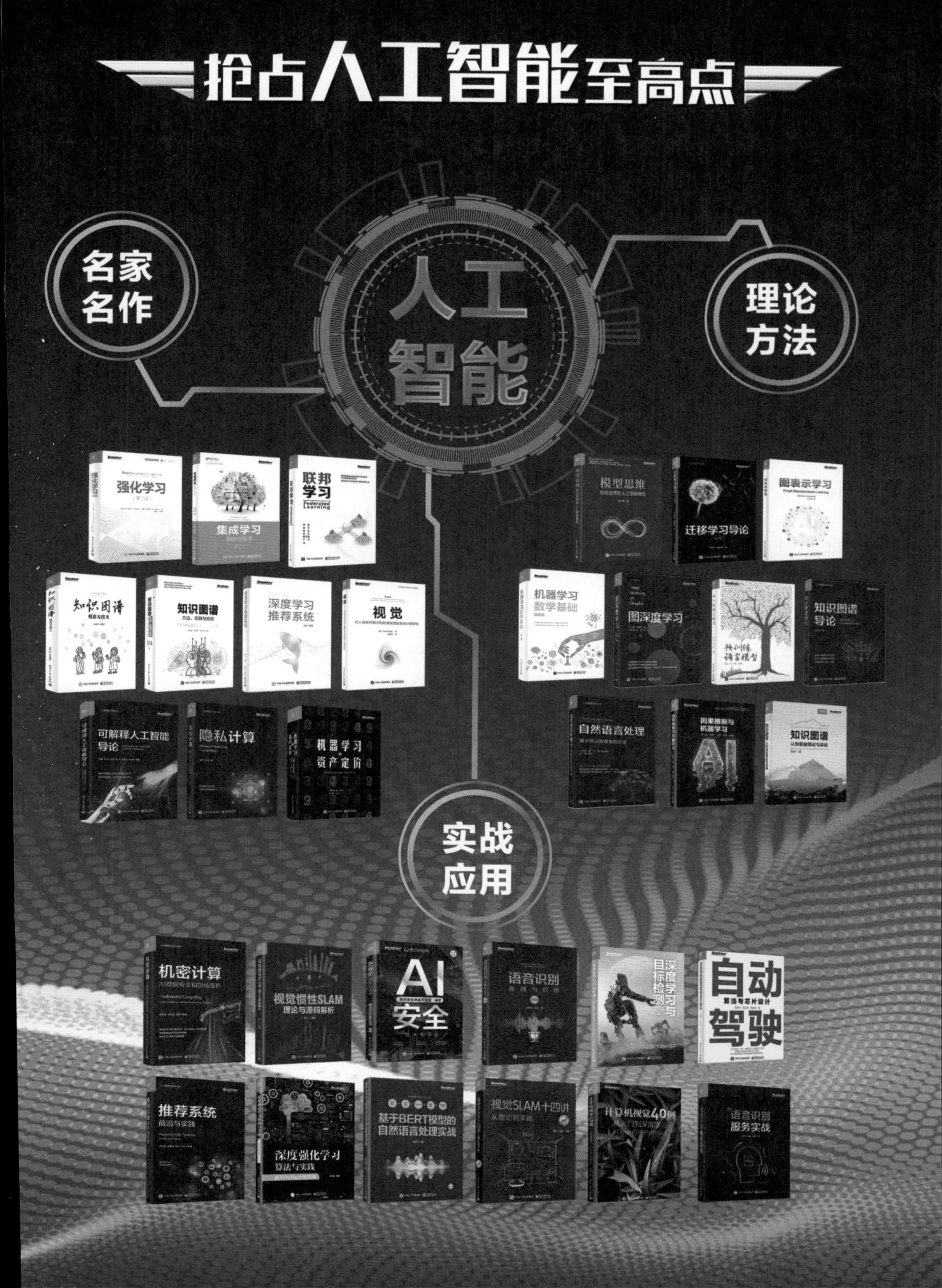

抢占人工智能至高点
人工智能
名家名作
理论方法
实战应用
强化学习
集成学习
基础与算法
联邦学习
Federated Learning
模型思维
迁移学习导论
图表示学习
知识图谱
概念与技术
知识图谱
方法、实践与应用
深度学习推荐系统
视觉
机器学习数学基础
图深度学习
预训练语言模型
知识图谱导论
可解释人工智能导论
隐私计算
机器学习与资产定价
自然语言处理
因果推断与机器学习
知识图谱
机密计算
AI数据安全和隐私保护
视觉惯性SLAM
理论与源码解析
AI安全
语音识别
原理与应用
深度学习与目标检测
自动驾驶
算法与芯片设计
推荐系统
前沿与实践
深度强化学习
算法与实践
基于BERT模型的自然语言处理实战
视觉SLAM十四讲
从理论到实践
计算机视觉40例
语音识别服务实战

反侵权盗版声明

举报电话：(010)88254396；(010)88258888

传　　真：(010)88254397

E-mail：dbqq@phei.com.cn

通信地址：北京市万寿路 173 信箱　电子工业出版社总编办公室

邮　　编：100036